21世纪全国高校应用人才培养机电类规划教材

数控机床与编程技术

王志勇　翁　迅　编著

北京大学 出版社
PEKING UNIVERSITY PRESS

内 容 简 介

本书以数控机床为对象，系统地介绍了数字控制的基本原理、现代控制系统和数控机床的程序编制以及数控机床的基本结构。

全书共分 8 章，内容包括：数控设备的基本概念、特点与分类，数控加工编程基础，数控加工程序编制，计算机数控系统结构，数控加工控制原理，数控机床的伺服驱动与检测，数控设备的机械系统结构及设计，数控机床实例，数控机床的应用与维修等。本书内容全面、系统，侧重介绍机床数控技术方面的基本内容和基本知识，力求讲清基本原理和基本概念，注重理论联系实际。为了便于学生自学及巩固所学内容，各章均附有习题。

本书适合作为高等院校机电类专业教学用书，特别适于机电一体化专业使用，也可供从事数控技术的工程技术人员参考。

图书在版编目（CIP）数据

数控机床与编程技术/王志勇，翁迅编著．—北京：北京大学出版社，2007.7
（21 世纪全国高校应用人才培养机电类规划教材）
ISBN 978-7-301-09328-3

Ⅰ．数⋯ Ⅱ．①王⋯ ②翁⋯ Ⅲ．数控机床－程序设计－高等学校：技术学校－教材 Ⅳ．TG659

中国版本图书馆 CIP 数据核字（2005）第 074517 号

书　　　名：	数控机床与编程技术
著作责任者：	王志勇　翁迅　编著
责 任 编 辑：	黄庆生　刘标
标 准 书 号：	ISBN 978-7-301-09328-3/TH・0036
出 版 者：	北京大学出版社
地　　　址：	北京市海淀区成府路 205 号　邮编：100871
电　　　话：	邮购部 62752015　发行部 62750672　编辑部 62765013　出版部 62754962
网　　　址：	http://cbs.pku.edu.cn
电 子 信 箱：	xxjs@pup.pku.edu.cn
印 刷 者：	北京大学印刷厂
发 行 者：	北京大学出版社
经 销 者：	新华书店

787 毫米×980 毫米　16 开本　14.75 印张　260 千字
2008 年 3 月第 1 版　2008 年 3 月第 1 次印刷

定　　价：25.00 元

未经许可，不得以任何方式复制或抄袭本书之部分或全部内容。

版权所有，侵权必究

举报电话：010－62752024；电子信箱：fd@pup.pku.edu.cn

前　言

数控技术是 20 世纪 70 年代发展起来的机床控制新技术，是自动化制造系统的核心技术。数控技术是微电子技术、计算机技术、现代控制技术、传感检测技术、信息技术和机械制造技术的综合应用，它涉及的知识领域极广。这对工程技术人员的素质提出了越来越高的要求，同时也对培养人才的高等工程教育提出了更高的要求。

本教材力求以专业必需的理论为基础，系统地介绍了数控原理、数控编程、数控设备等各方面的知识。

全书共分 8 章：

第 1 章主要介绍了数控技术的产生，基本原理和数控系统的分类；

第 2 章介绍了数控车床和数控铣床、加工中心以及数控电火花线切割机床的结构和组成原理；

第 3 章介绍了数控机床加工程序的编制基础；

第 4 章介绍了数控机床加工程序的自动编程；

第 5 章介绍了数控技术轨迹控制原理，介绍了加工轨迹控制的轮廓插补原理及其算法实现流程；

第 6 章介绍了数控系统的硬件和软件结构；

第 7 章介绍了数控机床的伺服驱动系统；

第 8 章介绍了数控机床的选购、维护与故障检测。

本书由北京科技大学的王志勇和翁迅编著。

本书在编写过程中，注重了内容的系统性，编排由浅入深、循序渐进，既讲述基本原理，又注意到与现代最新应用技术的联系，从选材到内容结构的安排上力求做到新颖、简明、实用。理论内容以应用为目的，强调针对性和实用性，同时突出解决实际问题的具体办法，强调学以致用。

限于编者的水平和经验，本书难免有欠妥或错误之处，敬请读者批评指正。

编　者

2007 年 10 月

目　　录

第1章　概论 1
1.1　数控技术简介 1
1.1.1　数控技术的产生 1
1.1.2　数控技术的发展 2
1.2　数控机床的组成及基本原理 4
1.2.1　数控系统的组成 4
1.2.2　数控基本原理 6
1.2.3　数控机床的组成 6
1.3　数控系统的分类 7
1.3.1　按数控装置类型分类 7
1.3.2　按运动方式分类 7
1.3.3　按控制方式分类 8
1.3.4　按功能水平分类 9
1.3.5　按用途分类 10
1.4　数控机床的特点及适用范围 10
1.5　习题 11
第2章　数控机床的结构 12
2.1　数控车床概述 12
2.1.1　数控车床的布局形式与基本构成 12
2.1.2　数控车床的主要技术参数 13
2.1.3　数控车床的主要结构 13
2.1.4　自动回转刀架结构 16
2.1.5　数控车床的尾座结构 17
2.2　数控铣床概述 17
2.2.1　数控铣床的分类及用途 18
2.2.2　数控铣床的主要技术参数 19
2.2.3　数控铣床的主要结构 19
2.3　立式加工中心 23
2.3.1　立式加工中心组成部件及作用 23
2.3.2　立式加工中心主要结构 23

  2.3.3 带刀库的自动换刀系统 26
  2.3.4 立式加工中心的主要技术参数 27
 2.4 数控电火花线切割机床概述 28
  2.4.1 概述 28
  2.4.2 数控线切割机床的组成及主要部件结构特点 29
  2.4.3 数控线切割的控制系统 31
  2.4.4 数控电火花成型机床 32
 2.5 习题 33

第3章 数控加工编程 34
 3.1 数控加工编程的基础知识 34
  3.1.1 数控编程常用规则 34
  3.1.2 数控设备的坐标系和运动方向 35
  3.1.3 程序格式 36
  3.1.4 数控编程分类 37
  3.1.5 数控程序的编制方法及步骤 38
  3.1.6 数控基本功能代码 39
 3.2 数控编程的工艺基础 46
  3.2.1 数控编程加工工艺选择 46
  3.2.2 数控编程中的工艺处理 48
 3.3 数控车床编程 54
  3.3.1 数控车床编程基础 54
  3.3.2 基本编程指令 55
  3.3.3 圆锥加工编程 61
  3.3.4 螺纹加工编程 62
  3.3.5 子程序 62
  3.3.6 循环加工编程 63
  3.3.7 编程实例 64
 3.4 数控铣床编程 68
  3.4.1 数控铣床编程基础 68
  3.4.2 基本编程指令 70
  3.4.3 常用编程指令 72
  3.4.4 其他系统特殊指令 75
  3.4.5 编程实例 80
 3.5 加工中心编程 84
  3.5.1 加工中心编程特点 85

3.5.2 基本编程指令 85
  3.5.3 刀具编程指令 87
  3.5.4 孔加工固定循环 91
  3.5.5 子程序指令 95
  3.5.6 编程实例 96
 3.6 习题 98
第4章 自动编程技术 99
 4.1 自动编程概述 99
  4.1.1 基本概念 99
  4.1.2 自动编程系统的基本组成 100
  4.1.3 自动编程系统的基本类型 100
  4.1.4 自动编程系统的信息处理过程 102
  4.1.5 计算机辅助数控编程的特点与基本步骤 103
  4.1.6 计算机辅助数控编程软件及功能介绍 105
 4.2 Mastercam 软件简介 107
  4.2.1 Mastercam 9.0 环境介绍 107
  4.2.2 Mastercam 9.0 基本操作方法 109
 4.3 Mastercam 二维图形构建 112
  4.3.1 绘制点 112
  4.3.2 绘制直线 113
  4.3.3 绘制圆弧 114
  4.3.4 绘制矩形 115
  4.3.5 绘制椭圆 115
  4.3.6 绘制多边形 116
  4.3.7 绘制倒直角 116
 4.4 Mastercam 三维曲面造型 117
  4.4.1 相关系统设置 117
  4.4.2 绘制预定曲面 118
  4.4.3 曲线创建曲面 119
 4.5 实体造型 122
  4.5.1 创建预定实体 122
  4.5.2 实体布尔运算 123
  4.5.3 曲线创建实体 124
 4.6 Mastercam 数控加工 126
  4.6.1 刀具路径功能 127

4.6.2 构建刀具路径过程 127
4.7 实例 128
    4.7.1 粗加工 129
    4.7.2 半精加工 130
    4.7.3 精加工 132
4.8 习题 133

第 5 章 数控技术轨迹控制原理 134
5.1 数控技术编程中的数据处理 134
    5.1.1 基点坐标计算 134
    5.1.2 节点坐标计算 135
    5.1.3 刀位点轨迹的坐标计算 136
5.2 数控技术插补原理与实现 138
    5.2.1 逐点比较法 139
    5.2.2 数字积分法 145
    5.2.3 数据采样法 150
    5.2.4 其他插补方法 154
5.3 数控技术补偿原理与实现 156
    5.3.1 刀具半径补偿原理与实现 156
    5.3.2 刀具长度补偿原理与实现 161
5.4 习题 163

第 6 章 数控系统的硬件和软件结构 164
6.1 系统的硬件和软件结构 164
    6.1.1 CNC 系统的组成 164
    6.1.2 CNC 装置的工作过程 165
6.2 CNC 系统的硬件体系结构 166
    6.2.1 单微处理器 CNC 装置的结构 166
    6.2.2 多微处理器结构 167
6.3 CNC 系统的软件结构 169
    6.3.1 概述 169
    6.3.2 CNC 装置软件结构 170
6.4 计算和加减速控制 174
    6.4.1 进给速度计算 174
    6.4.2 进给速度控制 177
    6.4.3 数据采样系统的 CNC 装置加减速控制 177
6.5 插补程序、位置控制和故障诊断 183
    6.5.1 插补程序 183

6.5.2 位置控制 ... 183
6.5.3 故障诊断 ... 184
6.6 习题 ... 184

第7章 数控机床的伺服驱动系统 ... 185
7.1 概述 ... 185
7.1.1 伺服系统的组成 ... 185
7.1.2 数控机床对伺服系统的基本要求 ... 185
7.1.3 伺服系统分类 ... 186
7.2 步进电动机伺服系统 ... 189
7.2.1 开环伺服控制原理 ... 189
7.2.2 步进电动机的选择 ... 191
7.2.3 步进电动机驱动控制电路 ... 193
7.2.4 步进电动机的微机控制 ... 197
7.3 数控机床的位置检测装置 ... 199
7.3.1 检测装置的功用 ... 199
7.3.2 检测装置的分类 ... 199
7.4 直流电动机伺服系统 ... 202
7.4.1 直流伺服电动机的结构和工作原理 ... 203
7.4.2 直流伺服电动机的调速原理和常用的调速方法 ... 203
7.4.3 晶体管脉宽调制器速度控制单元 ... 204
7.4.4 直流伺服系统的位置控制 ... 207
7.5 交流电动机伺服系统 ... 209
7.5.1 交流伺服电动机调速的原理和方法 ... 210
7.5.2 交流伺服电动机调速主电路 ... 210
7.5.3 交流伺服系统的控制回路 ... 211
7.6 习题 ... 215

第8章 机床的选购、安装、调试、检验、维护与故障检测 ... 216
8.1 数控机床的选用 ... 216
8.2 数控机床的安装、调试、验收 ... 217
8.2.1 数控机床的安装 ... 217
8.2.2 数控机床的调试 ... 219
8.2.3 数控机床的检测与验收 ... 219
8.3 数控机床的维护与故障检测 ... 222
8.4 习题 ... 225

参考文献 ... 226

第1章 概 论

1.1 数控技术简介

1.1.1 数控技术的产生

20世纪40年代以来,随着科学技术和生产的不断发展,对各种产品的质量和生产效率提出了越来越高的要求。机械产品加工工艺过程的自动化是实现高质量、高效率生产的重要措施之一。飞机、汽车、农机、家电等生产企业大多采用了自动机床、组合机床和自动生产线,从而保证了产品质量,提高了生产效率,减轻了操作者的劳动强度。

在机械制造业中,广泛采用自动机床和组合机床为主的自动生产线,进行对单一零件的高效率和高度自动化的生产,这种生产方式需要巨大的初期投资和很长的生产准备周期,因此,它仅适用于批量较大的零件的生产。

但是,在机械产品加工中,大批量生产的零件并不是很多,据统计,单件与小批量生产的零件约占机械加工总量的80%以上。对这些多品种且加工批量小、零件形状复杂、精度要求高的零件的加工,采用专业化程度很高的自动机床和自动生产线就显得很不合适。在市场经济的大潮中,产品的竞争日趋激烈,为在竞争中求得生存与发展,各企业纷纷在提高产品档次、增加产品种类、缩短试制与生产周期和提高产品质量上下功夫,即使是批量较大的产品,也不大可能是多年一成不变,必须经常开发新产品,频繁地更新换代。传统的自动化生产线难以适应小批量、多品种生产要求。

多年来已有的各类仿形加工设备在过去的生产中部分地解决了小批量、复杂零件的加工。但在更换零件时,必须重新制造靠模并调整设备,这不但要耗费大量的手工劳动,延长了生产准备周期,而且由于靠模加工误差的影响,零件的加工精度很难达到较高的要求。

为了解决上述这些问题,一种灵活、高精度、通用、高效率的"柔性"自动化生产技术——数控技术应运而生。数字控制在机床领域是指用数字化信号对机床运动及其加工过程进行控制。数控机床是一种装有数字程序控制系统(数控系统)的高效自动化的设备,它综合应用了电子计算机、自动控制、伺服驱动、精密测量、液压、气动及新型机械结构方面的技术成果。

它的工作过程是将加工零件的几何信息和工艺信息进行数字化处理,在加工前由编程人员按规定的代码将零件的图纸编制成程序,然后通过程序载体将数字信息送入数控系统的计算机中进行寄存、运算和处理,最后通过驱动电路由伺服装置控制机床实现自动加工。

数控机床的研制最早起源于美国。1952年美国帕森斯公司和麻省理工学院在美国空军的委托下，合作研制出世界上第一台三坐标数控铣床，完成了直升机叶片轮廓检查用样板的加工。这是一台采用专用计算机进行运算与控制的直线插补轮廓控制数控铣床。经过三年的试用、改进与提高，数控机床于1955年进入实用化阶段，在复杂曲面的加工中发挥了重要作用。

尽管这种初期数控机床采用电子管和分立元件硬接线电路来进行运算和控制，体积庞大而功能单一，但它采用了先进的数字控制技术，且具有普通设备和各种自动化设备无法比拟的优点，具有强大的生命力，它的出现开辟了工业生产技术的新纪元。从此，数控技术在全世界得到了迅速发展。

1.1.2 数控技术的发展

1. 数控机床结构的发展

数控机床在发展的最初阶段，一般是在传统的机床上配备数控系统，并对某些结构进行改进而成为一台数控机床。随着对数控机床功能要求的不断提高，传统机床的结构刚度、抗震性、热变形以及低速爬行等性能已不能满足数控机床的要求。数控机床在结构上必须比传统机床有更好的静刚度、动刚度和热刚度，必须提高数控机床的几何精度，其进给传动链也必须有足够的刚度，并采用消除传动间隙的装置，同时必须采用滚珠丝杠和滚动导轨以消除低速爬行，实现微量进给以保证数控机床有很高的重复定位精度。

2. 数控系统的发展

1952年，美国麻省理工学院研制出的三坐标联动、利用脉冲乘法器原理的试验性控制系统是数控机床的第一代。

1959年，电子行业研制出晶体管元器件，因而数控系统中广泛采用晶体管和印刷电路板技术，跨入第二代。1959年3月，由美国克耐·杜列克公司（Keaney & Trecker Corp.）发明了带有自动换刀装置的数控机床，称为"加工中心"。

1960年，出现了小规模集成电路。由于其体积小、功耗低，使数控系统的可靠性得到进一步提高，数控系统发展到第三代。

以上三代，都是采用专用控制的硬件逻辑数控系统（NC）。

1967年，英国首先把几台数控机床连接成具有柔性的加工系统，这就是最初的柔性制造系统（Flexible Manufacturing System，FMS）。之后，美、欧、日也相继进行开发和应用。

随着计算机技术的发展，小型计算机开始取代专用控制的硬件逻辑数控系统（NC），数控的许多功能由软件程序实现。由计算机作控制单元的数控系统（CNC），称为第四代数控系统。1970年，在美国芝加哥国际展览会上，首次展出了这种系统。

1970年前后，美国英特尔公司开发和使用了微处理器。1974年，美、日等国首先研制出以微处理器数控系统为核心的数控机床。20多年来，微处理器数控系统的数控机床得到了飞速发展和广泛应用，这就是第五代数字控制（MNC）。后来，人们将MNC也统称为CNC。

20世纪80年代初，国际上又出现了柔性制造单元（Flexible Manufacturing Cell，FMC）。FMC和FMS被认为是实现计算机集成制造系统（Computer Integrated Manufacturing System，CIMS）的基础。

数字控制系统有如下特点。

（1）可用不同的字长表示不同精度的信息，表达信息准确。

（2）可进行逻辑、算术运算，也可以进行复杂的信息处理。

（3）可不用改动电路或机械机构，通过改变软件来改变信息处理的方式，具有柔性化。

由于数字控制系统具有上述特点，数控技术被广泛用于机械运动的轨迹控制。除用于数控机床，还用于工业机器人、数控线切割机、数控电火花机床、坐标测量机、绘图仪、编织机、裁剪机和焊接机等。

3. 伺服系统的发展

数控机床的伺服系统是实现机床轴运动（包括进给运动、主轴运动及位置控制）的关键系统之一。它的性能对数控机床的重复定位精度、动态响应特性以及最高运动速度具有重要影响。

伺服系统的发展经历了几个阶段。20世纪60年代初期，曾在数控机床上采用液压伺服系统，液压伺服系统与当时传动的直流电动机相比，具有响应时间短、输出相同扭矩的伺服部件的外形尺寸小的优点；但由于液压伺服系统存在着发热量大、效率低、污染环境和不便于维修等缺点，因此逐步被步进电动机和新型伺服电动机所代替。

功率型步进电动机的问世，使步进电动机开始直接用于驱动数控系统的进给运动。这种驱动系统在运动速度较低、输出扭矩不太大的经济型数控机床上仍然得到普遍的应用。近年来，步进电动机的细分控制技术的突破不仅提高了控制系统的分辨率，而且改善了步进电动机的步与步间转换的快速响应特性和运动平稳性。因此，采用细分的步进电动机在输出扭矩较小、重复定位精度高和运动平稳性要求高的小型精密数控机床上得到广泛的应用。

20世纪60年代，在数控机床上广泛使用小惯量直流电动机。20世纪70年代研制成功了大惯量直流电动机，即宽调速直流电动机。20世纪80年代以来，随着大规模集成电路、电力电子学和计算机控制技术的发展，特别是用计算机对交流电动机的磁场进行矢量控制技术的重大突破，使长期以来人们一直试图用交流电动机取代直流电动机应用在调速和伺服控制中的设想得以实现。交流伺服电动机几乎保留了直流电动机的所有优点，具有调速范围宽、稳速精度高和动态响应特性好等优点，成为迄今为止最为理想的伺服系统。

由于作为检测元器件的脉冲编码器的分辨率和可靠性的不断提高,将脉冲编码器与直流伺服电动机或交流伺服电动机组成一体的半闭环伺服系统极大地简化了数控机床的总体结构,为数控机床性能的全面提高发挥了重要的作用。

1.2 数控机床的组成及基本原理

数字控制(Numerical Control,NC)简称数控,它是用数字化信号对设备运行及其加工过程进行控制的一种自动化技术。NC装置由各种逻辑元件、记忆元件组成随机逻辑电路,是固定接线的硬件结构,由硬件来实现数控功能。

1.2.1 数控系统的组成

数控系统一般由控制介质、数控装置、伺服系统、测量装置和执行部件组成,如图1-1所示。

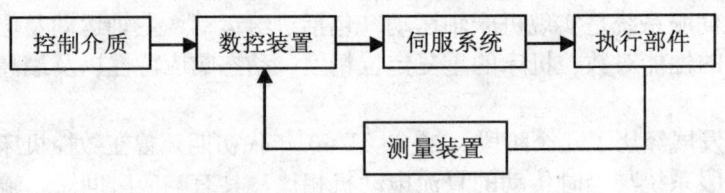

图1-1 数控系统的组成

1. 控制介质

数控设备工作时,不需要操作者直接进行手工加工,但设备必须按操作者的意图进行工作,这就必须在操作者与设备间建立某种联系,这种联系的中间媒介物称为控制介质。控制介质也称为信息载体,它可以是穿孔带、穿孔卡、磁带、软磁盘等。

在控制介质上存储着加工零件所需要的全部操作信息,它是数控系统用来指挥和控制设备进行加工运动的唯一指令信息。这种指令信息通过纸带上每一行八个孔位上不同孔的位置和数量来表示,这些孔是由自动穿孔机根据数控加工程序单的内容按指定的代码逐行打出的。

2. 输入装置

输入装置的作用是将控制介质上的程序代码变成相应的电脉冲信号,传送并存入数控装置中。根据不同控制介质，输入装置可以是光电读带机、录音机或软盘驱动器。现在有很多数控设备不用任何控制介质，而是将数控加工程序单上的内容通过数控装置上的键盘直接输入给数控装置，称为 MDI 方式（键盘输入方式）。有的还可以将数控加工程序由编程计算机用通信方式传送给数控装置。

3. 数控装置

数控装置是数控设备的核心，它接受输入装置送来的脉冲信号，经过数控装置的控制软件和逻辑电路进行编译、运算和逻辑处理，然后将各种信息指令输出给伺服系统，使设备各部分进行规定的、有序的动作。这些指令主要是经插补运算决定的各坐标轴的进给速度、进给方向和位移量，主运动部件的变速、换向和起停信号，选择和交换刀具的指令信号，切削液的开停信号，工件的松夹、分度工作台的转位等辅助指令信号。

介于数控装置与被控设备之间的强电控制装置，主要作用是接受数控装置输出的主运动变速、刀具选择交换、辅助装置动作等指令信号，经过必要的编译、逻辑判断和功率放大后，直接驱动相应的电器、液压、气动和机械部件等，完成指令所规定的各种动作。

4. 伺服系统

伺服系统包括伺服驱动电路和伺服驱动元件，它们与执行部件上的机械部件组成数控设备的进给系统。其作用是把数控装置发来的速度和位移指令（脉冲信号）转换成执行部件的进给速度、方向和位移。每个作进给运动的执行部件，都配有一套伺服驱动系统，而相对于每一个信号，执行部件都有一个相应的位移量，又称为脉冲当量，其值越小，加工精度越高。数控装置可以以很高的速度和精度进行计算并发出很小的脉冲信号，关键在于伺服系统能以多高的速度与精度去响应执行，所以整个系统的精度与速度主要取决于伺服系统。

在伺服系统中，伺服驱动电路要把数控装置发出的微弱信号（5V 左右，毫安级）放大成强电的驱动电信号（几十至上百伏，安培级）去驱动执行元件——伺服电机。

伺服系统的执行元件主要有功率步进电动机、电液脉冲马达、直流伺服电动机和交流伺服电动机等，其作用是将电控信号的变化转换成电动机输出轴的角速度和角位移的变化，从而带动执行部件作进给运动。

5. 执行部件

数控系统的执行部件是加工运动的实际执行部件，主要包括主运动部件、进给运动执行部件、工作台、拖板及其部件和床身立柱等支承部件，此外还有冷却、润滑、转位和夹紧等装置，存放刀具的刀架、刀库及交换刀具的自动换刀机构等。要求执行部件应有足够的刚度和抗震性，还要有足够的精度，传动系统结构简单，便于实现自动控制。

6. 测量反馈装置

测量反馈装置是将运动部件的实际位移、速度及当前的环境参数加以检测，转变为电信号后反馈给数控装置，通过比较，得出实际运动与指令运动的误差，这时发出误差指令，纠正所产生的误差。测量反馈装置的引入，有效地改善了系统的动态特性，大大提高了零件的加工精度。

1.2.2 数控基本原理

数控系统加工零件是按照事先编制好的加工程序单进行的。

首先应分析零件图样，根据图样中对材料和尺寸、形状、加工精度及热处理等的要求来确定工艺方案，进行工艺处理和数值计算。在此基础上，根据数控系统规定的功能指令代码和程序段格式编写数控加工程序单。

根据加工程序单的内容，用穿孔机制作控制介质（穿孔纸带）。通过读带装置将穿孔纸带的代码逐段输入到数控装置，也可以用键盘输入方式（MDI）将加工程序单内容直接输入数控装置。

数控装置将输入指令进行译码、寄存和运算后，向系统各个坐标的伺服系统发出指令信号，经驱动电路的放大处理，驱动伺服电动机输出角位移和角速度，并通过执行部件的传动系统转换为工作台的直线位移，实现进给运动。

同时，数控装置通过强电控制装置——可编程序控制器（PLC）实现系统必要的辅助动作，如自动变速、冷却润滑液的自动开停、工件的自动松夹及刀具的自动更换等，配合进给运动完成零件的自动加工。

1.2.3 数控机床的组成

数控机床由信息输入、数控装置、伺服驱动及检测装置、机床本体、机电接口等五大部分组成。

信息输入是将加工零件的程序和各种参数、数据通过输入设备送到数控装置。

数控装置是一种专用计算机，是整个数控机床数控系统的核心，决定了机床数控系统功能的强弱。

伺服驱动及检测反馈是数控机床的关键部分，它影响数控机床的动态特性和轮廓加工精度。

机床本体包括机床的主运动部件、进给运动部件、执行部件和底座、立柱、刀架、工作台等基础部件。高精度、高刚度的机床本体结构是保证数控机床高效、高精度、高度自动化加工的基础。

1.3 数控系统的分类

1.3.1 按数控装置类型分类

按数控装置类型分类，数控系统可分为硬件式数控系统和软件式数控系统。

(1) 硬件式数控系统。这是早期的数控系统。在这种系统的数控装置中，输入、译码、插补运算、输出等控制功能均由分立式元件硬接线连接的逻辑电路来实现。一般来说，不同的数控设备需要设计不同的硬件逻辑电路。这类数控系统的通用性、灵活性等功能较差，维护代价高。

(2) 软件式数控系统。20 世纪 70 年代中期，随着微电子技术的发展，芯片的集成度越来越高，利用大规模及超大规模集成电路组成 CNC 装置成为可能。在此装置中，常采用小型计算机或微型计算机作为控制单元，其中主要功能几乎全部由软件来实现，对于不同的系统，只需编制不同的软件就可以实现不同的控制功能，而硬件几乎可以通用，这就为硬件的大批量生产提供了条件。数控系统硬件的批量生产有利于保证质量、降低成本、缩短周期、迅速推广和扩展应用，所以现代数控系统都无例外地采用 CNC 装置。

1.3.2 按运动方式分类

按运动方式分类，数控系统可分为点位控制系统、点位直线控制系统、轮廓控制系统。

(1) 点位控制系统。点位控制系统的特点是加工移动部件只能实现一个位置到另一个位置的精确移动，在移动和定位过程中不进行任何加工，而且移动部件的运动路线并不影响加工孔距的精度。数控系统只需精确控制行程终点的坐标值，而不控制点与点之间的运动轨迹。为了尽可能地减少移动部件的运动与定位时间，通常先快速移动到接近终点坐标，然后减速准确移动到定位点，以保证良好的加工精度。采用点位控制系统的主要有数控坐标镗床、数控钻床、数控冲床、数控点焊机及数控弯管机等。

(2) 点位直线控制系统。点位直线控制系统的特点是加工移动部件不仅要实现从一个位置到另一个位置的精确移动，而且能实现平行于坐标轴的直线加工运动及沿与坐标轴成 45 度的斜线进行切削加工，但不能沿任意斜率的直线进行切削加工。数控车床、数控镗铣床和数控加工中心等均采用点位直线控制系统。

(3) 轮廓控制系统。该系统可以使刀具和工件按平面直线、曲线或空间曲面轮廓进行相对运动，加工出任何形状的复杂零件，它可以同时控制 2~5 个坐标轴联动，功能较为齐全。在加工中，需要不断进行插补运算，然后进行相应的速度与位移控制。数控铣床、数控凸轮磨床和功能完善的数控车床都采用了轮廓控制系统。此外，数控火焰切割机、数控线切割及数控绘图机等也都采用了轮廓控制系统。它们取代了各种类型的仿形加工，提高了产品的精度和生产效率，因而得到了广泛的应用。

1.3.3 按控制方式分类

按控制方式分类，数控系统可分为开环控制系统、半闭环控制系统、闭环控制系统。

1. 开环控制系统

开环控制系统没有反馈装置。这种系统通常使用功率步进电动机作为执行机构。数控装置输出指令脉冲通过环形分配器和驱动电路，不断改变供电状态，使步进电动机转过相应的步距角，再通过齿轮箱带动丝杠旋转，把角位移转换为移动部件的直线位移。移动部件的移动速度与位移量是由输入脉冲的频率和脉冲数决定的。

由于没有反馈装置，开环系统的步距误差及机械部件的传动误差不能进行校正补偿，所以控制精度较低。但开环系统结构简单、运行平稳、成本低、价格低廉、使用维修方便，可广泛用于精度要求不高的数控系统中。

2. 半闭环控制系统

半闭环控制系统在伺服电动机输出轴端或丝杠轴端装有角位移检测装置（旋转变压器或光电编码器等），通过测量角位移间接检测移动部件的直线位移，然后反馈至数控装置中。

由于角位移检测装置比直线位移检测装置结构简单、安装方便、稳定性能好、价格便宜且精度高于开环控制系统，应用还是较为广泛的。但这种系统的丝杠螺母副、齿轮传动副等传动装置未包含在反馈系统中，故其控制精度还不算很高，如果使用时选择精度较高的滚珠丝杠和消除间隙的齿轮副，再配以具有螺距误差和反向间隙补偿功能的数控装置，还是能够达到较高的加工精度。正因为如此，半闭环控制系统在生产中得到了广泛的应用。

3. 闭环控制系统

闭环控制系统是在移动部件上直接装有直线位置检测装置，将测量的实际位移值反馈到数控装置中，与输入的位移值进行比较，用差值进行控制，使移动部件按照实际需要的位移量运动，实现移动部件的精确定位。

由于闭环控制系统有位置反馈装置，而这种反馈对包含有丝杠螺母副和齿轮传动副所带来的误差都可以给予补偿，因而可达到很高的控制精度，可广泛地应用在高精度的大型精密数控系统中。

理论上，闭环控制系统的精度主要取决于测量元件的精度和数/模转换器的精度。但由于该系统受进给丝杠的拉压刚度、扭转刚度、摩擦阻尼特性和间隙等非线性因素的影响，给调试工作带来很大困难。若各种参数匹配不适当则会引起系统振荡，造成系统工作不稳定，影响定位精度，所以闭环控制系统安装调试复杂且价格昂贵。

1.3.4 按功能水平分类

按功能水平分类，可以把数控系统分为高、中、低档三类。

1. 高档数控系统

这类数控系统是目前发展最完善的系统，其特点如下。

（1）分辨率可达 0.1 μm。
（2）进给速度可达 15～100 m/min。
（3）伺服系统采用闭环控制方式。
（4）能达到五轴以上联动轴数。
（5）具有 MAP（制造自动化协议）通信接口，并具有通信联网功能。
（6）具有三维图形显示。
（7）有较强功能的内装 PLC，并具有轴控制的扩展功能。
（8）选用 64 位 CPU 及具有精简指令集的中央处理单元，以提高运算速度。

2. 中档数控系统

这类数控系统的特点如下。

（1）分辨率为 1 μm。
（2）进给速度可达 15～24 m/min。
（3）伺服系统采用半闭环控制方式。
（4）联动轴数可达四轴。
（5）可以具有 RS-232 或 DNC 通信接口。
（6）有内装可编程序控制器 PLC。
（7）具有较齐全的 CRT 显示，有图形，有字符及人机对话与自诊断功能。
（8）中央处理单元采用 16 位进而向 32 位过渡。

3. 低档数控系统

这种系统也称为经济数控系统，其特点如下。

（1）分辨率为 10 μm。
（2）进给速度可达 4～15 m/min。
（3）伺服系统采用开环控制方式、步进电动机进给系统。
（4）联动轴数不超过三轴。
（5）无通信功能，只有简单的数码管显示或 CRT 显示字符。
（6）无内装 PLC，数控装置采用 8 位 CPU 作为中央处理单元。

1.3.5 按用途分类

按用途分类，数控系统可分为金属切削类数控设备、金属成型类数控设备、数控特种加工设备。

（1）金属切削类数控系统。金属切削类数控设备有数控车床、数控铣床、数控镗床。加工中心是带有刀库和自动换刀装置的一机多工序的数控加工机床。它的出现打破了一台机床只能进行一种工序加工的传统观念，它利用大型刀库的多个刀具（一般为20～120把）和自动换刀装置对一次装夹的工件进行铣、镗、钻、扩、铰和攻螺纹等多工序加工。它主要用来加工箱体或菱形零件。近年来又出现了许多车削加工中心，几乎可以完成回转体零件的所有加工工序。加工中心机床实现了一次装夹、一机多工序的加工方式，有效地避免了零件多次装夹造成的定位误差，减少了机床台数和占地面积，大大提高了加工精度、生产效率和自动化程度。

（2）金属成型类数控设备。金属成型类数控设备有数控折弯机、数控弯管机、数控压力机等。

（3）数控特种加工设备。数控特种加工设备有数控线切割机、数控电火花加工设备、数控激光加工设备。

1.4 数控机床的特点及适用范围

与其他加工设备相比，数控机床具有如下显著特点。

（1）能加工复杂型面的零件，具有较强的适应性和柔性。数控机床能完成很多普通机床难以胜任，或者根本不可能加工出来的复杂型面的零件加工。这是由于数控机床具有多坐标轴联动功能，在复杂曲面的模具加工、螺旋桨及蜗轮叶片的加工中，也得到广泛的应用。

（2）可以保证较高的加工精度，并且质量稳定，一致性好。由于数控机床按照预定的程序自动加工，不受人为因素的影响，其加工精度由机床来保证，还可利用软件来校正补偿误差，因此能获得比机床本身精度还要高的加工精度及重复精度。

（3）具有较高的生产效率。数控机床的生产效率较普通机床的生产效率高2～3倍，尤其是某些复杂零件的加工，生产效率可提高十几倍甚至几十倍。

（4）改善生产条件，减轻劳动强度。数控机床主要是自动加工，能自动换刀、开关切削液、自动变速等，其大部分操作不需要人工参与，因而改善了劳动条件。由于操作失误减少，也降低了废品、次品率。

（5）便于联网实现现代化管理及大规模的自动化生产。基于上述数控机床的特点，对于小批量产品的生产，由于生产过程中产品品种变换频繁、批量小，加工方法的区别大，宜采用数控机床。

1.5 习　　题

1. 数控技术是怎么产生的？它适应哪种组织形式的生产？
2. 何谓数字控制？数控系统有哪些特点？
3. 数控系统由哪几部分组成？
4. 何谓点位控制、点位直线控制、轮廓控制？三者有何区别？
5. 何谓开环控制、半闭环控制、闭环控制？三者有何区别？
6. 按数控装置类型分类，数控系统可分为哪几类？
7. 按数控设备用途分类，数控系统可分为哪几类？

第 2 章　数控机床的结构

2.1　数控车床概述

数控车床作为当今使用最广泛的数控机床之一，主要用于加工轴类或盘类零件。它通过程序控制自动完成内、外圆柱面，圆锥面和直、锥螺纹等的切削加工，并能进行切槽、钻、扩和铰等工作。与普通车床相比，数控车床的加工精度高，精度稳定性好，适应性强，操作劳动强度低，特别适用于复杂形状的零件加工或对精度要求较高的中、小批量零件的加工。近年来新出现的数控车削中心有主、副轴，可以完成工件左、右端面加工，若与自动送料器配套可以进行棒料自动切削。而双主轴、双刀架及 Y 轴的多功能车削中心，其单台可以自成 FMC 单元，多台可连成 FMC 系统，大大提高了零件的加工效率和加工质量。

数控车床品种繁多，规格不一。按数控系统功能分，有全功能和经济型两种；按主轴轴线处于水平位置或垂直位置分，有卧式和立式数控车床。

一般车床分为两坐标控制，具有两个独立回转刀架的数控车床为四轴控制。车削中心和柔性制造单元则需要增加其他附加坐标轴。目前应用较多的还是中等规格的两坐标连续控制的数控车床。

2.1.1　数控车床的布局形式与基本构成

机床的布局对数控机床是十分重要的，直接影响机床的结构和使用性能。数控机床的布局大都采用机、电、液、气一体化布局，全封闭或半封闭防护。图 2-1 为数控车床外形图。

数控车床的床身结构和导轨有多种形式，主要有水平床身、倾斜床身以及水平床身斜滑板等，一般中小型数控车床采用倾斜床身或水平床身斜滑板结构。因为这种布局结构具有机床外形美观，占地面积小，易于排屑和冷却液的排流，便于操作与观察，易于安装上下料机械手，实现全面自动化等特点。倾斜床身还有一个优点是可采用封闭截面整体结构，以提高床身的刚度。床身导轨倾斜角度多为 45°、60° 和 70°，但倾斜角度太大会影响导轨的导向精度及受力情况。水平床身加工工艺性好，其刀架水平放置，有利于提高刀架的运动精度，但这种结构床身下部空间小，排屑困难。床身导轨常采用宽支撑 V 型导轨，丝杠位于两导轨之间。

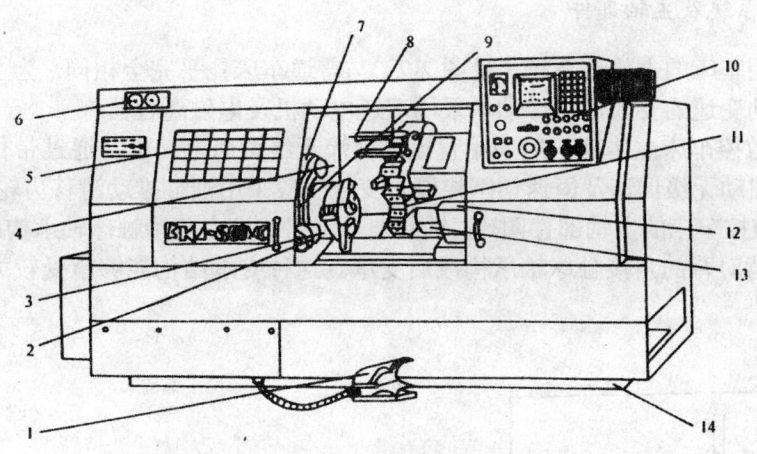

图 2-1 数控车床的外观图

1—脚踏开关 2—对刀仪 3—主轴卡盘 4—主轴箱 5—机床防护门 6—压力表 7—对刀仪防护罩
8—导轨防护罩 9—对刀仪转臂 10—操作面板 11—回转刀架 12—尾架 13—滑板 14—床身

2.1.2 数控车床的主要技术参数

以 MJ-50 数控车床为例,它的主要技术参数如下。

允许最大工件回转直径	500 mm
最大车削直径	310 mm
最大车削长度	615 mm
主轴转速范围	35～3500 mm(无级)
刀架有效行程	横向(X轴)182 mm;纵向(Z轴)675 mm
快速移动速度	横向(X轴)10 mm/min;纵向(Z轴)675 mm/min
刀具规格	车刀 25 mm×25 mm
刀具数	10 把
主电机	11 kW
伺服电机	X轴 AC0.9 kW;Z轴 AC1.8 kW
机床外形尺寸(长,宽,高)	2995 mm×1667 mm×1796 mm

2.1.3 数控车床的主要结构

数控车床由床身、主轴箱、刀架进给系统、液压、冷却、润滑系统等部分组成。

1. 主传动系统及主轴部件

经济型数控车床的主传动系统（见图 2-2）与普通车床几乎完全相同，为了适应数控机床在加工中自动变速的要求，在传动中采用双速电动机及电磁离合器。

全功能型数控车床主传动一般采用直流或交流无级调速电动机，通过带传动，带动主轴旋转，实现自动无级调速及恒速切削控制，变挡一般采用油缸推动滑移齿轮来实现。

图 2-3 为数控车床的主轴部件图，主轴前端采用三个推力角接触球轴承构成前轴承，主轴后端由两个背对背的角接触球轴承构成后支承。这种支承结构能够承受较大的径向力和轴向力。

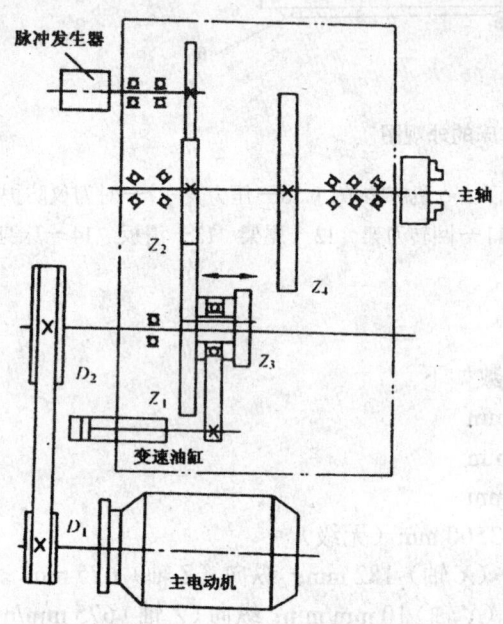
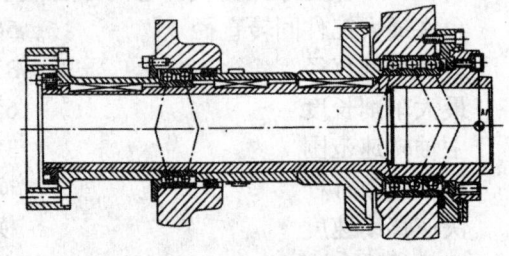

图 2-2　数控车床主传动系统图　　　　图 2-3　主轴结构图

2. 进给传动系统

（1）横向进给系统（见图 2-4）

在床身中部装有与横向导轨平行的外循环滚珠丝杠副 1，滚珠丝杆支承在两个径向止推轴承上，丝杠由 FB15 型直流伺服电动机 5 通过一对齿形皮带和同步齿形带 3 带动旋转，皮带轮与电机轴用锥环无键连接。图中 12 和 13 是锥面相互配合的锥环，这种连接配合无间隙，对中性好。反馈元件脉冲编码器 2 与丝杠相连接，直接检测丝杠的回转角度。

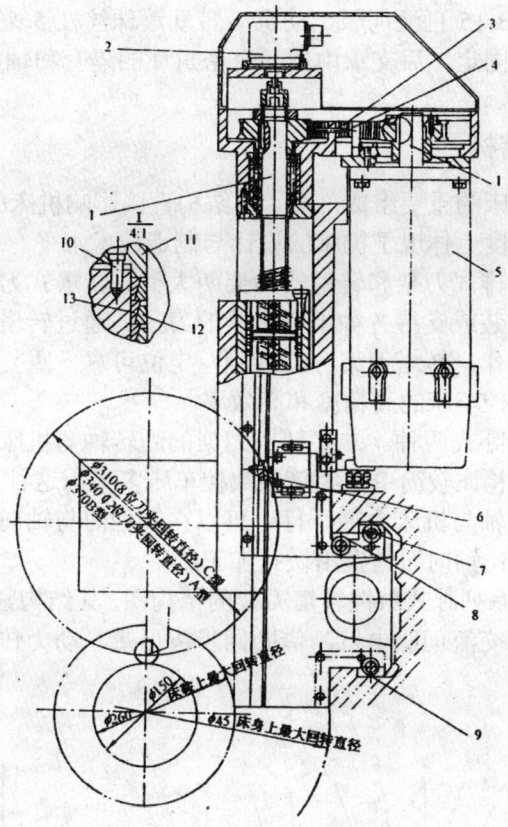

图 2-4 数控车床横向进给系统

1—滚珠丝杠副 2—脉冲编码器 3—同步齿形带 4—调整螺钉 5—直流伺服电动机
6—挡铁 7,8,9—镶条 10—拧紧螺钉 11—法兰 12,13—锥环

(2) 纵向进给驱动（见图 2-5）

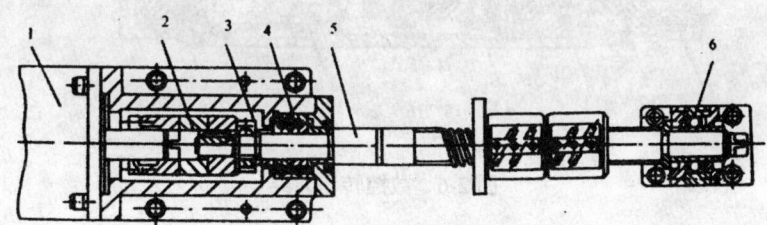

图 2-5 纵向驱动装置

1—直流伺服电机 2—联轴节中间件 3—螺母 4—轴承 5—滚珠丝杠 6—轴承

床身的纵向移动由 FB-15 直流伺服电动机 1 带动滚珠丝杠 5 来实现。丝杠 5 的前端支承在成对的轴承上,轴向固定。后支承由做两个密封环的隔套和轴用弹簧卡圈定位。

2.1.4 自动回转刀架结构

数控车床的刀架是机床的重要组成部分。其结构直接影响机床的切削性能和工作效率,刀架结构和性能在一定程度上体现了机床的设计与制造技术水平。

数控车床的刀架分为排式刀架和转塔式刀架两大类。转塔式刀架是普遍采用的刀架形式,它用转塔头各刀座安装或支持各种不同用途的刀具,通过转塔头的旋转、分度、定位来实现机床的自动换刀工作。转塔刀架分度准确,定位可靠,重复精度高,转位速度快,夹紧刚性好,可以保证数控车床的高精度和高效率。

转塔刀架分为立式和卧式两种。立式转塔刀架的回转轴与机床主轴成垂直布置,刀位数有四位与六位两种,结构比较简单,经济型数控车床多采用这种刀架。

卧式转塔刀架的回转轴与机床主轴平行,可以在其径向与轴向安装刀具。径向刀具多用做外圆柱面及端面加工;轴向刀具多用做孔加工。

图 2-6 为 AK33×12 系列卧式数控转塔刀架的结构图,其结构紧凑、运转灵活、精度高。动力刀具的驱动电动机为交流伺服电机,借助同步齿形带、动力传动轴及端齿离合器将主切削动力传递到刀具。

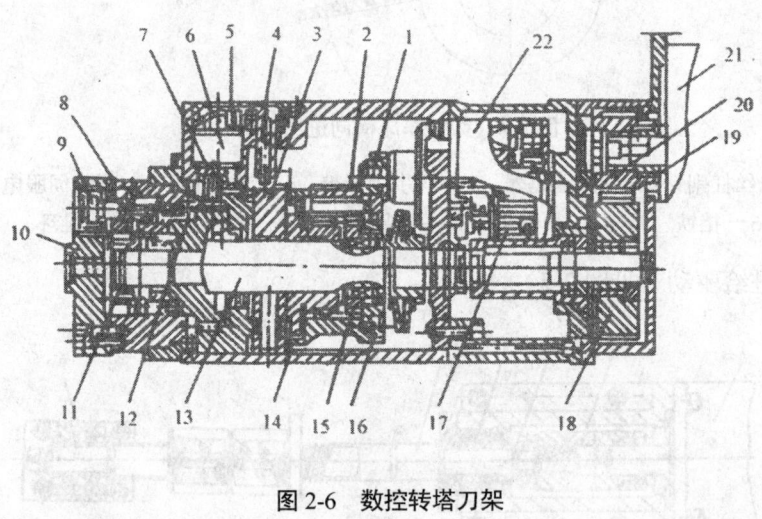

图 2-6 数控转塔刀架

1,10,11,15,16—齿轮 2—行星齿轮 3—滚轮架 4—锁紧传感器 5—预分度传感器 6—电磁铁
7—插销 8—端面离合器 9—传动轴 12—端面凸块 13—主轴 14—空套齿轮 17—角度编码器
18—同步带轮 19—同步齿形带 20—同步带轮 21—交流伺服电动机 22—电动机

2.1.5 数控车床的尾座结构

数控车床尾座结构如图 2-7 所示。当移动尾座到所需位置后,先用螺钉 16 进行预定位,旋紧螺钉 16 时,两楔块 15 上的斜面顶出轴 14,使得尾座紧贴在矩形导轨的内侧面,然后,用螺栓 3、4 和压板 5,将尾座紧固。这种机构可以保证尾座的定位精度。

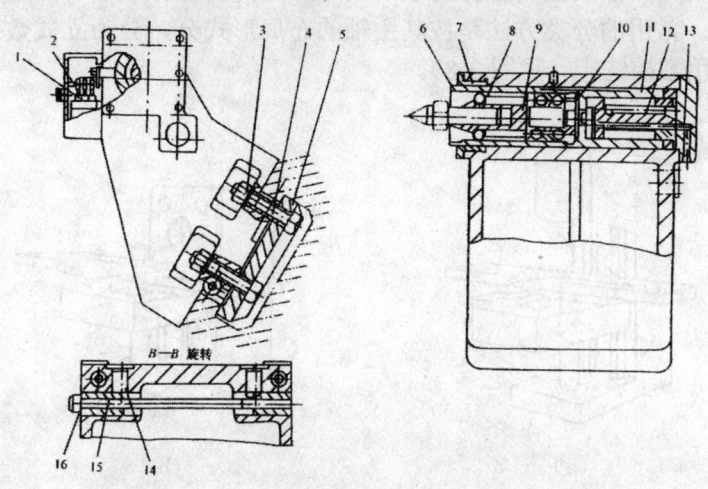

图 2-7 CK7815 型数控车床尾座

1—行程开关 2—挡铁 3,4—螺栓 5—压板 6,8—调整螺母 7—内锥套 9—轴
10—背帽 11—尾架套筒 12,13—压力油孔 14—顶出轴 15—楔块 16—紧固螺钉

尾座套筒内轴 9 上装有顶尖,轴承的径向间隙可用螺母 8 和 6 调整,由背帽 10 来固定。尾座套筒与尾座孔的配合间隙,可用内外锥套 7 来作微量调整。

尾座套筒行程大小,可用套筒 11 上的挡铁 2 通过行程开关 1 来控制。它的移动是由液压油缸来推动的。

2.2 数控铣床概述

数控铣床是采用铣削方式加工工件的数控机床。其加工功能很强,能够铣削各种平面轮廓和立体轮廓零件,如凸轮、模具、叶片、螺旋桨等。配上相应的刀具后,数控铣床还可用来对零件进行钻、扩、铰、锪和镗孔加工及攻螺纹等。虽然随着加工中心的兴起,数控铣床在数控机床中所占的比例将有所减少,但就我国现状而言,数控铣床仍广泛应用于机械制造行业的各个部门以及军工部门。

2.2.1 数控铣床的分类及用途

1. 数控铣床的分类

数控铣床种类很多,从不同的角度看,分类就有所不同。按体积大小可以分为小型、中型和大型数控铣床。按其控制坐标的联动数可以分为两坐标联动、三坐标联动和多坐标联动数控铣床等。常用的分类方法是按其主轴的布局形式分,分为立式数控铣床、卧式数控铣床和立卧两用数控铣床(见图2-8)。

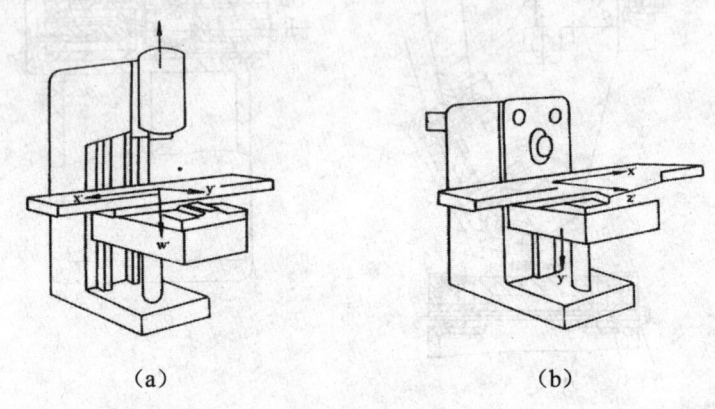

(a) 立式; (b) 卧式

图 2-8 数控铣床主轴布局形式简图

2. 数控铣床的用途

数控铣床可以用来加工许多普通铣床难以加工甚至无法加工的零件。它以铣削功能为主,主要适合铣削下列三类零件。

(1) 平面类零件的铣削。平面类零件的各个加工单元均是平面,或可以展开为平面。这类零件的数控铣削相对比较简单,一般只用三坐标数控铣床的两个坐标联动就可以加工出来。目前数控铣床加工的绝大多数零件属于平面类零件。

(2) 变斜角类零件铣削。变斜角类零件是指加工面与水平面的夹角呈连续变化的零件,其加工面不能展开为平面。这类零件大多为飞机上的零件,一般采用多坐标联动的数控铣床加工,也可以在三坐标数控铣床上通过两轴联动近似加工,但精度稍差。

(3) 曲面类零件的铣削。曲面类零件的加工面为空间曲面,其加工面不但不能展开为平面,而且在加工过程中,加工面与铣刀的接触始终为点接触。这类零件在数控铣床的加工中也较为常见,通常利用三坐标数控铣床通过两轴联动、一轴周期性移动的方式来加工。若用功能更好一点的三坐标联动数控铣床还能加工形状更加复杂的空间曲面。数控铣床除了可以用来铣削零件外,一般还具有孔加工的功能。

2.2.2 数控铣床的主要技术参数

下面是 XK5040A 立式数控铣床的主要技术参数。

（1）机床外形尺寸（长、宽、高）	2495 mm×2100 mm×2170 mm
（2）工作台面积	1600 mm×400 mm
（3）工作台最大行程	横向：375 mm
	垂直：400 mm
	纵向：900 mm
（4）主轴转速范围	（30～150）r/min
（5）工作台进给量	横向：（10～1500）mm/min
	垂直：（10～600）mm/min
	纵向：（10～1500）mm/min
（6）主电机功率	7.5 kW
（7）进给电机功率	X 向：18 N·m
	Y 向：18 N·m
	Z 向：35 N·m

2.2.3 数控铣床的主要结构

数控铣床与普通铣床相比，具有自动化程度高、加工精度高和生产效率高等优点。为与之相适应，就要求数控铣床的结构具有高刚度、高灵敏度、高抗震性、热变形小、高精度保持性好和高可靠性等优点。

数控铣床的主要结构包括主传动系统、进给传动系统、主轴部件、床身和工作台等。

1. 数控铣床的主传动系统

（1）数控铣床主传动系统的特点

数控铣床的主传动是指产生主切削力的传动运动，其主传动系统包括主传动装置和主轴部件。它与普通机床相比具有以下特点。

① 采用直流或交流调速电动机驱动，以满足主轴根据数控指令进行自动变速的需要。
② 转速高、调速范围广，使数控铣床获得最佳切削效率、加工精度和表面质量。
③ 功率大，满足数控铣床强力的切削要求。
④ 中间变速机构更加简单，简化了主传动系统机械结构，减小了主轴箱的体积。
⑤ 主轴转速变换迅速平稳。

（2）数控铣床主传动系统变速方式

为了保证加工时选用合理的切削速度，获得最佳的生产效率、加工精度和表面质量，主传动必须具有很宽的变速范围。目前，数控铣床的主传动变速方式主要有无级变速和分段无级变速两种。

① 无级变速

无级变速是指主轴转速直接由主轴电动机的变速来实现，其配置方式通常有两种。

- 主轴电机通过带传动驱动主轴转动。这种传动方式在加工过程中，传动平稳，噪声小，但主轴输出转矩较小，因而主要用于小型数控铣床上。
- 主轴电机直接驱动主轴转动。这种传动方式大大简化了主轴箱与主轴的结构，有效地提高了主轴部件的刚度。这种传动方式同样存在主轴输出转矩小的缺点，且电动机的发热对主轴精度影响较大，所以主要用于小型数控铣床。

无级变速的主轴电动机一般采用直流主轴电机和交流主轴电机两种。直流主轴伺服电机的研制较早，驱动技术成熟，使用比较普及；但电刷结构容易烧毁，必须定期维修。近年来，随着新一代高功率交流电机的研制成功和交流变频技术的发展，加上交流主轴电机没有电刷结构，不产生火花，维护方便和使用寿命长等优点，其应用更加广泛，逐渐成为数控铣床主传动系统的主要驱动元件。

② 分段无级变速

在大中型数控铣床和部分要求强切削力的小型数控铣床中，单纯的无级变速方式已不能满足转矩的要求，于是就在无级变速的基础上，再增加齿轮变速机构，使之成为分段无级变速。

在分段无级变速主传动系统中，主轴的变速是由主轴电机的无级变速和齿轮机构的有级变速相配合实现的。

2. 数控铣床主轴部件

主轴部件是数控铣床的关键部件，它包括主轴、主轴支承、主轴端部结构等。主轴部件质量的好坏直接影响加工质量。不管哪类数控铣床，其主轴部件都应满足部件的结构刚度和抗震性、主轴的回转精度、热稳定性、耐磨性和精度保持能力等几个方面的要求。

（1）主轴支承的形式

数控铣床主轴的支承形式即主轴轴承的配置形式，主要有三种，如图 2-9 所示。

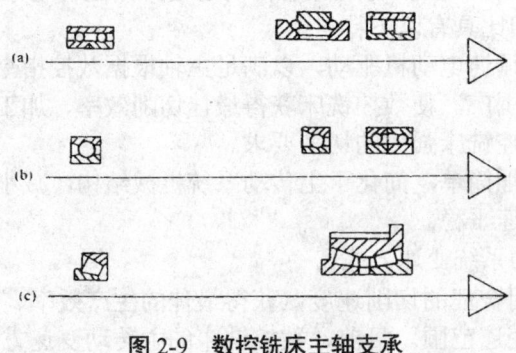

图 2-9　数控铣床主轴支承

① a 前支承采用圆锥孔双列圆柱滚子轴承和 60°角接触双列向心推力轴承。

② b 前支承采用高精度双列角接触球轴承，这种配置形式具有较好的高速性能，但承载能力小，适用于高速、轻载和精密的数控铣床；

③ c 前支承采用双列圆锥滚子轴承，后支承采用圆锥滚子轴承，这种配置方式能够承受较大的径向和轴向力，能使主轴承受较重载荷，且安装和调整性能好，这种配置限制了主轴的最高转速和精度，适用于中等精度、低速重载的数控铣床。

（2）主轴端部结构形状

数控铣床主轴端部主要用于安装刀具。在设计要求上，应能保证定位准确、安装可靠、连接牢固、装卸方便，且能传递足够的转矩。早期的数控铣床主轴端部结构较简单，刀具装上后靠工人锁紧，装卸比较麻烦；随着加工中心的出现，对主轴端部结构要求的提高，数控铣床主轴端部的结构也逐渐改变，并形成标准化。

在这种结构中，铣刀预先固定于标准锥柄刀夹中，装刀时，锥柄刀夹在前端 7：24 的锥孔内定位，并用拉杆从主轴后端拉紧，前端的端面键传递扭矩。拉杆的拉紧和放松由按钮开关控制，刀具的装卸十分方便。

3. 数控铣床的进给传动系统

（1）数控铣床进给传动系统的性能要求

数控铣床进给传动系统是把进给伺服电动机的旋转运动转变为工作台或刀架的直线运动的机械结构。大部分数控铣床的进给传动系统都包括齿轮传动副、滚珠丝杆螺母副以及导轨等。这些机构的刚度、传动精度、灵敏度和稳定性等都直接影响工件的加工精度，因此对进给传动系统有着以下要求。

① 高传动精度。缩短传动链，合理选择丝杠尺寸，对丝杆螺母副及支承部件进行适当预紧，可以提高系统传动精度。

② 低摩擦。要使传动系统运动更加平稳、响应更快，必须尽可能降低传动部件及支承部件的摩擦力。

③ 小惯量。进给机构的传动惯量大，会导致系统的动态性能变差，故要求减小惯量。

④ 小间隙。间隙大会造成进给系统的反向死区，影响加工位移精度。

（2）齿轮传动副

进给系统采用齿轮传动装置，主要是使高转速、低转矩的伺服电动机的输出变为低转速、大转矩，以适应驱动执行元件的需要；有时也只是为了考虑机械结构位置的布局。少数小型数控铣床进给机构采取电动机主轴与滚珠丝杆通过联轴器直接连接的方式，就没有了齿轮传动这一中间环节。

数控铣床进给机构中实现齿轮减速的方式有圆柱齿轮副、锥齿轮副、蜗杆蜗轮副、同步齿形带等，其中最常用的就是圆柱齿轮副。同步齿形带传动是一种新型传动方式，它既有啮合传动的传动效率高的特点，又有带传动的工作平稳、噪声小的优点。因此，在大中型的数控铣床中,同步齿形带传动的应用逐渐增多。

由于齿轮的制造存在误差,因此齿轮传动副中存在间隙。常用的调整法有偏心轴套调整法、轴向垫片调整法、轴向压簧调整法和轴向弹簧调整法。

(3) 滚珠丝杠螺母副

滚珠丝杠螺母副是在丝杆螺母副的基础上发展起来的,是一种将回转运动转变为直线运动的新型理想传动装置。由于滚珠丝杆螺母副具有传动效率高、摩擦力小、使用寿命长等优点,因此数控铣床进给机构中普遍采用这种结构。滚珠丝杆螺母副在应用中同样要进行间隙调整。

滚珠丝杠副是一种新型的传动机构,它的结构特点是具有螺旋槽的丝杠螺母间装有滚珠。滚珠丝杠副的支承形式有多种,常用的支承方式可分为 4 种,如图 2-10 所示。

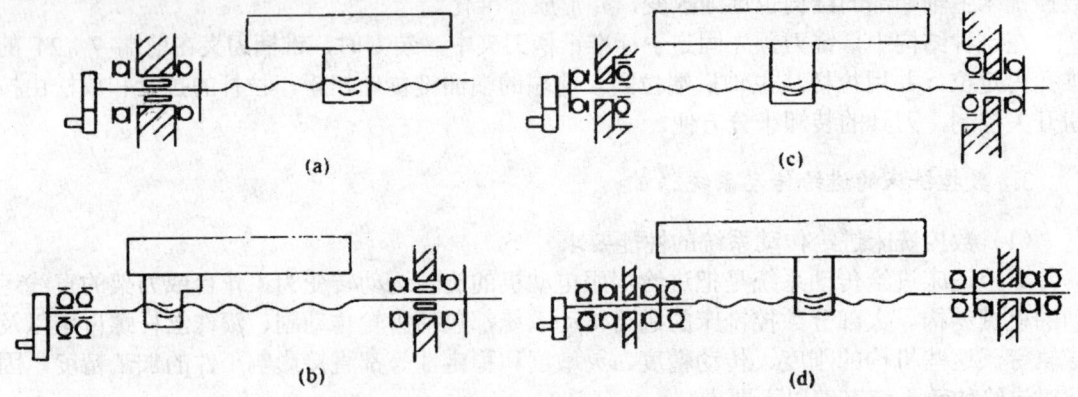

图 2-10 数控铣床滚珠丝杆支承形式

(4) 导轨

导轨主要是对运动部件起支承和导向作用。对于数控铣床来讲,加工精度越高,对导轨要求越严格。目前数控铣床采用的导轨主要有塑料滑动导轨、滚动导轨和静压导轨三种类型,其中又以塑料导轨居多。

4. 工作台

工作台是数控铣床的重要部件,其形式尺寸往往体现了数控铣床的规格和性能。数控铣床一般采用上表面带有 T 形槽的矩形工作台。T 形槽主要用来协助装夹工件,不同工作台的 T 形槽的深度和宽度不一定相同。数控铣床工作台的四周往往带有凹槽,以便于冷却液的回流和金属屑的清除。

某些卧式数控铣床还附带有分度工作台或数控回转工作台。分度工作台一般都用 T 形螺钉紧固在铣床的工作台上,可使工件回转一定角度。数控回转工作台主要出现在多坐标控制卧式数控铣床中,其分度工作由数控指令完成,增加了铣床的自动化程度。

2.3 立式加工中心

加工中心是在数控铣床的基础上发展起来的。它配有自动换刀装置和刀库,可在一次装夹中实现零件的铣、钻、镗、铰、攻螺纹等多种加工过程。随着工业的发展,加工中心将逐渐取代数控铣床,成为一种主要的加工机床。

2.3.1 立式加工中心组成部件及作用

(1) 数控系统。数控系统是加工中心的核心部分,它指挥加工中心完成各项功能,保证加工的顺利进行。数控系统由计算机数控装置、可编程控制器、伺服驱动系统等组成。

(2) 基础部件。基础部件主要是指床身、立柱、工作台等,它是加工中心的基础结构,主要承担加工中心的静载荷和加工时产生的切削负载。基础部件是加工中心中体积和自重最大的部分。

(3) 运动传动系统。运动传动系统包括主传动系统和进给传动系统两部分。主传动系统是传递切削转速和功率的装置,主要保证主轴有足够的转速范围、足够的功率及扭矩。进给传动系统是把进给伺服电机的旋转运动转变为工作台或刀架的直线运动的机械结构,其性能好坏直接影响工件的加工精度。

(4) 主轴部件。主轴部件是切削加工功率的输出部件,由主轴、主轴轴承、刀具自动夹紧装置、主轴准停装置等组成。其质量的好坏直接关系到工件的加工质量。

(5) 自动换刀装置。自动换刀装置是加工中心区别于其他机床的主要标志,由刀库、机械手等组成。

(6) 辅助装置。辅助装置包括液压、气动、润滑、冷却系统等。它们虽然没有直接参与切削运动,但对加工中心的效率、加工精度和可靠性起着保障作用,是加工中心中不可忽略的部分。

2.3.2 立式加工中心主要结构

(1) 主传动系统。加工中心的主轴电机主要采用直流主轴电机和交流主轴电机,实现主运动的无级调速。

(2) 主轴部件。主轴部件(见图 2-11)是加工中心的重要部件之一,其刚度和回转精度直接影响到工件的加工质量。不同的加工中心在主轴结构上有些区别,但大同小异。

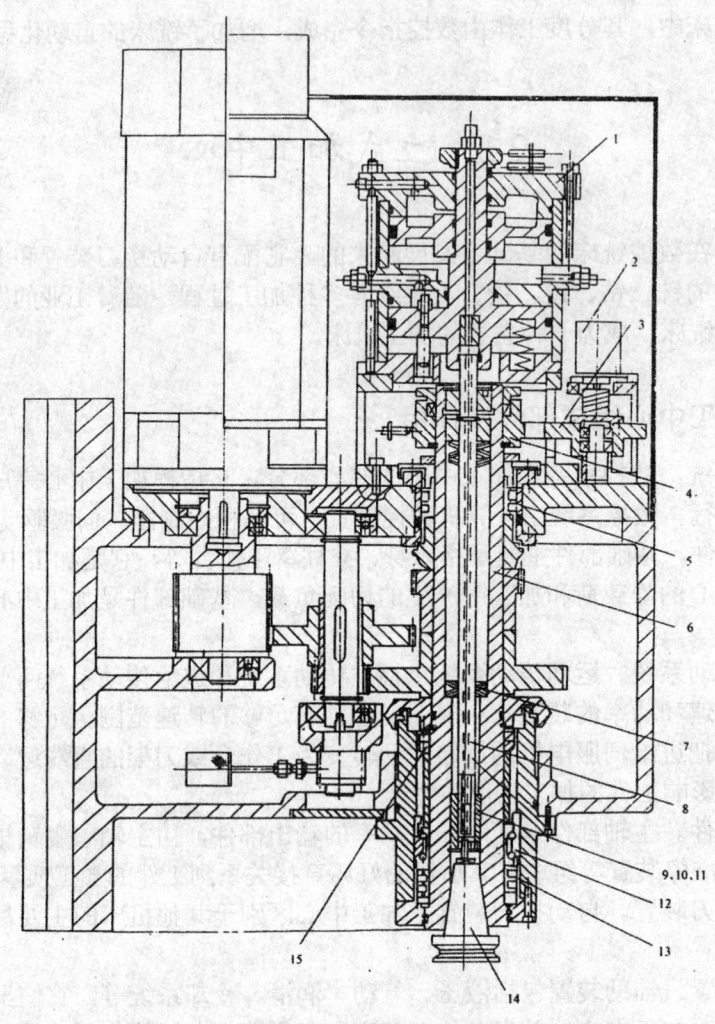

图 2-11 主轴部件结构图

1—汽缸 2—位置编码器 3,4—带轮 5—双列圆柱滚子轴承 6—主轴 7—蝶形弹簧
8—拉杆 9—拉杆套 10—滚珠 11—夹紧套 12—双面角接触推力球轴承
13—双列圆柱滚子轴承 14—锥柄刀类 15—调节螺母

① 支承形式。该加工中心采用典型的数控机床主轴布置形式,前支承由两类轴承组合。轴承 13 为圆锥孔双列圆柱滚子轴承,加大主轴的径向承载能力。轴承 12 为双向角接触推力球轴承,主要承受轴向力,并且通过调节螺母 15 使其产生预紧力,以提高主轴的回转精度和刚度。后支承采用双列滚子轴承,使主轴发热后能适当向后延伸,减少主轴发热对加

工精度的影响。

② 刀具自动夹紧松开机构。该加工中心的刀具自动夹紧松开机构主要由蝶形弹簧 7、拉杆套 9、滚珠 10、夹紧套 11、汽缸 1 等组成。

③ 主轴准停装置。主轴上设有端面键，用来传递切削力矩，因此加工中心必须有主轴准停功能，使主轴每次都准确地停在固定不变的轴向位置上，以保证换刀时刀夹上的对刀槽能对准主轴上的端面键。位置编码器工将转角信号反馈给数控系统，控制主轴停于某指定位置。

（3）自动换刀装置

一个零件往往需要进行多工序的加工，而简单功能的数控机床，只能完成单工序的加工，如车、钻、铣等。因此，在制造一个零件的过程中，有大量的时间都用在了更换刀具、装卸零件、测量和搬运零件等非切削时间上，切削加工时间仅占整个工时中较小的比例。为了进一步提高生产率，压缩非切削时间，现代的机床逐步发展为在一台机床上只需一次装夹即可完成多工序或全部工序的加工。在这类数控机床上，自动换刀装置是必不可少的。实际上，数控机床上使用的回转刀架就是一种简单的自动更换装置，并使刀具容量增大，以便实现更为复杂的换刀动作。

自动换刀装置应当满足换刀时间短、刀具重复定位精度高、具有足够的刀具储存量、刀库占地面积小等基本要求。

自动换刀装置的形式有以下两种。

① 回转刀架换刀

回转刀架换刀是一种简单的自动换刀装置，常用于数控车床。根据不同的使用对象，刀架可设计为四方形、六角形或其他形式。回转刀架可分别安装四把、六把或更多的刀具，并按数控装置发出的脉冲指令回转、换刀。

数控机床的切削加工精度在很大程度上取决于刀尖位置。由于在加工过程中刀尖位置不进行调整，因此，回转刀架在结构上必须有良好的强度和刚性，以及合理的定位结构，以保证回转刀架在每一次转位之后，具有尽可能高的重复定位精度。

② 更换主轴头换刀

在带有旋转刀具的数控机床中，更换主轴头换刀是一种简单的换刀方式。主轴头通常有卧式和立式两种，而且常用转塔的转位更换主轴头以实现自动换刀。各个主轴头上预先装有各工序加工所需要的旋转刀具，当收到换刀指令时，各主轴头依次地转到加工位置，并接通主运动使相应的主轴带动刀具旋转，而其他处于不加工位置上的主轴都与主运动脱开。

转塔主轴头换刀方式的主要优点是省去了自动松夹、卸刀装刀、夹紧以及刀具搬运等一系列复杂的操作，从而显著减少了换刀时间，提高了换刀的可靠性。但是由于结构上的原因和空间位置的限制，主轴的数目不可能很多。因此转塔主轴头换刀通常只适用于工序较少、精度要求不太高的数控机床，如数控铣床。

2.3.3 带刀库的自动换刀系统

带刀库的自动换刀系统由刀库和刀具交换机构组成,目前这种换刀方法在数控机床上的应用最为广泛。带刀库的自动换刀装置的数控机床,其主轴箱和转塔主轴头相比较,由于其主轴箱内只有一个主轴,所以主轴部件具有足够的刚度,因而能够满足各种精密加工的要求。另外,刀库可以存放数量很多的刀具,可进行复杂零件的多工序加工,可明显提高数控机床的适应性和加工效率。这种带有刀库的自动换刀装置特别适用于数控钻床、数控铣床和数控镗床。

带刀库的换刀系统的整个换刀过程较为复杂,首先应把加工过程中需要使用的全部刀具分别安装在标准刀柄上,在机外进行尺寸调整后,按一定的方式放入刀库,换刀的时候,按刀具编号在刀库中进行选刀,并由刀具交换装置从刀库和主轴上取出刀具进行交换,将新刀具装入主轴,把从主轴上取下的旧刀具放回刀库。存放刀具的刀库具有较大的容量,刀库可安放在主轴箱的侧面或上方,也可以单独安装在机床以外作为一个独立部件,由搬运装置运送刀具。这种换刀方式的整个工作过程动作较多,换刀时间较长,并且使系统变得更为复杂,降低了工作的可靠性。

刀库用于存放刀具,它是自动换刀装置中的主要部件之一,其容量、布局和具体结构对数控机床的设计有很大影响。刀库是用来存储加工刀具及辅助工具的地方。由于多数加工中心的取送刀具位置都是在刀库中某一固定刀位,因此刀库还需要有使刀具运动的机构来保证换刀的可靠性。刀库中刀具的定位机构是用来保证要更换的每一把刀具或刀套都能准确地停在换刀位置。采用电动机或液压系统为刀库转动提供动力。

1. 刀库的形式

根据取刀方式,可以将刀库设计成各种形式。常采用的有盘式刀库和链式刀库。

(1) 盘式刀库。此种刀库结构简单,应用较多,但由于刀具环形排列,空间利用率低,因此多将刀具在盘中采用双环或多环排列,以增加空间利用率。但这样做会使刀库外径过大,转动惯量也很大,选刀的时间也很长。因此,盘式刀库一般用于刀具较少的刀库。

(2) 链式刀库。链式刀库结构紧凑,刀库容量较大,链环的形状可以根据机床的布局制成各种形式,也可将换刀位突出以便于换刀。当链式刀库需要增加刀具数量时,只需增加链条的长度即可,在一定范围内,不用改变线速度和惯量。这些为系统刀库的设计与制造提供了很多方便。一般当刀具数量在 30~120 把时,多采用链式刀库。

2. 刀库的容量

刀库中的刀具并不是越多越好,太大的容量会增加刀库的尺寸和占地面积,使选刀过程时间增长。刀库的容量应首先考虑加工工艺的需要。根据对钻、铣为主的立式加工中心所需刀具数的统计,用 10 把孔加工刀具可完成 70% 的钻削工艺,用 4 把铣刀可完成 90% 的铣削工艺,据此可以看出,用14把刀具就可以完成70%以上的钻铣加工。若是从完成对被加工工件的全部工序考虑进行统计,超过80%的工件完成全部加工过程需40把刀具。因此,从使用角度出发,刀库的容量一般取为10~40,盲目地加大刀库容量,会使刀库的利用率降低,结构过于复杂,造成很大浪费。

3. 刀具的选择方式

常用的刀具选择方式有顺序选刀和任意选刀两种。

(1)顺序选刀。顺序选刀是在加工之前,将加工零件所需刀具按照工艺要求依次插入刀库的刀套中,顺序不能有差错,加工时按顺序选刀。加工不同的工件时必须重新调整刀库中的刀具顺序,因而操作十分繁琐。而且加工同一工件中各工序的刀具不能重复使用,这样就会增加刀具的数量。而且由于刀具的尺寸误差也容易造成加工精度的不稳定。其优点是刀库的驱动和控制都比较简单。因此这种方式适合加工批量较大、工件品种数量较少的中、小型自动换刀数控机床。

(2)任意选刀。随着数控系统的发展,目前绝大多数的数控系统都具有刀具任选功能。任选刀具的换刀方式有刀套编码、刀具编码和记忆等方式。刀具编码或刀套编码都需要在刀具或刀套上安装用于识别的编码条,一般都是根据二进制编码原理进行编码。刀具编码选刀方式采用了一种特殊的刀柄结构,并对每把刀具编码。由于每把刀具都具有自己的代码,因而刀具可以放在刀库中的任何一个刀座内,这样不仅刀库中的刀具可以在不同的工序中多次重复使用,而且换下的刀具也不用放回原来的刀座,这对装刀和选刀都十分有利,刀库的容量也可以相应地减少,而且还可以避免由于刀具顺序的差错所造成的事故。但是由于每把刀具上都带有专用的编码系统,使刀具的长度加长,制造困难,刀具刚度降低,同时使得刀库和机械手的结构也变得复杂。对于刀套编码方式,一把刀具只对应一个刀套,从一个刀套中取出的刀具必须放回同一刀套中,取送刀具十分麻烦,换刀时间长。因此,无论是刀具编码还是刀套编码,都给换刀系统带来麻烦。目前,在加工中心上绝大多数都采用记忆式的任选换刀方式。这种方式能将刀具号和刀库中的刀套位置(地址)对应地记忆在数控系统的PC中,无论刀具放在哪个刀套内都始终记忆着它的踪迹。刀库上装有位置检测装置(一般与电动机装在一起),可以检测出每个刀套的位置,这样刀具就可以任意取出并送回。

2.3.4 立式加工中心的主要技术参数

JCS—018立式加工中心的主要技术参数如下。

(1)床身占地面积　　　　　　　2495 mm×2100 mm×2170 mm
(2)机床质量　　　　　　　　　　5000 kg
(3)工作台外形尺寸　　　　　　　1200 mm×450 mm

(4) 工作台面积　　　　　　　1000 mm×320 mm
(5) 工作台最大行程　　　　　纵向：900 mm
　　　　　　　　　　　　　　横向：375 mm
(6) 主轴转速范围　　　　　　（22.5～2250）r/min
(7) 进给速度　　　　　　　　14 m/min
(8) 刀库容量　　　　　　　　16
(9) 选刀方式　　　　　　　　任选
(10) 定位精度　　　　　　　　±0.012 mm/300 mm
(11) 重复定位精度　　　　　　±0.006 mm

2.4　数控电火花线切割机床概述

2.4.1　概述

1. 电火花线切割加工的基本原理

电火花线切割（Wire Cut EDM，WEDM）是在电火花加工基础上发展起来的一种新的工艺形式，它用连续移动的细金属丝作为工具电极，并在金属丝与工件间通以脉冲电流（线电极与脉冲电源的负极相连接），利用脉冲放电的腐蚀作用使金属熔化或汽化，通过电极丝和工件的相对运动切割各种形状的工件，故称为电火花线切割，或简称线切割。若使电极丝和工件进行有规律的倾斜运动，还可切割出带锥度的工件和上下异形的变锥度工件。

2. 数控线切割机床的分类

数控线切割机床按电极丝运转方式分为三类：

(1) 往复走丝，也称为高速走丝或快走丝线切割（HWEDM），这类机床的电极丝做高速往复运动，一般走丝速度为 7～11 m/s，是我国独创的电火花线切割加工模式，也是我国生产和使用的主要机种。

(2) 单向走丝，也称为低速走丝或慢走丝线切割机（LWEDM），这类机床的电极丝做低速单向运动，一般走丝速度低于 250 mm/s，低速走丝线切割加工方式在我国模具业和特种加工业正得到越来越广泛的应用。

(3) 自旋式数控线切割，这类机床在电极丝做直线运动的同时绕自身轴线做高速旋转运动，创造了全新的电火花线切割原理，为我国首创。

3. 数控线切割原理

图 2-12、图 2-13 分别为高速和低速走丝数控电火花线切割装置示意图。以高速走丝数

控电火花线切割为例，其工作原理为，电极丝4接脉冲发生器1的负极，并穿过工件9，经导轮5在储丝筒的换向装置控制下往复移动。工件通过绝缘板10安装在工作台上，接上脉冲发生器的正极。工件与电极丝之间的加工区间隙，由喷嘴2通过液压泵12，将水箱11内的液体介质以一定的压力喷入。当脉冲电压击穿间隙时，两者之间即产生火花放电而切割工件。这样，由数控装置7发出加工指令，控制步进电机3、8，驱动X、Y、U、V四轴移动，从而加工出所需曲线轨迹和锥度的工件。

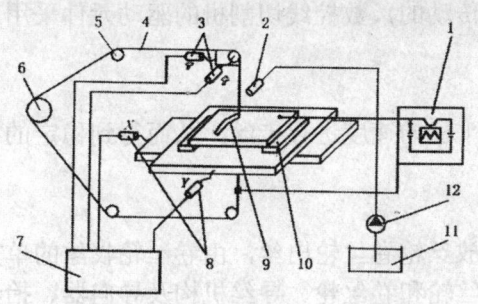
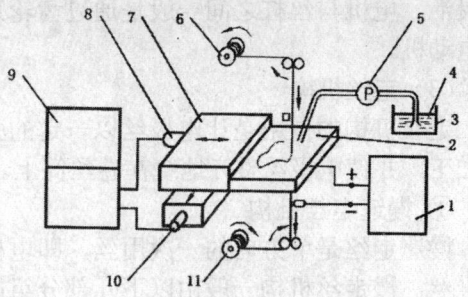

图 2-12　高速走丝线切割加工装置示意图

1—脉冲发生器　2—喷嘴　3—控制步进电机
4—电极丝　5—导轮　6—储丝筒　7—数控装置
8—步进电机　9—工件　10—绝缘板
11—水箱　12—液压泵

图 2-13　低速走丝线切割加工装置示意图

1—脉冲电源　2—工件　3—工作液
4—去离子水　5—泵　6—放丝筒
7—工作台　8—X轴电动机　9—数控装置
10—Y轴电动机　11—收丝筒

2.4.2　数控线切割机床的组成及主要部件结构特点

数控线切割机床主要由机床本体、脉冲电源、数控系统、工作液循环系统和机床附件等几部分组成。

1. 机床本体

机床本体由床身、坐标工作台、运丝机构、丝架、工作液箱附件和夹具等几部分组成，图 2-14 所示为 DK7740 的机床本体。

（1）床身

床身作为坐标工作台、储丝机构及丝架的装配基础，必须具有与使用要求相适应的精度和足够的刚度。为方便操作，一般趋向于低床身结构，置工作液循环过滤、脉冲电源于床身外，以减少热变形和振动。

图 2-14　切割台

1—电动机　2—储丝筒　3—导轮
4—丝架　5—坐标工作台　6—床身

（2）坐标工作台

坐标工作台的功能是装载被加工工件，且按控制的要求，对电机丝做预定轨迹的相对运动。它由拖板、导轨、丝杆运动副及带有变速机构的驱动齿轮四部分组成。如图2-14所示为DK7740线切割机床的工作台。

拖板分别担负X、Y向的移动功能。拖板是沿着导轨移动的，因此，要求拖板灵敏度高，丝杠传动副的齿形多采用梯形或圆弧螺纹，并通过滚珠丝杠副传动，使拖板的往复运动轻巧灵活。电机与丝杠之间一般是通过齿轮系进行传动的，数控线切割机的驱动元件采用步进电动机。

（3）走丝机构

走丝机构的作用是让电极丝以一定的张力和平稳的速度进行走丝，从而得到稳定的放电加工，并使电极丝整齐地绕在卷丝筒上。

① 慢速走丝机构

慢速走丝是单方向的一次用丝，即电极丝从放丝轮卷丝轮出丝，由卷丝轮收丝的单方向走丝。慢走丝机构一般由以下几部分组成：放丝轮和卷丝轮、导丝机构及导器、抬丝轮或张力轮或夹紧轮、排丝装置、滑轮、断丝检测微动开关、其他辅助件。

② 快速走丝机构

走丝机构的作用是保证电极进行往复循环的高速运行。快走丝机构有单丝筒驱动和双丝筒驱动两种，目前的线切割机床大多采用单丝筒快走丝机构。

它由电动机传动储丝筒做高速正反向传动，通过齿轮副、丝杠螺母带动推板往复移动，使电极丝均匀地卷绕在储丝筒上。为了降低工作的粗糙度，走丝机构中有恒张力装置，以保证切割时电极丝的张力趋于稳定。储丝筒在加工中必须换向。走丝机构与床身、工作台必须绝缘良好。为了保证加工精度和加工稳定性，对储丝筒的轴向窜动和径跳动都有较高的精度要求。

（4）丝架

丝架的作用是通过丝架上的两个导轮对工具电极丝移动时的路径实行支承和导向，且使电极丝工作部分与工作台保持一定的几何角度。

2. 脉冲电源

脉冲电源是影响线切割加工工艺指标的关键。在一定条件下加工工艺的好坏，主要取决于脉冲电源的性能。因此要求用于线切割的脉冲电源具有：适当的脉冲峰值电流，其变化范围不宜太大，一般为15~35 A；适当窄的脉冲宽度；尽量高的脉冲频率使电极丝呈低损耗的性能。目前，用于线切割机床的加工电源，一般采用晶体管开关元件，由晶体管、电阻、电容等元件组成高频电源。该电源具有体积小、重量轻、寿命长、电源电压和损耗小的特点。

3. 工作液循环系统

在线切割加工中,工作液对切割速度、表面粗糙度、加工精度等工艺指标影响很大。低速走丝线切割机床大多采用离子水作工作液,只有在特殊精加工时才采用绝缘性能较高的煤油。高速走丝线切割机床使用的工作液是专用的乳化液。

2.4.3 数控线切割的控制系统

控制系统的主要作用是在电火花线切割加工过程中,按加工要求自动控制电极丝相对工件按一定轨迹运动,同时还应实现进给速度的自动控制,以维持正常的稳定切割加工。后者是根据放电间隙大小与放电状态自动控制的,使进给速度与工件材料的蚀除速度相平衡。

1. 控制过程及方式

电火花线切割机床控制系统的具体功能包括轨迹控制和加工控制,有开环方式、闭环方式和半闭环三种形式。快走丝线切割机床多采用较简单的步进电动机开环系统,而慢走丝线切割机床一般采用伺服电机加码盘的半闭环系统,仅在一些少量的超精密线切割机床上采用伺服电动机加磁尺或光栅的全闭环系统。

2. 加工控制功能

线切割加工控制和自动化操作方面功能很多,主要有下列7种。

(1) 进给控制。根据加工间隙的平均电压或放电状态的变化,通过取样、变频电路,不定期地向计算机发出中断申请,自动调节伺服进给速度,保持某一平均放电间隙,使加工稳定,提高切割速度和加工精度。

(2) 短路回退。经常记忆电极丝经过的路线。发生短路时,改变加工条件并沿原来的轨迹快速后退,消除短路,防止断丝。

(3) 间隙补偿。

(4) 图形的缩放、旋转和平移。

(5) 适应控制。在工件厚度变化的场合,改变规准之后,能自动改变预置进给速度或电参数,不用人工调节就能自动进行高效率、高精度的加工。

(6) 自动找中心。

(7) 信息显示。动态显示程序号、计数长度等轨迹参数,较完善地采用CRT屏幕显示,还可显示电规准参数货物切割轨迹图形等。

此外,线切割加工控制系统还具有故障安全和自诊断等功能。

2.4.4 数控电火花成型机床

1. 电火花成型加工的原理

电火花成型加工是利用电能直接转成热能来加工的,是基于工具电极和工件之间脉冲性火花放电时的电蚀现象来蚀除多余的金属,以达到对工件的尺寸、形状和表面质量预定的要求。如图 2-15 所示为电火花成型加工原理示意图。

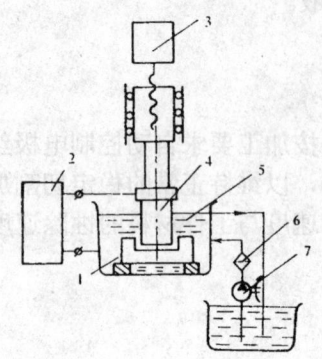

图 2-15 电火花成型加工原理图
1—工件 2—脉冲电源 3—自动进给调节装置 4—电极 5—工件液 6—过渡器 7—工作液泵

2. 电火花成型机床

电火花成型机床主要由主机(包括伺服进给系统的执行机构)和伺服进给系统、脉冲电源、工作液循环过滤系统等几部分组成。

(1)电火花成型机床的主机结构。电火花成型机床的主机结构形式有龙门式、滑枕式、悬臂式、立柱式和台式,采用最多的是立柱式结构。主机用于支承工具电机和工件,保证它们之间的相对位置,并实现工具电极在加工过程中稳定的伺服进给运动。它主要由床身、立柱、主轴头、工作台及润滑系统组成。

(2)电火花成型机床的伺服进给系统。伺服系统的作用是在加工过程中,使电极与工件之间保持一定的放电间隙。由于电火花放电的作用,工件不断地被蚀出,工具电极也有一定的损耗,使放电间隙逐渐增大。当大到不足以维持放电时,加工便因此而停止。为了使加工过程连续地进行,电极必须不断地、及时地进给,以保持所需的放电间隙。而且,一旦外来的干扰使放电间隙发生变化时,电极的进给也应随之相应地变化,以保证最佳的放电间隙,保证电火花加工正常进行。

(3)脉冲电源。脉冲电源是把工频正弦交流电转变成一定频率的单向脉冲电流的一种装置。它向工件和工具电极间的加工间隙提供所需的放电能量以蚀除金属。脉冲电源的性能直接影响电火花成型加工的加工速度、表面质量、加工精度和工具电极损耗等。产生脉冲电源的方法很多,可以用电子管、闸流管等。

(4)工作液循环系统。电火花加工是在液体介质中工作的。工作液循环系统是电火花加工机床不可缺少的一部分,其主要作用如下。

① 工作液通过过滤,始终保持清洁具有良好的绝缘性能,使每个脉冲放电结束后迅速消除电离,恢复间隙的绝缘状态,以免发生电弧放电现象;

② 根据加工对象的要求,采取适当的强迫方式,及时带走放电时产生的电蚀产物,以保持工具电极与工件间的恒定间隙,避免两极之间发生完全的金属接触,影响加工质量。

③ 强迫循环方式还起一定的排气和散热作用,使工具电极和工件表面迅速冷却。

(5) 电火花成型机床的主要附件——平动头。平动头是电火花成型加工机床最重要的主轴头附件,也是实现型腔单电极电火花加工所必备的工艺设备。平动头的动作原理是利用偏心机构将伺服电机的圆周运动,通过平面轨迹保持机构,使电极上的每一个点都绕着其原始位置做平面圆周运动,平动头的运动轨迹如图 2-16、2-17 所示。其运动半径通过平动偏心量的调节可逐渐扩大,以补偿粗、中、精加工的放电间隙之间差,达到修光型腔的目的。

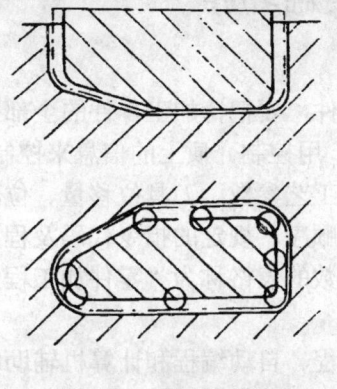

图 2-16　平动头轨迹

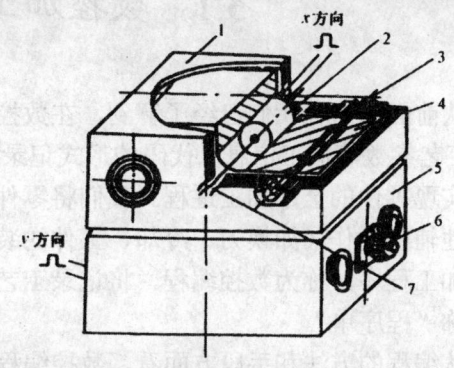

图 2-17　数控平动头结构示意图

1—上溜板　2—步进电机　3—圆柱滚珠导轨
4—中间溜板　5—下溜板　6—刻度端盖　7—丝杆、螺母

2.5　习　题

1. 数控车床上的回转刀架是如何实现自动换刀的?
2. 简述数控铣床的分类及特点。
3. 数控铣床具有哪些功能?
4. 加工中心和数控铣床有何不同?
5. 加工中心适合加工哪些类型的零件?
6. 加工中心的换刀方式有哪些?
7. 叙述高速走丝数控电火花线切割的工作原理。
8. 简述数控电火花线切割机床的组成及其特点、作用。
9. 电火花线切割的控制原理是什么?有哪些基本加工控制功能?
10. 电火花成型机床由哪些部分组成?简述各部分的作用。

第 3 章　数控加工编程

3.1　数控加工编程的基础知识

从前面的内容我们已经了解到,在数控机床上加工零件,要把待加工零件的全部工艺过程、工艺参数等加工信息以代码的形式记录在控制介质上,用控制介质上的信息来控制机床,自动实现零件的全部加工过程。我们将零件的工艺过程、工艺参数、刀具位移量、位移方向及其他辅助动作(如换刀、冷却、工件的装卸等)按动作顺序、规定的指令代码及程序格式编成加工程序,称为数控编程。将记录工艺过程、工艺参数的表格称为"零件加工程序单"或简称"程序单"。

从编程的方法和手段方面看,数控编程可以用手工编程、自动编程和计算机辅助编程。在本书的后面将介绍自动编程方法。本章主要围绕手工编程的内容展开。

3.1.1　数控编程常用规则

随着数控技术的发展,数控设备成为各工业部门自动化加工的重要装备,数控技术成为 CIMS(计算机集成制造技术)的基础技术。在数控设备的研究开发、生产和使用中,在厂家与用户之间,在管理者与操作者之间,国内外技术与设备交流中,不可避免地要求有统一的技术标准。

国际化标准组织(ISO)在数控技术方面制订了一系列国际标准。我国也根据具体国情,制订了与国际标准等效的国家标准,于 1982 年正式开始实施。这些标准是数控编程的基本准则。

在数控编程中,常用的数控标准有以下几项。
(1) 数控纸带的规格。
(2) 数控机床坐标轴和运动方向。
(3) 数控编程的编码字符。
(4) 数控程序的程序段格式。
(5) 数控程序的功能代码。

3.1.2 数控设备的坐标系和运动方向

为了使编程简单方便，统一规定了数控机床坐标轴名称及其运动方向，以保证程序的通用性，使编程者、操作者及维修者在程序中避免不必要的错误。国家标准化组织规定统一使用标准的坐标系（ISO 841），我国机械工业部 1982 年也颁布了《数控机床坐标系和运动方向命名》数控标准（JB 3051-82），它们与 ISO 841 标准等效。

1. 机床坐标系的确定

机床的直线运动 X、Y 和 Z 三个坐标采用右手笛卡儿直角坐标系，如图 3-1 所示。坐标轴定义顺序是先确定 Z 轴，而后确定 X 轴，最后确定 Y 轴。

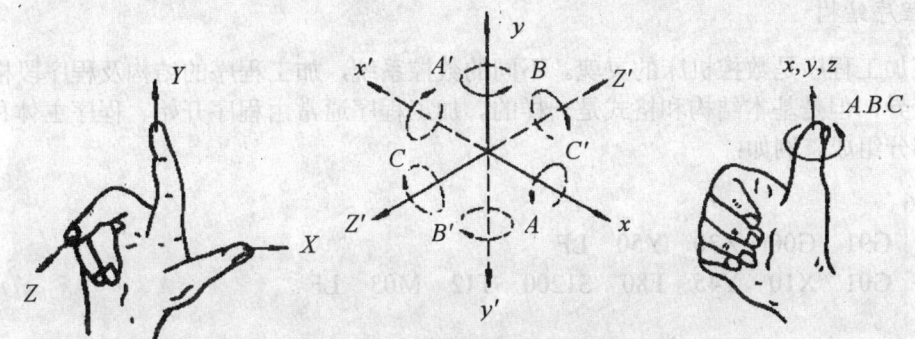

图 3-1 笛卡儿右手直角坐标系

2. 运动方向的确定

为了编程的方便和统一，总是假定工件是静止的，而刀具是移动的。

图 3-1 所示的是几种数控机床的标准坐标系，其坐标和运动方向的确定方法如下。

（1）Z 坐标轴。标准规定，数控机床的主轴与机床坐标系的 Z 轴重合或平行，Z 坐标的正方向规定为增大刀具与工件距离的方向。如在钻镗加工中，钻入或镗入工件的方向是 Z 的负方向。

（2）X 坐标轴。X 坐标轴运动是水平的，平行于工件装夹面。对于工件做旋转运动的机床（如车床、磨床）等取平行于溜板的方向（工件径向）为刀具运动的 X 坐标轴。同样，以刀具远离工件的方向为 X 轴的正方向。对于刀具做旋转运动的机床（如铣床、镗床、钻床等），若 Z 轴为水平（主轴是卧式的），沿刀具主轴后端工件方向看，右方向为 X 轴的正方向；若 Z 轴为垂直（主轴是立式的），面对刀具主轴向立柱方向看，右方向为 X 轴的正方向。

（3）Y 坐标轴。垂直于 X 和 Z 坐标轴，根据 X 和 Z 的运动，按照右手笛卡儿坐标系来确定。

3. 机床的旋转运动 A、B 和 C

三个旋转轴坐标 A、B 和 C 分别平行于 X、Y、Z 坐标轴，按右手螺纹前进的方向取为正方向。

4. 附件坐标轴

如果坐标系不只一组，一般靠近主轴的坐标系称为第一坐标系 X、Y、Z，稍微远一些的，平行于它们坐标运动的附加坐标称为第二坐标系。此外还有第三坐标系 P、Q、R。

3.1.3 程序格式

1. 程序结构

数控加工程序是数控机床的灵魂。不同的数控系统，加工程序的结构及程序段格式可能有某些差异，但是基本结构和格式是一样的。加工程序通常由程序开始、程序主体和程序结束等三部分组成。例如：

%106
N01　G91　G00　X30　Y50　LF
N02　G01　X10　Y45　F80　S1200　T12　M03　LF
……
N10　G00　X30　Y50　M02　LF

以上为一个加工程序，程序段都以序号 N×× 开头，用 LF 结束。

程序开始为程序号，作为加工程序的开始标识。程序号通常由字符%及其后的数字来表示。

程序结束主要用辅助功能 M02（程序结束）、M30（程序结束，返回起点）等来表示。

程序的主体则是由若干个程序段（block）组成，而程序段是由一个或若干个信息字（word）组成，每个信息字又由地址符和数据符字母组成。在程序中能作为指令的最小单位是信息字，仅用地址符或仅用数据符是不能作为指令的。一般情况下，一个程序段完成一个动作。

一个加工程序的最大长度取决于数控系统中零件程序存储区的容量。如日本的 FANUC－7M 系统，零件主程序存储区的最大容量为 4 KB。另外还可以根据用户要求扩大字存储区的容量。对一个程序段的字符数，某些数控系统规定了一定的限度，如规定字符数≤90 个，不过，90 个字符对于一个程序段来说已经足够了。

2. 程序段格式

程序段格式就是指一个程序段中的字、字符按一定顺序特定排列的方式。我国关于程序段格式的标准为 JB 3832－85。现在常用的程序段格式有以下两种。

(1) 可变程序段格式

可变程序段格式就是每个字的次序是固定不变的，但只有当某个字被赋以新值时，这个字才在程序段中出现。这种程序段中字的数量是变化的，程序段的长短亦随所选用的字数与字长（位数）而发生变化。程序段中每个字都以地址符开始，其后再跟符号和数字，字的排列顺序没有严格的要求，不需要的字以及与上段相同的续效字可以不写。这种格式的特点是程序简单、可读性强、易于检查。

可变程序段格式如下：

N××× G×× X±××…× Y±××…× Z±××…× ××…×
F×××× S×××× T×××× M×× LF（或 CR）

每个程序段的开头是程序号，以字母 N 和四位（有的机床不用四位）数字表示；接着是准备功能指令，由 G 和两位数字组成；再接着是运动坐标；如有圆弧半径 R 等尺寸，放在其他坐标位置；在工艺指令中，F 指令为进给速度，S 指令为主轴转速，T 指令为刀具号，M 为辅助功能指令；还可以有其他附加指令；LF 为结束代码（在 EIA 标准中为 CR）。

以一个常见的字地址程序段格式说明如下：

N006　　G01　　X70.0　　Z-30.0　　F160　　S400　　T0102　　M03　　LF

其中：N006——表示第一个程序段；

G01——表示直线插补；

X70.0、Z-30.0——分别表示 X、Z 坐标方向的移动量；

F、S、T——分别表示进给速度、主轴转速、刀具号；

M03——表示主轴按顺时针方向旋转；

LF——表示程序段的结束。

(2) 分隔符程序段格式

这种格式预先规定了输入时可能出现的字的顺序，在每个字前写一个分隔符 HT（在 EIA 标准中为 TAB），这样就可以不使用地址符，只要按规定的顺序把相应的数字跟在分隔符后面就行了。前面例子中的程序写成分隔符程序段格式如下：

HT006　HT01　HT70.0　HT-30.0　HT160　HT400　HT0102　HT03　LF

使用分隔符的程序格式一般用于功能不多且较固定的数控系统，但程序不直观，容易出错。

3.1.4　数控编程分类

在实际生产中，根据编程的各个阶段的大量工作主要是由人工还是由计算机完成，可以分为手工编程和自动编程（Automatic Programming）两大类。

1. 手工编程

在编程的全部过程中,包括制订工艺和刀具运动轨迹的计算,编写程序,制备控制介质(穿孔带、磁带、磁盘等)以及程序的校验、修改等,全部或主要由人工初步完成,称做手工编程。

手工编程也称为人工编程。其特点是程序编制的整个过程都需要人工完成。对于几何形状不太复杂、坐标计算比较简单、加工程序不长的工件,用手工编程就显得经济而及时;而对于大型复杂零件,则数据点较多,穿孔时间较长,工作量偏大,而且容易出错;因此,手工编程广泛地应用于简单的由直线与圆弧组成的轮廓加工中。

2. 自动编程

对于结构比较复杂的零件,特别是具有空间曲线、曲面的零件,比如螺旋桨、凸轮、复杂模具等,或者零件几何形状虽不复杂但程序量很大的零件,就必须采用计算机辅助编程,即自动编程。

计算机辅助编程的特点是应用计算机代替人的劳动。编程人员除了完成工艺处理阶段全部或者部分工作外,不再参与计算、数据处理、编制零件加工程序号和制作纸带等工作。因此可以大大减少编程人员的劳动量,减少产生错误的机会,加快编程速度,提高加工精度。目前计算机辅助编程主要根据编程信息的输入和计算机对信息的处理方式的不同,分为语言输入式和图形交互式两类。

3.1.5 数控程序的编制方法及步骤

在程序编制时,首先根据被加工零件的复杂程度、数值计算的难度与工作量大小、现有设备(计算机、数控语言系统等)以及时间和费用等进行全面考虑,权衡利弊,决定采用手工编制还是自动编程(零件图纸到制成数控介质的全部过程,如图 3-2 所示)。

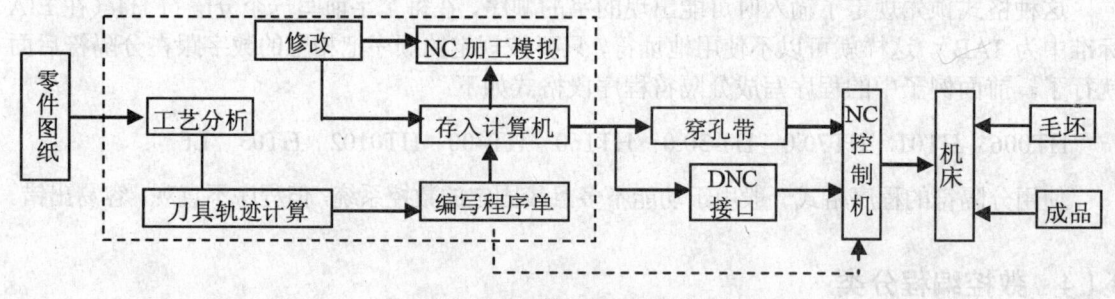

图 3-2 数控机床加工过程

手工编程的内容与步骤如下。

(1)零件工艺性分析。首先根据零件图纸,分析零件形状、尺寸、精度要求、毛坯形式、材料选择和热处理要求等，确定该零件是否适宜在数控机床上加工。

（2）工艺过程拟定。根据零件结构形状、技术要求等确定定位夹紧方案、切削加工路线、刀具选择、切削用量选择等。

（3）数学处理阶段。根据零件图纸和确定的工艺路线计算出走刀轨迹和每个程序段所需的数据，求出相邻几何元素的交点或切点坐标；对于自由曲线、曲面等复杂的数学计算，必须使用计算机辅助设计。

（4）编写数控程序单。将有关的数控编程指令及几何元素指令以及相应的坐标值，按走刀路线的顺序进行分段和排列，并将功能指令填写到相应的程序段中。

（5）制作控制介质与介质上的信息的读取。制作控制介质就是将程序单上的内容用标准代码记录到控制介质上，例如通过计算机将程序单上的代码记录在磁盘上，也可以通过接口电路直接送入数控装置。简单的数控程序可以直接通过键盘输入数字控制器。

（6）程序校核。数控程序必须经过校核试切加工合格后，才能进入正式加工，校核的方法主要有：

① 应用计算机模拟软件将加工过程中的刀具轨迹逐步显示在屏幕上。如果程序出错，通过显示找出程序逻辑出错处，并加以修正。

② 在绘图机上绘制切削加工轨迹。

③ 首件试加工。

3.1.6 数控基本功能代码

在数控编程中，前面的介绍所采用的数控标准基本以 ISO 标准为主，本节就以 ISO 标准为例介绍常用的功能指令。

1. 准备功能（G 代码）

准备功能也称为 G 功能（或称 G 代码），它由地址符 G 和其后两位数字（00～99）组成，用于指定定位方式、插补方式、平面选择、加工螺纹、攻螺纹、各种固定循环及刀具补偿等功能。

本书仅重点介绍常用的几个 G 代码指令，其余代码仅以表格形式列出，如表 3-1 所示。

表 3-1 G 代码功能

代 码	具 体 功 能	代 码	具 体 功 能
G00	点定位	G43	刀具补偿——正
G01	直线插补	G44	刀具补偿——负
G02	顺时针圆弧插补	G45	刀具偏置+/+
G03	逆时针圆弧插补	G46	刀具偏置+/−
G04	暂停	G47	刀具偏置−/−

(续表)

代码	具体功能	代码	具体功能
G05	未指定	G48	刀具偏置 -/+
G06	抛物线插补	G49	刀具偏置 0/+
G07	未指定	G50	刀具偏置 0/-
G08	加速	G51	刀具偏置 +/0
G09	减速	G52	刀具偏置 -/0
G10~G16	未指定	G53	直线偏移,注销
G17	XY 平面选择	G54	直线偏移 X
G18	XZ 平面选择	G55	直线偏移 Y
G19	YZ 平面选择	G56	直线偏移 Z
G20~G32	未指定	G57	直线偏移 XY
G33	等螺距螺纹切削	G58	直线偏移 XZ
G34	等螺距螺纹切削	G59	直线偏移 YZ
G35	等螺距螺纹切削	G60	准确定位 1（精）
G36~G39	永不指定	G61	准确定位 2（中）
G40	刀具补偿/刀具偏置注销	G62	快速定位（粗）
G41	刀具补偿——左	G63	攻螺纹
G42	刀具补偿——右	G68	刀具偏置,内角
G69	刀具偏置,外角	G93	时间倒数进给率
G80	固定循环注销	G94	每分钟进给
G81~G89	固定循环	G95	主轴每转进给
G90	绝对尺寸	G96	恒线速度
G91	增量尺寸	G97	每分钟转数（主轴）
G92	预置寄存		

(1) 绝对坐标和增量坐标指令——G90、G91

绝对坐标指令和增量坐标指令分别用 G90 和 G91 表示,分别指定程序段中的坐标数值是绝对坐标还是增量坐标,其区别用图 3-3 来说明。

图中 AB 和 BC 表示两个直线插补程序段的运动方向。如果用绝对坐标编程,由 A 点插补到 C 点的程序应该是

…

G90

…

```
G01   X50   Y90   F100
      X30   Y40
...
```

如果采用增量坐标编程，则该程序段应该写成：

```
...
G90
...
G01     X50   Y90    F100
        X-50  Y-30
...
```

（2）坐标系设定指令——G92

在采用绝对坐标编程时，有时需要用指令 G92 设定机床坐标系与工件坐标系的关系，确定工件的绝对坐标原点，同时要把这个原点设定值存储在数控系统的存储器内，作为后续程序绝对坐标的基准。

G92 为续效指令，只要后面没有重新设定机床坐标与工件坐标之间的关系（在整个程序中可设定一次或多次），那么先前的设定继续有效，直到后面重新设定，前面的设定才失效。

如图 3-4 所示，图中绝对坐标系原点 O 为程序原点。设刀具 T1 的初始位置在 A 点，工作坐标系就可以用 G92 来设定，其坐标为（400，250）。当刀架换成 T2 刀具时，刀尖的位置将发生变化，假设此时位于 B 点，可以按 B 点重新设定工作坐标系，再用 G92 指令设定其值为（450，150）。

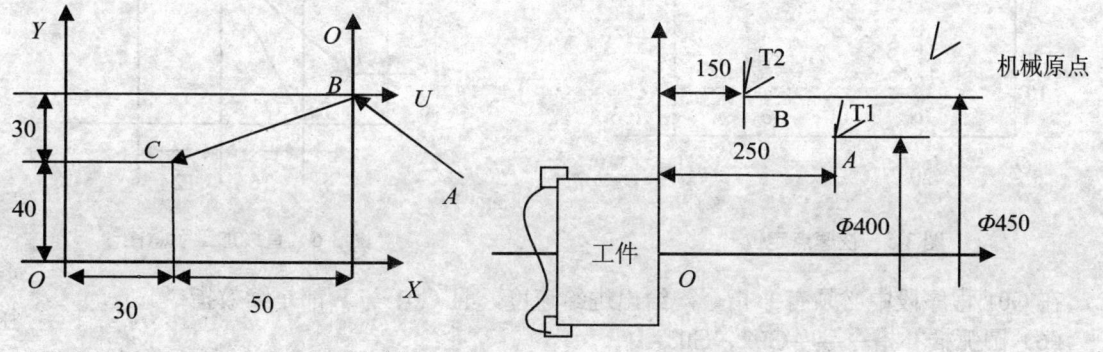

图 3-3 绝对坐标和增量坐标　　　　图 3-4 坐标系设定

值得注意的是：坐标系设定指令程序段只设定程序原点位置，它并不产生运动，即刀具仍然在原位置。

(3) 平面指令——G17、G18、G19

用 G17、G18、G19 分别表示在 XY、ZX、YZ 坐标平面内进行加工，这种指令用作直线与圆弧插补及刀具补偿时的平面选择。有的数控系统只在一个坐标平面内加工有插补功能，则在程序中只写出坐标地址符及其后面的数字，不必书写坐标平面指令。

(4) 快速点定位指令——G00

G00 指令使刀具以点位控制方式，用最快速度从当前点移动到指定点。它只是快速到位，而实际运动轨迹则根据具体控制系统的设计情况，可以是多种多样的。例如在图 3-5 中，从 A 点移到 B 点可有四种运动轨迹。

注意：G00 是续效指令。只有后面的指令给定了 G01、G02 或 G03 时，G00 才无效。另外，指定 G00 的程序段无需指定进给速度指令 F。

(5) 直线插补指令——G01

G01 为直线插补指令，用以指定两个坐标轴（或多个坐标轴）以联动的方式，按程序段规定的合成进给速度 F，插补加工出任意斜率的直线段。工件相对于刀具的当前位置是直线的起点，该点为已知点。因此在程序段中只要指定终点的坐标尺寸，就给定了加工出直线的必要条件。

在图 3-6 中，用 G01 可指定刀具从 P 点运动至 A 点，然后沿 AB、BO、OA 切削，再返回 P 点的直线运动轨迹来完成加工。

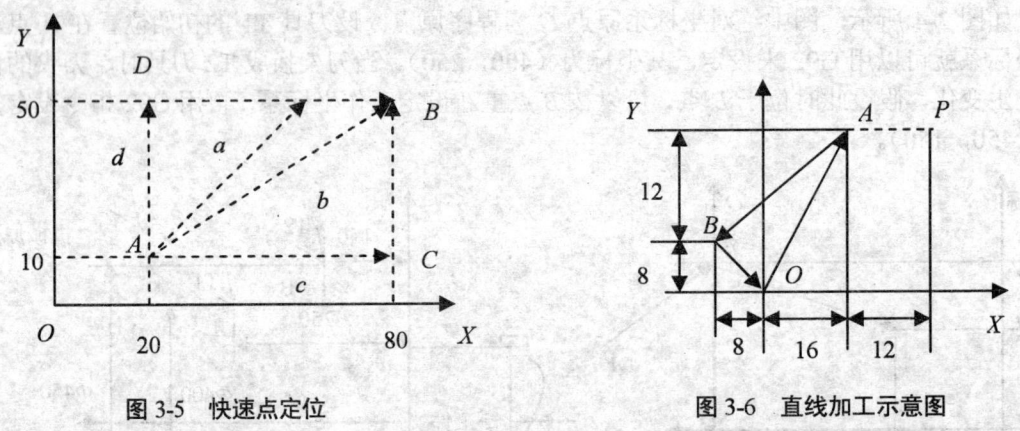

图 3-5 快速点定位　　　　　　　　图 3-6 直线加工示意图

在 G01 程序段中必须有 F 指令，给出进给速度，且 G01 与 F 都是续效指令。

(6) 圆弧插补指令——G02、G03

G02、G03 为圆弧插补指令，分别用于顺时针和逆时针的圆弧加工。圆弧的顺、逆方向可按如下方法判断：沿圆弧所在平面垂直坐标轴向负方向观察，刀具相对于工件的移动方向为顺时针时用 G02 指令，逆时针时用 G03 指令。

圆弧插补程序段应该包括圆弧的顺逆、圆弧的终点坐标以及圆心坐标（或半径）。

（7）刀具半径补偿指令——G41、G42、G40

G41 为左刀补指令，是指顺着刀具前进方向看，刀具补偿在工件轮廓的左边；若刀补在轮廓右边，则用 G42 设置。G40 为注销刀具补偿指令，图 3-7 是刀具半径补偿示例。由于机床具备刀具半径补偿功能，所以按已知的起刀点 P 和轮廓中的 A、B、C、D 的图纸数据进行编程时，利用 G41、G42 和 G40 指令，刀具中心将沿图中虚线运行。

（8）刀具长度补偿指令——G43、G44、G40

G43 为刀具长度正补偿指令，它的作用是通过内部运算，在刀具编程终点坐标值上加一个刀具偏差量 e。也就是使编程终点坐标正方向叠加一个偏差量。G44 为刀具长度负补偿指令，它的作用与 G43 刚好相反，是在编程终点坐标负方向上叠加一个偏差量。G40 是撤销刀具长度补偿的指令，做与长度补偿指令相反的运算。

图 3-8 为钻头快速接近工件时的长度补偿示例。设 $A1$ 为程序值且为负 Z 方向（$-A1$），$D1$ 为补偿值，也是负 Z 方向（$-D1$），$A2$ 为实际值。其中图（a）用 G43 指令，图（b）用 G44 指令。采用 G43 和 G44 指令后，编程人员即使不知道实际使用的刀具长度，也可以按假定的刀具长度进行编程，而在加工过程中，如果刀具长度发生变化或更换新刀具时，也不必变更程序，只要把实际长度与假定值之差输入给数控系统的 D 存储器就可以了。

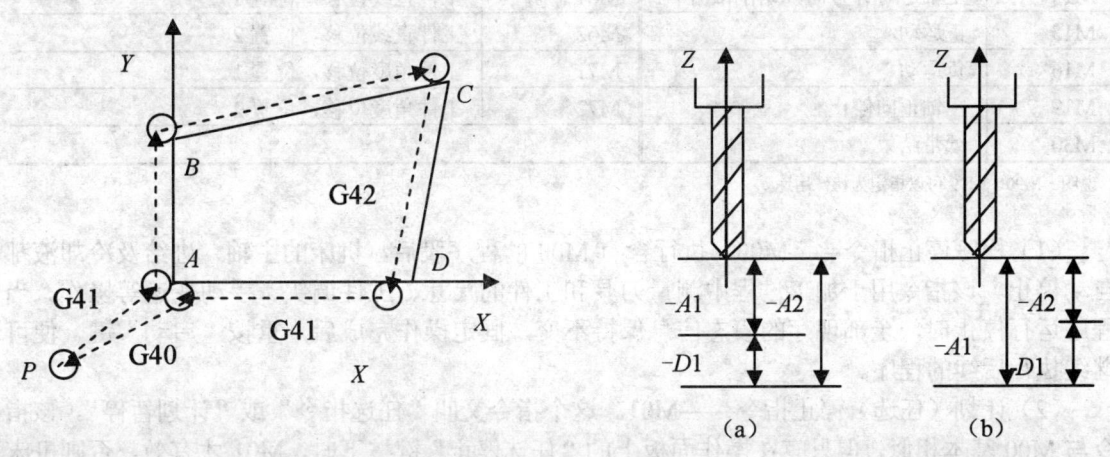

图 3-7　刀具半径补偿　　　　　　　图 3-8　刀具长度补偿

2. 辅助功能 M

在数控编程中常常用到辅助功能码，也称为 M 功能。它是控制机床或控制系统开关量的一类命令。比如开、停冷却泵，主轴正、反转，工件或刀具的夹紧与松开，程序结束等。JB3208－83 规定：M 指令由地址符 M 和其后的两位数字组成，从 M00 到 M99。这类指令与控制机床的插补运算无关，一般书写在程序段的后部。常用的 M 指令及 M 代码功能列表如表 3-2 所示。

表 3-2 M 代码功能

代 码	具 体 功 能	代 码	具 体 功 能
M00	程序停止	M31	互锁旁路
M01	计划停止	M36	进给范围 1
M02	程序结束	M37	进给范围 2
M03	主轴顺时针方向	M38	主轴速度范围 1
M04	主轴逆时针方向	M39	主轴速度范围 2
M05	主轴停止	M40～M45	如有需要作为齿轮换档,此外不指定
M06	换刀	M48	注销 M49
M07	2 号切削液开启	M49	进给率修正旁路
M08	1 号切削液开启	M50	3 号切削液开
M09	切削液关闭	M51	4 号切削液开
M10	夹紧	M55	工件直线位移,位置 1
M11	松开	M56	工件直线位移,位置 2
M13	主轴顺时针方向,切削液开	M60	更换工件
M14	主轴逆时针方向,切削液开	M61	工件直线位移,位置 1
M15	正运动	M62	工件直线位移,位置 2
M16	负运动	M71	工件角度位移,位置 1
M19	主轴正向停止	M72	工件角度位移,位置 2
M30	纸带结束		

说明:M90～M99 可以指定为特殊用途

(1) 程序停止指令——M00。执行含有 M00 的程序段后,机床的主轴、进给及冷却液都自动停止。该指令用于加工过程中测量刀具和工件的尺寸、工件调头、手动变速等操作。当程序运行停止时,全部现存的模态信息保持不变,固定操作完成后,重按"启动"键,便可继续执行后续的程序。

(2) 计划(任选)停止指令——M01。这个指令又叫"任选指令"或"计划暂停"。该指令与 M00 基本相似,但只有在操作面板上的"任选停止"键按下时,M01 才有效,否则机床将忽略该指令程序段,继续执行后续的程序段. 该指令常用于工件关键性尺寸的停机抽样检查等情况,当检查完成后,按"启动"键可继续执行以后的程序。

(3) 程序结束指令——M02、M30。该指令用在程序的最后一个程序段中。当全部程序结束后,用此指令可使主轴、进给及冷却液全部停止。M02 的功能比 M00 多一项"复位"。此时按"启动"键无效,因为已经运行到程序尾。M30 是执行完程序段内所有指令后,使主轴停转、冷却液关闭、进给停止,并将程序指针指向程序首,以便再加工下一个零件。它比 M02(程序结束)多了一个"复位程序指针"的功能,其他功能相同。

(4) 与主轴有关的指令——M03、M04、M05。M03 表示主轴正转,M04 表示主轴反转。

所谓主轴正转，是沿主轴往正 Z 方向看去，主轴处于顺时针方向旋转，而若沿逆时针方向旋转则为反转。M05 为主轴停止。

（5）换刀指令——M06。M06 是手动或自动换刀的指令。它不包括刀具选择功能，但兼有主轴停转和关闭冷却液的功能，常用于加工中心机床刀库换刀前的准备工作。

（6）与冷却液有关的指令——M07、M08、M09。M07 为命令 2 号冷却液开或切屑收集器开；M08 为命令 1 号冷却液（液状）开或切屑收集器开；M09 为冷却液关闭。冷却液的开关是通过冷却泵的启动与停止来控制的。

（7）运动部件的夹紧及松开指令——M10、M11。M10 为运动部件的夹紧；M11 为运动部件的松开。

（8）主轴定向停止指令——M19。M19 使主轴准确地停止在预定的角度位置上。这个指令主要用于点位控制数控机床和自动换刀数控机床，如数控坐标镗床、加工中心等。

需要说明的是，由于生产数控机床的厂家很多，每个厂家使用的 G 功能、M 功能与 ISO 标准略有差异，因此对于某一台具体的数控机床，必须根据机床说明书的规定进行编程。

3. 进给功能 F

进给功能也称为 F 机能，它是由地址符 F 和其后面的数字组成，用于指定刀具相对于工件运动的速度，其单位一般为 mm/min。但是，在车削螺纹、攻丝或套扣等加工中，由于进给速度与主轴转速有关，可用 F 直接指定导程。F 后面的数据具体有以下两种指定方法。

（1）直接指定法。直接写出要求的进给速度。比如 F1000 表示进给速度为 1000 mm/min。
（2）代码指定法

F 后面如果跟三位数字，第一位为进给速度的整数位数加上 3，后两位是进给速度的前两位有效数字。比如 1728 mm/min 的进给速度就可以用 F717 来指定，0.1357 mm/min 的进给速度就可以用 F313 来指定。

F 后面如果跟两位数字，则根据规定的 00～99 对应的速度表来选择。

个别常见的机床由于速度选择比较少，也采用 F 后面跟一位数，即 0～9 来指定对应的 10 种预定的进给速度。

4. 主轴功能 S

主轴功能也称为主轴转速功能，或 S 功能。它由地址符 S 和其后面的数字组成，用于指定主轴的转速，单位是 r/min。它与进给功能 F 一样，其数据采用直接指定法，也可采用两位或一位数字代码法。数字的意义、分档方法和对应表和进给功能字通用。

5. 刀具功能（T 机能）

刀具功能也称为 T 机能，它用于指定刀具号和刀具补偿值。地址符 T 后面跟两位数字，代表对应的刀具编号。

3.2 数控编程的工艺基础

3.2.1 数控编程加工工艺选择

在普通机床上加工零件，工步安排、切削用量、走刀路线等，可由操作工人调节。但数控机床是按照程序进行加工的，加工中的所有工步、切削用量、走刀路线、加工余量和刀具选择等都要预先确定好并编入程序。为此，要求编程人员首先应该对数控机床的性能、特点和应用、切削规范以及标准刀具系统等要非常熟悉，否则就无法做到全面、周到地考虑加工的全过程并正确、合理地确定零件的加工程序。

1. 机床的合理选用

应用数控机床，一般有两种情况。第一种情况：有零件图纸和毛坯，要选择适合加工该零件的数控机床；第二种情况：已经有了数控机床，要选择适合在该机床上加工的零件。无论哪种情况，考虑的因素主要有：毛坯的材料和类型，零件轮廓形状的复杂程度，尺寸大小，加工精度，批量，热处理要求等。概括起来就是：既要保证加工零件的技术要求，加工出合格的产品，又要有利于提高生产率，还要尽可能降低生产成本（加工费用）。

对第一种情况，不同的零件应在不同的数控机床上加工。数控机床适于加工形状比较复杂的回转类零件和由复杂曲线回转形成的模具内型腔；数控立式镗铣床和立式加工中心适于加工箱盖、平面凸轮、样板、形状复杂的曲面，以及模具的内、外型腔等；卧式镗铣床和卧式加工中心适于加工复杂的箱体类零件、泵体、阀体、壳体等；多坐标联动的铣床或加工中心多用于加工各种复杂的曲线、曲面、叶轮、模具等。总之，不同类型的零件要选用相应的数控机床加工，以发挥数控机床的效率。

对第二种情况，根据国内外数控技术应用实践，数控机床加工的适用范围可由图 3-9 和图 3-10 定性分析。

图 3-9 表明了随零件的复杂程度和生产批量的不同，三类机床适用范围的变化。当零件不太复杂，生产批量不大时，宜采用通用机床；当生产批量很大时，应采用专用机床；而当零件复杂程度增加时，数控机床就显得更为合适。

图 3-10 表明了随生产批量的不同，采用三种机床加工时综合费用的比较。在多品种、小批量（100 件以下）的生产情况下，使用数控机床可获得较好的经济效益。零件批量太大时，选用数控机床是不利的。

以上分析说明，数控机床通常最适合加工具有以下特点的零件。

（1）多品种、小批量生产的零件或新产品试制中的零件。
（2）轮廓形状复杂，对加工精度要求较高的零件。
（3）用普通机床加工时，需要有昂贵的工艺装备（工具、夹具和模具）的零件。
（4）需要多次改型的零件。

第3章 数控加工编程

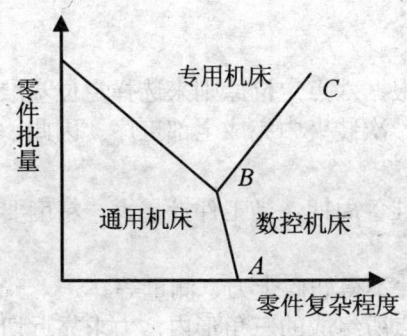

图 3-9 机床使用范围

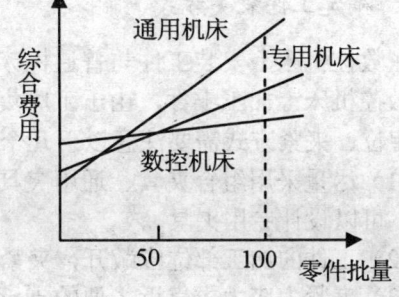

图 3-10 零件批量与加工费用的关系

（5）价格昂贵，加工中不允许报废的关键零件。

（6）需要最短生产周期的急需零件。

数控加工的缺点是设备费用较高。尽管如此，随着高新技术的迅速发展，数控机床的普及和对数控机床认识上的提高，其应用范围也在日益扩大。

2. 加工工艺性分析

零件加工工艺性涉及的面很广，在此仅从数控加工的可能性和方便性加以分析。

编程是否方便往往是衡量零件数控工艺性好坏的一个指标。在实际生产中，零件图上的尺寸标注方法对工艺性影响较大。零件的外形、内腔在工件允许的条件下尽可能采用统一的几何类型和尺寸，这样可以减少换刀次数。

从图 3-11 数控工艺优劣对比中不难看出，零件的内腔和外形是否统一、内槽圆角的大小、铣削底平面时的槽底圆角半径等都将对工艺性产生很大的影响。除此以外，还应该分析零件所要求达到的加工精度、尺寸公差能否得到保证、有无引起矛盾的多余尺寸或影响工序安排的封闭尺寸等。

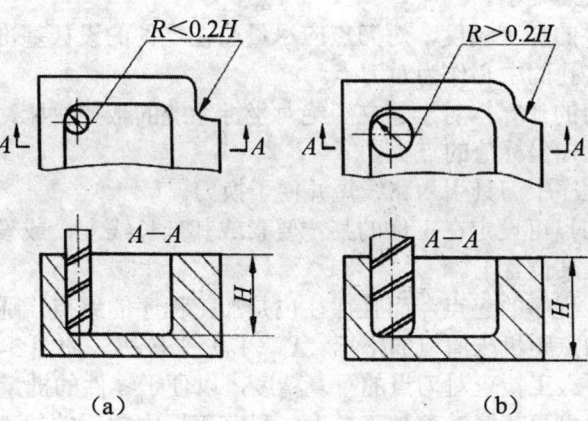

图 3-11 数控工艺优劣对比

3. 确定工件装夹方式

在数控机床上安装工件与普通机床上一样,应该根据六点定位原则来选择定位基准。同时在数控机床上加工零件,由于工序集中,往往是在一次装夹中完成全部工序。因此,对零件的定位、夹紧方式需要注意以下几个方面。

(1) 尽量采用组合夹具、通用夹具,以缩短生产准备周期。当工件批量大、精度要求较高时,可以设计专用夹具。

(2) 工件的加工部位应敞开,夹紧机构上的各部件不得妨碍走刀、测量等。

(3) 夹紧力应力求靠近主要的支承点上或在支承点所组成的三角形内,力求靠近切削部位,并在刚性较好的地方,以减少零件的变形。

(4) 零件的装夹、定位需要考虑重复安装的一致性,以减少对刀时间,提高同一批零件加工的一致性。

(5) 装卸工件要求快速方便,以缩短机床的停机时间,提高生产率。如有条件时,可采用高效快速的气、液动夹紧机构,采用多工位多件夹具。现在很多多工位机床就是以此为出发点的。

3.2.2 数控编程中的工艺处理

1. 对刀点的确定

利用编制好的数控程序操作数控机床加工零件时,很重要的一个步骤就是对刀。对刀点选择的正确与否,将直接影响最终的加工精度。选择对刀点应遵循以下原则。

(1) 在机床上容易找正。

(2) 加工过程中便于检查。

(3) 引起的加工误差要小。

(4) 为了提高零件的加工精度,对刀点应尽量选在零件的设计基准或工艺基准上。如以孔定位的零件,应该将孔的中心作为对刀点。

(5) 应便于坐标值的计算,对于建立了绝对坐标系统的数控机床,对刀点最好选在坐标系的原点上,或选在已知坐标值的点上。

(6) 尽量使加工程序中刀具引入路线短并便于换刀。

(7) 必要时,对刀点可设定在工件的某一要素或其延长线上,或设定在与工件定位基准有一定坐标关系的夹具某位置上。

对刀点不仅是加工程序的起点,而且往往也是加工程序的终点。通常,在绝对坐标系统的数控机床上可由对刀点距机床原点的坐标 (X_0,Y_0) 来校核,如图 3-12 所示。在相对坐标系统的机床上,则需要人工检查对刀点的重复精度,以便于零件的批量生产。

对刀点找正的准确度直接影响着加工精度。目前工厂中常用的找正方法是将千分表装在机床主轴上,而后转动机床主轴,以使"刀位点"与对刀点一致。一致性好即对刀精度高。

以往用千分表进行找正，效率较低，所以有些工厂已采用光学或电子装置等新的找正方法，以减少找正时间，提高找正精度。

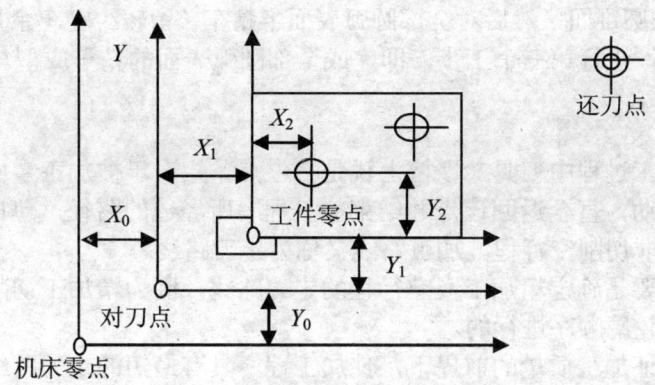

图 3-12　对刀点的位置

2. 工步的划分

在数控机床加工过程中，由于加工对象复杂多样，特别是轮廓曲线的形状及位置千变万化，加上材料不同、批量不同等因素的影响，在对具体零件制订加工方案时，应进行具体分析，灵活处理。只有这样，才能制订出合理的加工方案。加工方案又称工艺方案，数控机床的加工方案包括制订工序、工步以及走刀路线等内容。

在数控机床上加工零件，需要考虑零件整个加工工艺的安排问题。如果加工工艺文件比较大，就要先考虑是否可以在一台数控机床上完成整个零件的加工工作。如果可以，再进一步考虑其他问题；否则应考虑其中一部分在一台数控机床上完成，另外的部分在其他机床上完成（包括数控机床）。这涉及到工序的划分问题。本书只讨论数控加工工序确定以后，如何划分工步。这是因为，每个零件形状不同，各表面的技术要求也不一样，因而在加工时其定位方式也不同。以图 3-13 的手柄零件加以说明。

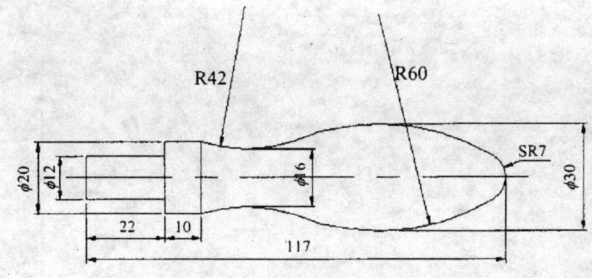

图 3-13　手柄加工图

如图 3-13 所示的手柄零件，宜采用两次装夹三个工步完成。第一次装夹（棒料）及第一个工步安排：先车削 $\Phi12$ 和 $\Phi20$ 的两圆柱面及 20°的圆锥面（粗车掉 $R42$ 圆弧的部分余量），然后换切断刀按总长要求留加工余量切断。第二次装夹（调头）及第二个工步安排加工：包络 $SR7$ 球面的 30°的圆锥面，然后对全部圆弧表面半精车（留较少精车余量）。换精车刀后，保持第二次装夹状态，进行第三个工步，即完成全部圆弧表面的精车成型。

3. 确定加工路线

加工路线是指加工过程中刀具（严格上说是刀位点）相对于被加工零件的运动轨迹。即刀具从起刀点开始运动，直至返回该点并结束加工程序所经过的路径，包括切削加工的路径及刀具引入、返回等非切削空行程。加工路线又称为走刀路线。

确定加工路线主要是确定粗加工及空行程的走刀路线，因为精加工切削过程的走刀路线基本上都是沿其零件轮廓顺序进行的。

编程时，应在保证加工质量的前提下，使加工程序具有最短的走刀路线，这样不仅可以节省整个加工过程的执行时间，还能减少一些不必要的刀具消耗及机床进给机构滑动部位的磨损等。确定加工路线应该遵循以下原则。

（1）应使被加工零件获得良好的加工精度和表面粗糙度，考虑工件的加工余量和机床、刀具的刚度等情况，精加工时采用多次走刀以及顺铣，减少机床的"振颤"。

（2）尽量减少进、退刀时间和其他辅助时间，在点位控制的数控机床上应使走刀路线尽量短，这样能使程序量减少并减少空刀时间。

（3）选择合理的进、退刀位置。尽量避免沿零件轮廓法向切入。

如 3-14 图所示平面凸轮零件在加工时，铣刀切入和切出点应沿着零件周边的外延，也就是沿着零件周边的切线方向切出和切入，以保证零件轮廓光滑。反之，如果铣刀沿着轮廓的法向直接切入，会在切入点处留下刀痕。同时要尽量避免在进给途中停顿，避免引起接刀痕。

当铣削封闭的内轮廓表面时，如图 3-15 所示，可采用内延法。如果内部轮廓曲线不允许延伸，刀具只能沿着轮廓曲线的法向切入和切出，此时的切入切出点应尽量选在轮廓曲线两个或几个元素的交点处。

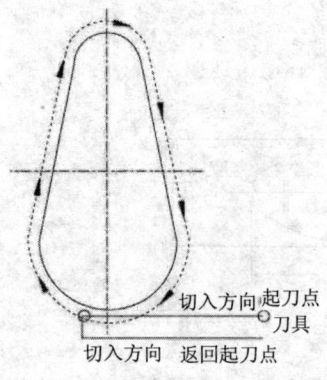

图 3-14 切入切出方式

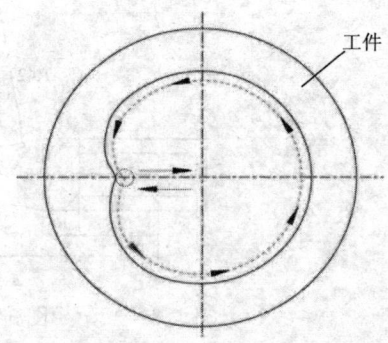

图 3-15 内轮廓加工刀具切入和切出

4. 选择刀具

与普通机床加工相比，数控加工对刀具提出了更高的要求，不仅需要刚性好、精度高，而且要求尺寸稳定、耐用度高，断屑及排屑性能好，同时要安装调整方便。数控加工往往选用新型高速钢和超细粒度硬质合金等优质材料并经过几何参数优化的刀具。

（1）刀具类型

根据选用的机床不同，采用的刀具也各不相同，需要根据实际情况确定。

对于数控机床，大多数已经采用系列化、标准化的刀具，本书仅介绍标准化刀具。这类刀具主要是针对刀柄和刀头两部分而规定的。

对于车削加工，国家标准已对可转位机夹外圆车刀（图3-16）和端面车刀做了具体规定，对可转位机夹内孔车刀（图3-17）在有关标准中也有具体规定。

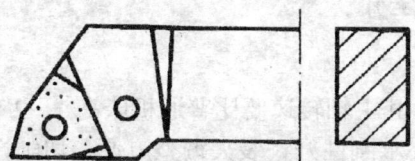 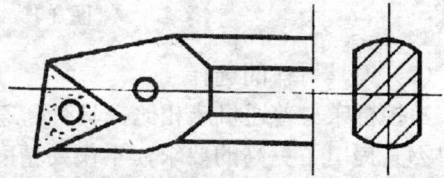

图3-16 可转位机夹外圆车刀　　　　图3-17 可转位机夹内孔车刀

对于加工中心及有自动换刀装置的机床，目前我国采用的TSG工具系统，其刀柄已有系列化和标准化的规定。锥柄刀具系统的标准代号为TSG—JT，直柄刀具系统的标准代号为DSG—JZ，其特征参数（括号内的代号表示工具类别）分别规定为：7:24锥柄（JT）为大端直径的整数部分；直柄（JZ）为柄部直径；接长杆（J）为接长杆与刀柄配合部分的直径；莫氏锥柄（MT）为莫氏锥度号。该标准还同时对刀具的种类及结构形式的代号做出规定。例如JT69—Q表示柄部为7:24锥柄，其大端直径为69.85 mm（标准中已规定），Q表示刀柄前端装有弹簧夹头。

数控加工用刀具的刀头包括多种结构，如可调镗刀头、不重磨刀片等。其中，常用的不重磨刀片（车刀和铣刀用）有多种标准形状和系列化的型号（规格）可供选用。图3-18为部分可转位机夹不重磨刀片。

标准化刀具应遵循以下原则：

① 尽量选择通用的标准刀具，不用或少用特殊的非标准刀具。
② 尽量使用不重磨刀片，少用焊接式刀片。
③ 大力推广标准的模块化刀夹（刀柄和刀杆等）。
④ 不断推进可调式刀具（如浮动可调镗刀头）的开发和应用。

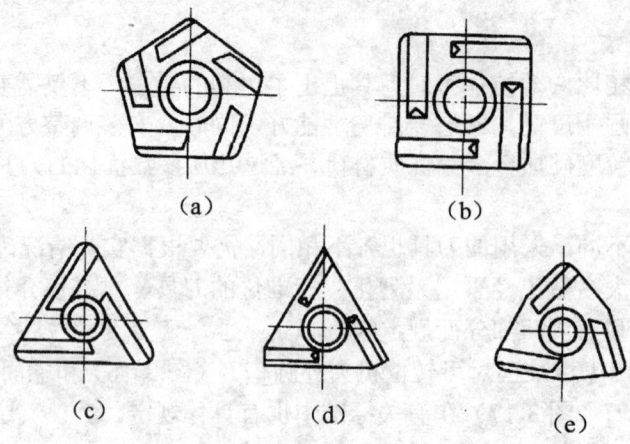

图 3-18 可转位机夹内孔车刀

(2) 刀具材料的选择

数控机床与普通机床相比,具有高速高效的特点,其主轴转速要比普通机床高 1~2 倍,故对刀具提出了更高的要求,不仅要精度高,而且还要求刚性好、装夹调整方便、切削性能好及耐用度高。因此,数控加工的刀具材料,一般原则是尽量选用硬质合金刀具,高精度镗床还可选用性能更好、更耐磨的陶瓷、立方氮化硼和金刚石刀具。

(3) 刀具的调整

在编程时,常需预先规定好刀具的结构尺寸和调整尺寸。可自动换刀的数控系统,在刀具安装之前,应根据编程时确定的参数,在机床外的预调装置中调整到所需尺寸。如端铣刀的端面到刀架定位面(基准面)的距离是确定好的,安装刀具时必须保证该尺寸。

(4) 刀具运行的监控

数控系统在加工过程中,刀具的失效(主要包括磨损、破损和切削刃塑性变形)会引起周期性的停机换刀,影响了设备的生产效率。现场统计资料表明,刀具失效是引起数控系统故障停机的主要原因,停机时间占总停机时间的 22.4%。随着数控技术的发展,有关切削过程的刀具状态,如磨损、破损、切削状态及刀具—工件接触等的实时监视与控制技术已成为各国公认的重大技术关键。

采用实时刀具监控技术后,可避免故障停机的 75%。近年来,新材料刀具和难加工材料的广泛应用,增加了切削过程的难度。为确保数控设备的安全,提高机床的利用率和产品质量,降低废品和成本,减轻劳动强度和降低材料消耗,必须借助于切削过程刀具状态的实时监控技术。实时监控系统是由刀具检测监视系统和机床数控系统互联(信息、数据通信)组成的实时闭环控制系统。它将刀具工况参数不断经传感检测单元测出,经信号处理单元进行预处理(包括选频、滤波、放大、检波、求均、去除趋势项等其他改善信噪比的处理)和特征提取,形成表征刀具工况的特征集合,作为识别决策单元的输入;应用计算机离线分析,建立识别决策模型和算法,输出监控信号(报警、复位、工序或刀具变换及补偿执行等)。

5. 切削用量的选择

切削用量包括切削速度、切削深度、进给量,常称为切削用量三要素。对切削力、切削功率、刀具磨损、加工精度和加工成本均有显著影响。

(1) 切削速度 V

指主运动的线速度,单位为 m/min。

$$V = \pi Dn/1000$$

式中:D——工件或刀具直径(mm);

n——主轴转速(r/min)。

切削速度的高低取决于被加工零件的精度、材料及刀具的材料和刀具的耐用度等因素。一般允许的切削速度为 $V=100\sim200$ m/min。但对于材质较软的铅镁合金等可提高一倍左右;也可根据已经选定的吃刀深度、进给量来选择切削速度,或代入公式计算。

(2) 切削深度

主要根据被加工零件的精度要求和工艺系统的刚度来决定。如果零件精度要求不高(R_a 为 $10\sim80$ μm),在工艺系统刚度允许的情况下,尽量选用大的吃刀深度,以最少的进给次数切除加工余量,提高加工效率。在中等功率机床上,切削深度可达 $8\sim10$ mm。半精加工(R_a 为 $1.25\sim10$ μm)时,吃刀深度可取 $0.5\sim2$ mm;精加工(R_a 为 $0.32\sim1.25$ μm)时,吃刀量可取为 $0.1\sim0.4$ mm。考虑到加工中心等数控机床上,更换磨损了的刀具比较费时,因此,在选择切削用量时,应保证刀具至少能加工 $1\sim2$ 个工件,或工作半个到一个班次。

(3) 进给量 f(进给速度)

进给量是数控机床切削用量中的重要参数,主要根据被加工零件的加工精度和表面粗糙度、刀具和被加工零件的材料等来确定。一般进给速度 f 在 $20\sim50$ mm/min 范围内选取,快速行程最大速度可达 $8\sim15$ m/min。在工件的质量要求能够得到保证时,为了提高生产率,可以选择较高的进给速度;在切断、加工深孔或用高速钢刀具加工时,宜选择较低的进给速度;当加工精度要求较高时,进给速度应选择小一些;刀具空行程时,可以设定尽量高的进给速度。最大进给速度受机床伺服系统性能的限制,并与脉冲当量有关。

此外,在内轮廓加工中,当零件内部有拐角时刀具容易产生"过切"而导致加工误差。编程时应在接近拐角前适当降低进给速度,过拐角后再逐渐增加速度来保证加工精度。

在一些较完善的自动编程系统中,有超程检验功能。一旦检测出"过切"误差超过允许值时,便能自动设置适当的"减速"或"暂停"程序段加以控制。

在轮廓加工中,当刀具运动方向改变时,由于工艺系统在切削力作用下,还有可能使刀具产生滞后,在拐角处产生"欠程"现象,导致产生"欠程误差"。因此,在一些自动编程系统的后置处理程序中,也设有"欠程"的校验功能来控制"欠程误差",以保证加工精度。许多数控机床面板上设有进给速率修调旋钮。当毛坯尺寸厚度不均时,操作者可利用它实时修改进给速度指令值，减少误差。

以上讲述的是切削用量的基本选择规则，具体的切削用量的选择应该参照"金属切削工艺手册"和刀具样本等有关资料，并结合实践经验具体确定。

3.3 数控车床编程

3.3.1 数控车床编程基础

对于不同的数控车床、不同的数控系统，其编程基本上是相同的，个别有差异的地方，要参照具体机床的用户手册或编程手册。

1. 数控车床的编程特点

不同的数控车床、不同的数控系统的共同编程特点为：

（1）在一个程序段中，根据图纸上标注的尺寸编写运动坐标值，既可以采用绝对值编程，也可以采用增量值编程，或二者混合编程。

（2）为了增强程序的可读性，X 坐标采用直径编程，即程序中 X 坐标以直径值表示；用增量值编程时，以径向实际位移量的二倍值表示，并附以方向符号（正向可以省略）。

（3）为提高工件的径向尺寸精度，X 向的脉冲当量取 Z 向的一半。

（4）由于车削加工常用的毛坯为棒料或锻料，加工余量较大，为简化编程，数控系统常具备不同形式的固定循环，可进行多次重复循环切削。

编程时，常认为车刀刀尖为一个点。而实际上，为了提高刀具寿命和工件表面质量，车刀刀尖常为一个半径不大的圆弧。因此，为提高工件的加工精度，当用圆头车刀加工编程时，需要对刀具半径进行补偿。

2. 工件坐标系的建立

数控编程时，首先应该确定工件坐标系和工件原点。工件坐标系设定的依据要符合图样的加工要求。从理论上讲，工件原点设在任何位置都是可以的。但实际上，为了在加工过程中使设计基准与工艺基准统一，即为了使各尺寸直观从而使编程方便，应尽量把工件原点的位置选得合理些。如图 3-19 所示，工件原点可选在主轴回转中心与工件右端面的交点 O 上，也可选在主轴回转中心与工件左端面的交点 O'。当工件原点确定后，工件坐标系（编程坐标系）也就随之确定下来了。

工件坐标系建立以后，还可以根据实际需要通过 G50 或 G92 坐标系设定指令重新设定。G50 是一个非运动指令，只起预置寄存作用，一般作为第一条指令放在整个程序的前面，其指令格式为：

G50　X-　　Z-

其中，X、Z分别为刀尖的起始点距工件原点在 X 向和 Z 向的尺寸。

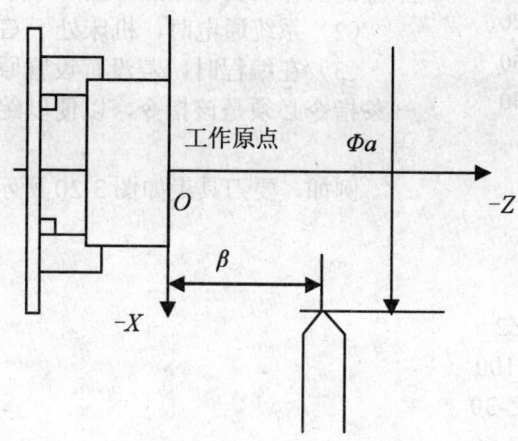

图 3-19　工件坐标系

3. 数控车床常用指令

前面已经介绍过，数控编程中有 G、M、S、T、F 等指令，数控车床编程自然要使用这些指令。其中 M、S、T、F 指令的使用与前面介绍的内容相同，这里不再赘述。G 指令的使用也如表 3-1 中所述，只是在数控车床上用了更多的标准中未指定的指令功能。例如，CK0630 数控车床在表 3-1 的基础上指定了表 3-3 所列的一些指令功能。

表 3-3　CK0630 数控车床部分指令

代　码	指令功能	代　码	具体功能
G28	X 方向返回程序原点	G38	子程序结束
G29	Z 方向返回程序原点	G70	英制单位设定
G33	螺纹加工	G71	公制单位设定
G36	子程序调用	G80	循环结束
G37	子程序开始	G81	循环开始

3.3.2　基本编程指令

1. G90——绝对值方式编程

书写格式：N×××　G90

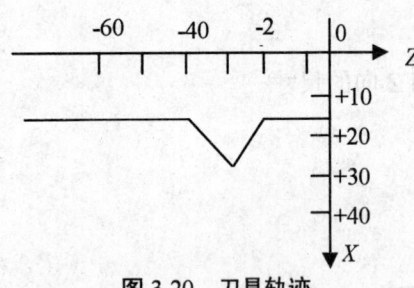

图 3-20 刀具轨迹

说明：

（1）此指令为模态指令，在此指令以后所有编入的坐标值全部以编程原点为基准，除非用 G91 来取代。

（2）系统通电时，机床处于 G90 状态。

（3）在编程时，若没有设置原点，则加工程序的第一条指令必须是该指令，以便以绝对值方式确定程序原点。

例如，要刀具走如图 3-20 所示的一段刀具轨迹，可以通过以下程序实现。

```
N010    G90
N020    G00    X15    Z2
N030    G01    Z-20   F100
N040    G01    X30    Z-30
N050    G01    X15    Z-60
```

2. G91——增量方式编程

书写格式：G91

说明：

（1）此指令为模态指令，在此指令以后所有编入的坐标值均以前一个坐标位置作为起始点来计算。

（2）螺纹加工、循环加工以及子程序调用编制前，必须设置成增量方式。

例如，如果希望用增量坐标方式使刀具走出如图 3-20 所示的轨迹，对应的程序为：

```
N010    G90
N011    G00    X15    Z2
N012    G91
N013    G01    Z-22   F100
N014    G01    X30    Z-10
N015    G01    X-15   Z-30
```

3. G00——快速定位

书写格式：G00 X- Z-

其中：X、Z——目标点坐标。

说明：

(1) G00 指令为模态代码,它命令刀具以点定位控制方式从刀具所在点快速运动到下一个目标点位置。它只是快速定位,而无运动轨迹要求。

(2) 执行此指令时,刀架的运动速度为机床参数设定的高速运动,运动轨迹因各坐标最高运动速度而异。

(3) 不运动的坐标可以省略。

(4) 目标点的坐标可以用绝对值,也可用增量值,正号可省略。

(5) 在使用该指令时需要注意,因 X 轴和 Z 轴的进给速率不同,快速定位时,两轴运动轨迹不一定是直线,程序编制时需要考虑避免刀具与机床部件的碰撞。

例如图 3-21 给出的起点和目标点,用绝对值方式编程为:

G00   X10   Z60

用增量值方式编程则为:

G00   X10   Z50

4. G01——直线插补

书写格式:G01 X- Z- F-

其中:X、Z——目标点坐标;

F——进给速度。

说明:

(1) G01 指令是直线运动指令。它命令刀具在两坐标点间以插补联动方式按指令的 F 进给速度做任意斜率的直线运动。

(2) G01 指令是模态指令。

(3) 不运动的坐标可以省略,数值不必写入。

(4) F 指令也是模态指令,如果省略,系统将采用以前设定的速度。

(5) 目标点坐标可以用绝对值或增量值书写。

值得注意的是 G01 指令在编程时还有一种特殊的用法,即倒角。

例如图 3-22 所示的刀具轨迹用绝对值方式编程为:

N010   G90
N011   G00   X40   Z0
N012   G01   Z30   F100
N013   G01   X20   Z50
N014   G01   Z90

用增量方式编程为:

N010	G00	X40	Z0	
N011	G91			
N012	G01	Z30	F100	
N013	G01	X-40	Z20	
N014	G01	Z40		

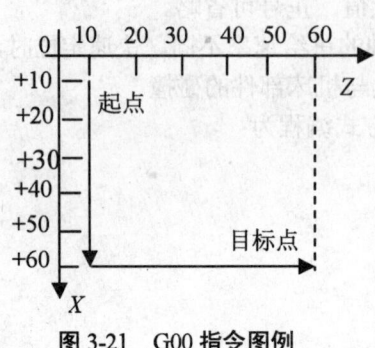

图 3-21 G00 指令图例

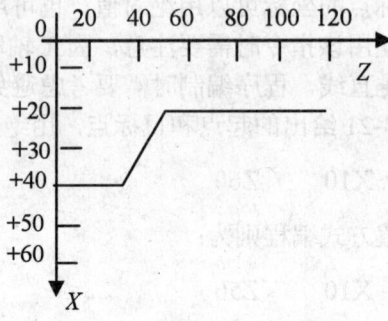

图 3-22 G01 指令图例

5. G02——顺时针圆弧插补

书写格式：G02　X-　Z-　I-　K-　F-

或 G02　X-　Z-　R-　F-

其中：X、Z——圆弧终点坐标，可以用绝对值或增量值；

　　　I、K——圆心坐标，可以用绝对值或增量值，视具体系统而定；

　　　R——圆弧半径，取小于 180° 的圆弧部分；

　　　F——进给量。

说明：

（1）X、Z 在绝对值方式时，圆弧终点坐标是在编程坐标系中的坐标值；在增量方式时，是圆弧终点相对圆弧起点的增量值；

（2）I、K 是圆心坐标。在绝对值方式时，是圆心在编程坐标系中的坐标值；在增量方式时，I 是沿 X 方向圆弧起点到圆心的距离，K 是沿 Z 向圆弧起点到圆心的距离。圆心坐标在圆弧插补时不得省略；

（3）用 G02 指令编程时，可以自动过象限，但不得超过 180°；

（4）值得注意的是，在圆弧插补程序中，当 I、K 和 R 被同时指定时，R 指令有限，I、K 值无效。

例如图 3-23 所示的一段刀具轨迹，其圆弧段绝对值编程为：

N010	G00	X30	Z50		
N012	G02	X50	Z30	I50	K50	F100

增量值编程为：

N010　　G00　X30　Z50
N011　　G91
N012　　G02　X20　Z-20　I20　K0　F100
N013　　G90

6. G03——逆时针圆弧插补

书写格式：G03　X-　Z-　I-　K-　F-
或 G03　X-　Z-　R-　F-

说明：用 G03 指令编程时，除了圆弧的旋转方向与 G02 相反外，其余与 G02 指令完全相同。

例如图 3-24 所示的一段刀具轨迹，其圆弧段用绝对值方式编程为：

N010　　G00　X30　Z50
N012　　G03　X50　Z30　I30　K30　F100

用增量值编程为：

N010　　G00　X30　Z50
N011　　G91
N012　　G03　X20　Z-20　I0　K-20　F100
N013　　G90

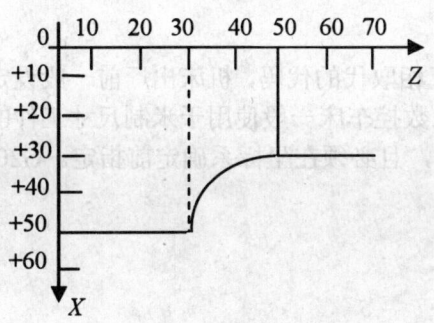

图 3-23　G02 指令图例

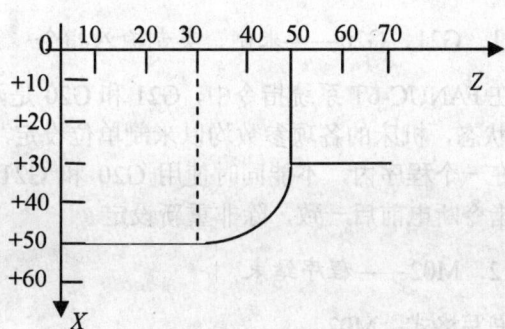

图 3-24　G03 指令图例

7. G04——暂停指令

书写格式：G04　　P-

说明：暂停时间由 P 后的数值说明，单位为秒，范围为 0.01～99.99 s。

该指令使刀具做短时间无进给，进行光整加工，主要应用于车削环槽、不通孔及自动加工螺纹等场合。

8. G28——X 向回程序参考点（程序原点）

书写格式：G28

说明：执行此条指令，刀架以最高速回 X 向参考点，参考点由 G92 指令设置，它是加工起始点，也是加工过程中的换刀点。

9. G29——Z 向回程序参考点

书写格式：G29

说明：执行此条指令，刀架以最高速回 Z 向参考点，参考点由 G92 指令设置。

10. G92——加工程序原点设置

书写格式：G92　X-　Z-

其中：X、Z——程序原点在编程坐标系中的位置。

说明：
（1）G92 用以设置加工过程中的刀尖的起始点及加工过程中的换刀点。
（2）编程时，X、Z 坐标应以绝对值方式输入。为避免碰刀，其值一般应取正值。
（3）加工程序原点应在编程坐标系中设置。

例如，要把程序原点设置在编程坐标系中的（30，10）点，则程序为：

G92　X30　Z10

11. G21、G20——米制、英制输入指令

在 FANUC-6T 系统指令中，G21 和 G20 是两个互相取代的代码，机床出厂前一般设定为 G21 状态，机床的各项参数均以米制单位设定，所以数控车床一般使用于米制尺寸工件的加工。在一个程序内，不能同时使用 G20 和 G21 指令，且必须在坐标系确定前指定。G20 和 G21 指令断电前后一致，除非重新设定。

12. M02——程序结束

书写格式：M02

说明：

M02 表示加工程序结束，用户可以返回进行其他功能操作或重新启动机床。

13. M03——主轴正转

书写格式：M03　S-

说明：

（1）程序里有 M03 指令，主轴结合 S 功能，则机床按给定 S 设定的转速实现逆时针旋转。

（2）在编程时，S 值应直接填入实际数值。

14. M04——主轴反转

说明：

除旋转方向与 M03 相反以外，其余均与 M03 相同。

15. M05——主轴停止

书写格式：M05

说明：

程序里出现 M05 指令，坐标指令运行结束后，主轴立即停止旋转。

16. M06——换刀指令

书写格式：M06　T-

说明：

（1）T 为需换至加工工位的刀号的地址。

（2）换刀应返回换刀点（即程序原点）进行。

3.3.3　圆锥加工编程

在车床上车外圆锥时可以分为车正锥和车倒锥两种情况，而每一种情况又各分为两种不同的走刀路线。

对于图 3-25（a）所示的正锥的走刀路线，在编程时每次走刀都需要计算终点距离 l，按这种走刀路线加工出来的工件质量比较好；如果选择图 3-25（b）的正锥加工走刀路线，则不需要计算终刀距，但加工质量较差。

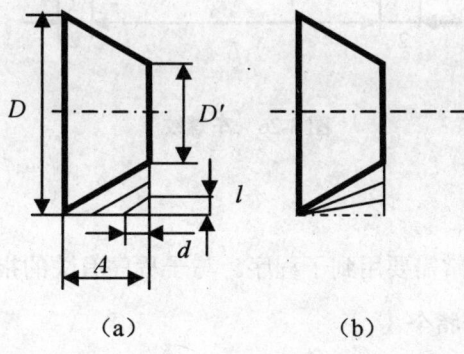

图 3-25　车圆锥

同理，倒锥也存在这两种走刀路线。

3.3.4 螺纹加工编程

许多机床用 G33 作为公制螺纹循环加工指令。

书写格式为：G33 D- I- X- L- P- Q-

其中：D——螺纹外径；

I——螺纹根径；

X——每次径向进刀量；

L——螺纹有效长度；

P——螺纹导程；

Q——锥螺纹之锥角所对径向尺寸。

说明：

（1）螺纹加工时必须以增量方式进入。

（2）L 值为负时为右螺纹加工，L 值为正时为左螺纹加工（限于主轴正转螺纹加工）。

（3）螺纹加工必须设置 2 mm 升速进刀段与 2 mm 降速退刀段（如图 3-26 所示）。

（4）Q 值在加工锥螺纹时输入，加工直螺纹时输入 0。

（5）螺纹加工循环完成后，刀尖返回螺纹加工开始时的起始点，并以此点为起始点编入后续程序。

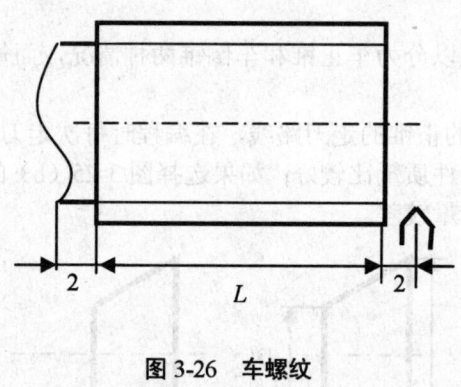

图 3-26 车螺纹

3.3.5 子程序

在实际的数控编程中，常需要用到子程序。与子程序有关的指令包括 G36、G37、G38。

1. G36——子程序调用指令

在主程序中，调用子程序的是一个程序段，对于不同的数控系统而言，格式略微有所不同。以 CK0630 数控车床为例，其书写格式为：G36　A××。

说明：

（1）本指令的功能是调用 A 所指定编号的子程序。

（2）A 后面所跟的两位数字为子程序号，可以是 01～99 中的一个数字。

（3）子程序调用必须以增量方式进入。

（4）本系统的子程序中不得有循环。

2. G37——子程序开始指令

书写格式：G37　A××

说明：

（1）子程序必须在主程序结束指令后建立。

（2）子程序的作用如同一个固定循环，供主程序调用。

（3）建立一个子程序，必须以 A 规定其标号，标号为 01～99。

（4）子程序中不允许嵌套，即在子程序中不可再调用子程序，子程序内也不能嵌套循环指令。

（5）G37 与 G38 成对使用。

3. G38——子程序结束指令

书写格式：G38

说明：

（1）该指令表明子程序结束，并返回主程序。

（2）G38 指令必须在一个子程序的最后设置。

（3）G38 与 G37 成对使用。

3.3.6　循环加工编程

采用循环编程，可以减少编程工作量和程序占用的内存。对于非一把刀具加工就可以完成的轮廓表面，特别是加工余量较大、需要多次切削才能完成的轮廓表面的加工，在进行程序编制时，一般采用循环编程。

常用指令为 G81 和 G80。

1. G81——循环开始指令

书写格式：G81　P-

说明：

（1）G81 指令为循环开始指令，循环体必须建立在 G81 和 G80 之间。

（2）P 为循环次数，最多为 99 次。

(3) 若省略循环次数，默认循环 1 次。
(4) 循环必须以增量方式进入。
(5) 循环不能嵌套，循环中也不能调用子程序。

2. G80——循环结束指令

书写格式：G80

说明：
(1) G80 指令表示循环结束。
(2) G80 和 G81 成对使用，G80 必须位于 G81 之后。

3.3.7 编程实例

【例 3-1】 端面、外圆加工

对于图 3-27 所示的零件的端面和外圆。假设 T1 为端面车刀，T3 为外圆车刀。数控程序如下。

N001	G90			N023	G00	Z72
N002	G92	X100	Z10	N024	G00	X-9
N003	M03	S800		N025	G01	Z-72 F100
N004	M06	T1		N026	G01	X5
N005	G00	X82	Z0	N027	G00	Z72
N006	G01	X0	F100	N028	G00	X-9
N007	G01	Z2		N029	G01	Z-42 F100
N008	G28			N030	G01	X6
N009	G29			N031	G00	Z42
N010	M06	T3		N032	G00	X-10
N011	G00	X76	Z2	N033	G01	Z-42 F100
N012	G91			N034	G01	X6
N013	G01	Z-72	F100	N035	G00	Z42
N014	G01	X6		N036	G00	X-8
N015	G00	Z72		N037	G01	Z-42 F100
N016	G01	X-10		N038	G01	X5
N017	G01	Z-72	F100	N039	G00	Z42
N018	G01	X6		N040	G90	
N019	G00	Z72		N041	G28	

N020	G00	X-10	N042	G29	
N021	G01	Z-72 F100	N043	M05	
N022	G01	X6	N044	M02	

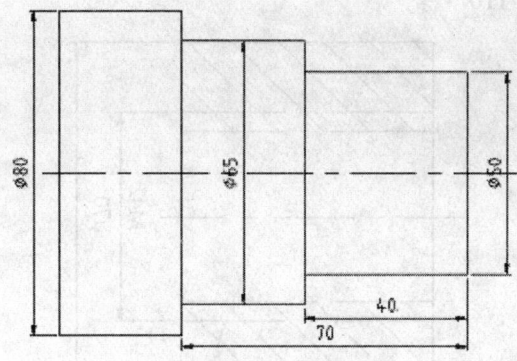

图 3-27 端面、外圆加工

【例 3-2】 螺纹加工

加工如图 3-28 所示的工件。已知：毛坯直径为 $\Phi 72\,\mathrm{mm}$，毛坯长度为 $L=85\,\mathrm{mm}$，T1 为外圆车刀，T2 为中心钻，T3 为宽度 2 mm 的切断刀，T4 为 $\Phi 36\,\mathrm{mm}$ 的钻头，T6 为镗刀，T8 为内螺纹刀。数控程序如下。

N001	G90			N020	G00	X0			
N002	G92	X90	Z30	N021	G29				
N003	M03	S1000		N022	M06	T8			
N004	G00	X74	Z0	N023	M03	S200			
N005	G01	X0	F110	N024	G00	X37.13	Z2		
N006	G00	Z2		N025	G91				
N007	G00	X70		N026	G33	D37.13	I42	X0.3	P4.5 L-48 Q0
N008	G01	Z-50 F120		N027	G90				
N009	G00	X76 Z30		N028	G00	X0			
N010	M06	T2		N029	G29				
N011	G00	Z2 X0		N030	G28				
N012	G01	Z-2 F120		N031	M06	T3			
N013	G00	Z40		N032	G00	X72 Z-52			
N014	M06	T4		N033	G01	X30 F100			
N015	G01	Z-62 F60		N034	G28				

N016	G01	Z40	F330	N035	G29	
N017	M06	T6		N036	M05	
N018	G00	X37.13		N037	M02	
N019	G01	Z-50	F110			

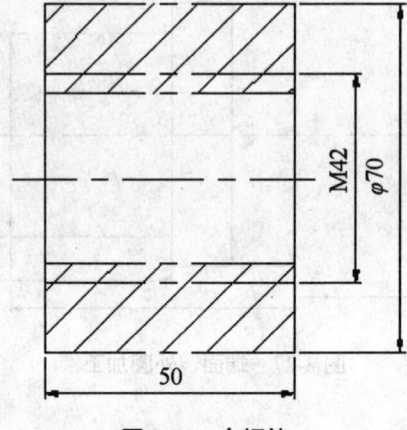

图 3-28 车螺纹

【例 3-3】 子程序应用

加工如图 3-29 所示的工件。已知：毛坯直径为 Φ42 mm，长度 L=90 mm，T1 刀为外圆刀，T3 刀为宽 2 mm 的切断刀。数控加工程序如下。

N001	G90			N017	G91		
N002	G92	X75	Z15	N018	G36	A1	
N003	M03	S800		N019	G00	Z-14	
N004	G00	X45	Z0	N020	G01	X-42	F80
N005	G01	X0	F110	N021	G90		
N006	G00	Z2		N022	G28		
N007	G00	X40		N023	G29		
N008	G01	Z-65	F110	N024	M05		
N009	G28			N025	M02		
N010	G29			N026	G37	A1	
N011	M06	T3		N027	G01	X-12	F80
N012	G00	X42	Z-14	N028	G00	X12	Z-10
N013	G91			N029	G01	X-12	F80
N014	G36	A1		N030	G00	X12	

N015　G90　　　　　　　　　　　　N031　G38
N016　G00　X42　Z-38

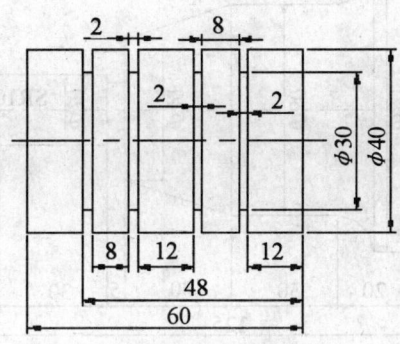

图 3-29　子程序应用

【例 3-4】　固定循环应用

加工如图 3-30 所示工件，已知毛坯的直径为 $\Phi 102$ mm，长度 $L=165$ mm，T1 为外圆车刀，T3 为宽 2 mm 的切断刀。数控加工程序如下。

N001　G90　　　　　　　　　　　　N018　G02　X20　Z-10　I20　K0
N002　G92　X150　Z15　　　　　　N019　G01　Z-10
N003　M03　S1000　　　　　　　　N020　G00　X2　Z125
N004　G00　X104　Z0　　　　　　　N021　G00　X-80
N005　G01　X0　F110　　　　　　　N022　G80
N006　G00　Z2　　　　　　　　　　N023　G90
N007　G00　X100　　　　　　　　　N024　G28
N008　G01　Z-135　F110　　　　　N025　G29
N009　G00　X102　Z0　　　　　　　N026　M06　T3
N010　G91　　　　　　　　　　　　N027　G00　X43　Z-45
N011　G81　P25　　　　　　　　　N028　G01　X15　F110
N012　G01　X-6　F110　　　　　　N029　G00　X102　Z-140
N013　G03　X20　Z-10　I0　K-10　N030　G01　X0
N014　G01　Z-35　　　　　　　　　N031　G28
N015　G01　X20　　　　　　　　　　N032　G29
N016　G01　X20　Z-30　　　　　　N033　M05
N017　G01　Z-30　　　　　　　　　N034　M02

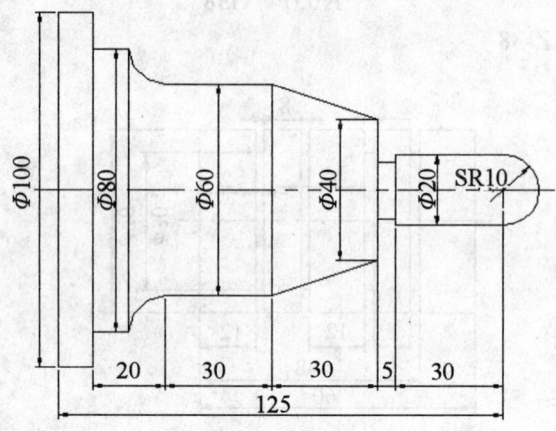

图 3-30　固定循环应用

3.4　数控铣床编程

数控铣床的形式和数控系统的种类很多，不同公司生产的数控系统在功能指令和编程形式上都有一定的区别，但基本方法和原理相同。本节参考机床为 XK5032 立式数控铣床（采用 FANUC-OMC 系统）。

3.4.1　数控铣床编程基础

1. 机床坐标系的建立

机床坐标系是机床上固有的坐标系，并设有固定的零点（称为机械零点），它由厂家在生产机床时确定。

XK5032 立式数控铣床机床坐标系的设立符合 ISO 规定。即以机床主轴轴线方向为 Z 轴，刀具远离工件的方向为 Z 轴正方向；X 轴规定为水平平行于工件装夹表面，人在工作台前，面向主轴，右方向为 X 轴的正方向；Y 轴垂直于 X、Z 坐标轴，其正方向根据笛卡儿坐标系右手定则确定。

2. 工件坐标系的建立

工件坐标系是用来确定工件几何形体上各要素的位置而设置的坐标系，工件坐标系的原点即为工件零点。工件零点的位置是任意的，它完全由编程人员在编制程序时根据零件的特点选定。原则上可以将零点设定在任何位置，但是如果考虑到零件的特点，还是应该遵循以下原则。

（1）为便于在编程时进行坐标值的计算，减少计算错误和编程错误，工件零点应选在零件图的设计基准上。

（2）为提高被加工零件的加工精度，工件零点应尽量选在精度较高的工件表面。

（3）为便于编程，对于那些几何元素对称的零件，工件零点应设在对称中心上。

（4）对于一般零件，工件零点设在工件外轮廓的某一角上。

（5）Z 轴方向上的零点一般设在工件表面。

工件坐标系的设立是进行编程计算的第一步，应当根据不同的加工要求和编程的方便性进行恰当的选择。

（1）用 G92 指令设定工件坐标系

G92 指令通常出现在程序的第一段。设定起始工件坐标系，也可出现在程序段中，以重新设定工件坐标系。其书写格式为：G92 X- Y- Z-

其中，X、Y、Z 为当前刀位点在新建工件坐标系中的初始位置。数控系统执行该指令时，机床并不产生运动，只是把坐标设定值输入内存。

例如，在加工开始前，将刀具置于一个合适的位置，执行程序的第一段：G92 X0 Y0 Z0 则 CRT 显示器上的坐标值就会相应变为 X0.000、Y0.000、Z0.000，所建立的工件坐标系如图 3-31（a）所示。

若程序的第一段为：G92 X10.Y5.Z5，则 CRT 显示器上的坐标值就会相应变为 X10.000、Y5.000、Z5.000，所建立的工件坐标系如图 3-31（b）所示。

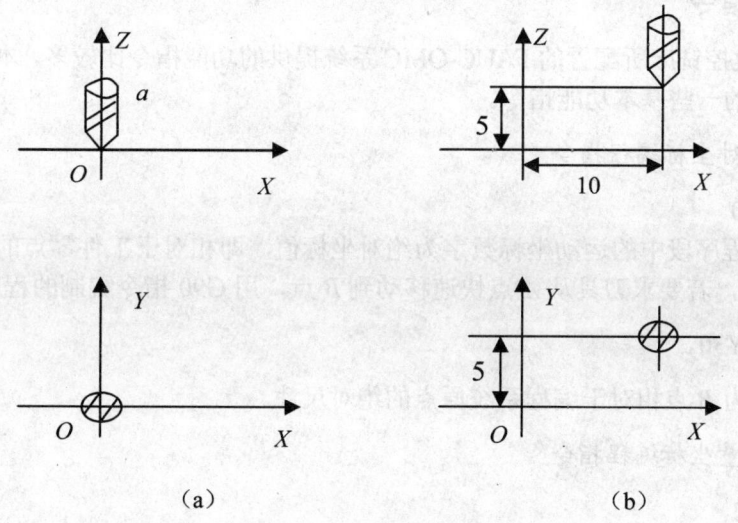

图 3-31　G92 指令设定坐标系

（2）用 G54~G59 指令设定工件坐标系

XK5032 立式数控铣床除了可用 G92 指令设定工件坐标系外，还可通过 CRT/MDI 在参数设置方式下设定六个不同的工件坐标系。这六个坐标系分别被记忆成 G54、G55、G56、G57、G58、G59，在加工工件时通过 G54~G59 指令选择相应的坐标系。

如果在参数设置方式下设定了 G54、G56 两个工件坐标系：

G54　　X-100. Y-200. Z0

G56　　X-50. Y-50. Z0

这时，如果执行了程序：G90 G54 G00 X20. Y30. Z0，刀具就会向预先设定的 G54 坐标系中的 A 点（20，30，0）处移动。同理，如果执行了 G90 G56 G00 X20. Y30. Z0，刀具就会向预先设定的 G56 坐标系中的 B 点（20，30，0）处移动。A、B 两点坐标都是对应坐标系原点的相对坐标。

G92 指令与 G54~G59 指令在使用中区别如下：

（1）G92 指令是通过程序来设定工件加工程序的，其设定的坐标原点与当前刀具所在的位置有关。

（2）G54~G59 指令是通过 CRT/MDI 在参数设置方式下设定工件坐标系的，其设定的坐标原点与刀具当前位置无关。

（3）G92 指令程序段只是设定加工坐标系，不产生任何移动。

（4）G54~G59 指令可以和 G00 等指令组合在相应的工件坐标系中进行位移。

3.4.2　基本编程指令

XK5032 立式数控铣床所配置的 FAUC-OMC 系统提供的功能指令比较多，本书主要介绍在加工中使用较多的一些基本功能指令。

1. G90——绝对坐标编程指令

书写格式：G90

说明：它表示程序段中的运动坐标数字为绝对坐标值，即相对于工件零点的坐标值。如图 3-32 所示的情况，若要求刀具从 A 点快速移动到 B 点，用 G90 指令编制的程序为：

G90 G00 X30. Y30。

其中 30 和 30 为 B 点相对于编程系统原点的绝对尺寸。

2. G91——增量坐标编程指令

书写格式：G91

说明：增量坐标编程指令表示程序段中的运动坐标数字为相对坐标值，即刀具运动的终点相对于起点坐标值的增量。在这种方式下，同样对于图 3-32，刀具从 A 点移动到 B 点编制的程序为：

G91 G00 X20. Y10。

其中 20 和 10 分别为 B 点相对于 A 点的 X 方向和 Y 方向的增量值。

在实际编程中，究竟采用 G90 还是 G91 并无特殊规定，可以根据给定的零件的已知条件选择。

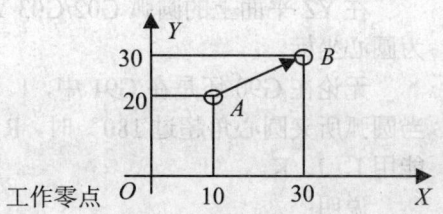

图 3-32　G90 绝对坐标编程指令

3. G00——快速点定位指令

书写格式：G00　X-　Y-　Z-

其中：X、Y、Z——目标点坐标。

说明：

（1）用 G00 指令点定位，命令刀具以点定位控制方式从刀具所在点以最快的速度移动到目标点。需要说明的是此速度不需要指定，属于系统默认值，可预先通过系统参数调整；

（2）当 Z 轴按指令远离工作台时，先 Z 轴运动，再 X、Y 轴运动。当 Z 轴按指令接近工作台时，先 X、Y 轴运动，再 Z 轴运动。

（3）目标点的坐标可以用绝对值，也可以用增量值，小数点前最多允许四位数，小数点后最多允许三位数，正数可以省略+号。

（4）不运动的坐标可以省略。

（5）机床快速移动的速度不需要指定，而是由生产厂家确定，并可在机床说明书中查到。

4. G01——直线插补指令

书写格式：G01　X-　Y-　Z-　F-

说明：

（1）G01 的作用是指定两个（或三个）坐标以联动的方式，按指定的进给速度 F，插补加工任意的平面（或空间）直线。

（2）G01 和 F 都是模态指令。

（3）当采用 G90 时，X、Y、Z 为直线终点相对工件零点的坐标值。当采用 G91 时，X、Y、Z 为直线终点相对直线起点的坐标值。在该指令中，进给速度 F 的单位是 mm/min。

5. G02/G03——圆弧插补指令

书写格式如下。

在 XY 平面上的圆弧 G02/G03 X-　Y-　I-　J-　F-。其中 X、Y 为圆弧终点坐标，I、J 为圆心坐标。

在 ZX 平面上的圆弧 G02/G03 X- Z- I- K- F-。其中 X、Z 为圆弧终点坐标，I、K 为圆心坐标。

在 YZ 平面上的圆弧 G02/G03 Y- Z- J- K- F-。其中 Y、Z 为圆弧终点坐标，J、K 为圆心坐标。

无论在 G90 还是在 G91 中，I、J、K 都是圆心点相对圆弧起点的增量值。R 为圆弧半径，当圆弧所夹圆心角超过 180°时，R 值为负，其他情况为正。当圆弧为整圆时，不能用 R，只能用 I、J、K。

说明：

（1）G02 表示顺时针圆弧插补，G03 表示逆时针圆弧插补。

（2）顺、逆时针圆弧插补的判断方法是：沿圆弧所在平面（如 XY 平面）的另一个坐标轴的负方向（-Z）看去，刀具运动轨迹沿顺时针方向的用 G02 编程，刀具运动轨迹沿逆时针方向的用 G03 编程；

（3）在 G90 状态时，圆弧终点坐标是圆弧终点在编程坐标系中的绝对坐标，在 G91 状态时，圆弧终点坐标是圆弧终点相对于圆弧起点的相对坐标。

（4）无论是 G90 状态还是 G91 状态，圆心坐标均为圆心相对于圆弧起点的相对坐标。

（5）用 G02/G03 可以直接编过象限圆和整圆，但在铣削整圆时切记不可将圆心坐标给错，特别是 I 和 J 不能同时为零，否则计算机内部会出现紊乱。

6. G04——暂停指令

书写格式：G04 X-或者 G04 P-

其中，X、P 后面均为指定的暂停时间，0.01～99.99s。两种区别在于 X 后面的数值可带小数点，单位为 s，P 后面的数值不能带小数点，单位为 ms。

例如要使刀具暂停 3.5s，可用 G04 X3.5 或者 G04 P3500。

说明：

（1）G04 可以使程序暂停一段时间，以便进行某些人为的调整，暂停时间一到继续执行下一段程序；

（2）G04 的程序段里不能有其他指令。

3.4.3 常用编程指令

1. 刀具半径补偿指令 G40、G41、G42

数控铣床在加工零件时，如果按工件的轮廓来编程是非常简单的，在工件图纸上已经标出了各外形尺寸。但是由于刀具半径的存在，如果让刀具中心按工件的轮廓线走，很明显加工后工件的各部分尺寸就会减少一个铣刀半径，工件已经报废。如果按加工所要求的实际刀具中心运行轨迹来编程，虽然可以加工出正确的工件形状，但编程计算非常麻烦，并容易出错。因此，有必要采用数控系统的刀具半径尺寸补偿功能来解决此类问题。

具有刀具半径补偿功能的数控机床，能使刀具中心在加工外轮廓时向工件外侧偏移一个刀具半径值，在加工内轮廓时向工件内侧偏移一个刀具半径值。也就是说，刀具半径补偿的作用，就是根据工件轮廓和刀具半径的数值自动计算出刀具中心的轨迹。这样，编程人员只需根据工件的轮廓（图纸上给定的尺寸）进行编程，就可以加工出所需要的轮廓。

刀具半径补偿功能还可以更灵活地应用。如果人为地让刀具中心与工件轮廓相距不是一个刀具半径，则可以用来处理粗、精加工的问题。只要在进行粗加工时输入刀具半径加精加工余量作为刀具补偿值，而在进行精加工时只输入刀具半径作为刀具补偿值，那么粗、精加工就可以使用同一个程序。此外，还可以利用刀具补偿功能，以同一个程序加工同一公称尺寸的内、外两个型面。

刀具半径补偿的建立是在刀具从起点接近工件时，刀具中心从与编程轨迹重合过渡到与编程轨迹偏离一个偏置量的过程。为保证刀具从无刀具半径补偿运动到所希望的刀具半径补偿开始点，应提前建立刀具半径补偿。如图 3-33 所示，AB 段为建立刀补段，BL 段为需要刀补的切削段，从 $A{\rightarrow}B$ 要用 G01 编程。刀具的进给方向如图所示，当用零件轮廓轨迹编程时如不用刀补，由 $A{\rightarrow}B$，刀具中心运行到 B 点；如采用刀补，刀具将让出一个偏置量（即刀具半径），使刀具中心运动到 C 点。与建立刀补类似，在最后一段刀补轨迹加工完成后，应走一段直线撤销刀补。

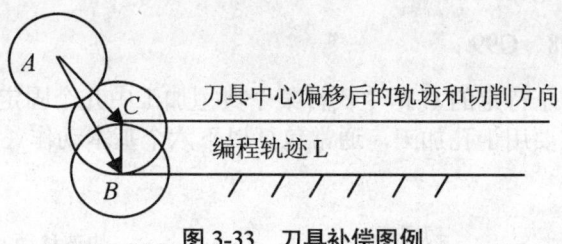

图 3-33 刀具补偿图例

在建立和撤销刀补的过程中，必须注意刀具于工件之间的相互位置，以避免撞刀。

根据 ISO 标准，刀具半径补偿方向有两个，沿刀具进给方向看，刀具中心在零件轮廓的左侧称为左刀补，右侧称为右刀补。

刀具半径补偿指令的格式如下。

（1）左侧刀具半径补偿指令书写格式：G41 G01　X-　Y-　D-。
（2）右侧刀具半径补偿指令书写格式：G42 G01　X-　Y-　D-。
（3）撤销刀具半径补偿指令书写格式：G40　X-　Y-　F-。

其中 D 为刀具号，存有预先由 MDI 方式输入的刀具半径补偿值。

说明：
（1）G41 为模态指令。
（2）G41 发生前，刀具半径补偿量必须在系统内存中设置完成。

（3）G41 程序段，必须有 G01 功能及对应的坐标参数才能有效地建立刀补。
（4）G41 与 G40 之间不得出现任何转移加工，如镜像、子程序跳转等。
（5）G40 必须与 G41 或 G42 成对使用。
（6）编入 G40 的程序段为撤销刀具半径补偿的程序段，必须用直线插补 G01 指令和数值编入撤销刀补的轨迹。

2. 刀具长度补偿指令 G43、G44、G49

刀具长度补偿一般用于刀具轴向（Z 方向）的补偿，它使刀具在 Z 方向上的实际位移量比程序给定值增加或减少一个偏置量，这样，当刀具在长度方向上的尺寸发生变化时，可以在不改变程序的情况下，通过改变偏置量，加工出所要求的零件尺寸。使用长度补偿后，钻头工作的起始位置仍然不变，只是在程序运行中使刀具的实际位移量比程序给定值多运行一个偏置量 X，所钻孔的深度仍然满足要求，这样不用修改程序即可加工出程序中规定的孔深。

刀具长度补偿指令的一般格式如下。
（1）正补偿指令书写格式：G43 G01 Z- H-；
（2）负补偿指令书写格式：G44 G01 Z- H-；
（3）取消刀具补偿指令书写格式：G49 G01 Z-。

其中 H 为刀具号，存有预先由 MDI 方式输入的刀具长度补偿值。

3. 固定循环指令 G98、G99

固定循环功能是用一个特定的 C 指令代替某个典型加工中几个固定、连续的动作，使加工程序简化。固定循环主要用于孔加工，通常包括以下六个基本动作（如图 3-34 所示）。

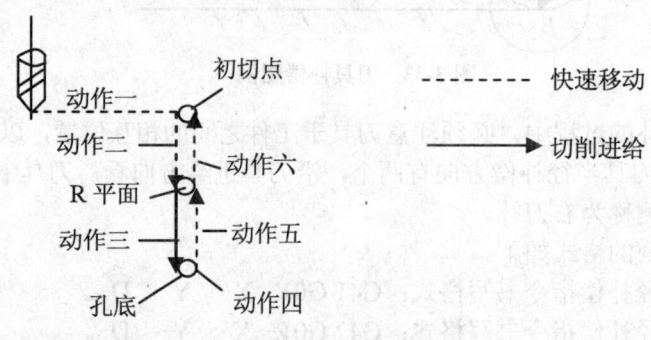

图 3-34 固定循环

动作一——X、Y 轴快速定位（初始点）。
动作二——快速移到 R 点。
动作三——以切削进给的方式进行孔加工。

动作四——执行孔底动作（包括暂停、刀具移位等）。
动作五——返回到 R 点。
动作六——快速返回到初始点。
固定循环的一般格式为：
G98（G99） G- X- Y- Z- R- Q- P- L-

G98 和 G99 用来指定刀具返回点位置，G98 指令返回初始点，G99 返回 R 点；G 为孔加工固定循环方式，本系统的孔加工固定循环方式主要有深孔钻削循环（G73）、攻螺纹循环（G74）、定点钻孔循环（G81）、精镗孔（G85）和镗孔（G86）。

X、Y 为初始点坐标值；Z 为孔底的坐标值，当采用增量方式时为相对 R 点的增量值；R 为 R 点的 Z 坐标值，当采用增量方式时为相对初始点的增量值；Q 为每次切削深度；P 为孔底停留时间；F 为切削进给速度；L 为循环次数，当写做 L0 时，只存入加工数据，不做加工，当不写 L 时，循环次数默认为 1。

当想结束固定循环时，可用 G80 指令。使用 G80 指令后，从 G80 的下一程序段开始执行一般的 G 进给指令。

3.4.4 其他系统特殊指令

在其他数控系统中，有一些较常用的指令，如镜像加工、子程序调用、转移加工、零点偏移和三轴联动等指令功能。

1. 镜像加工编程

在实际生产中，常遇到所加工工件上的几何元素是对称的。此时，可采用镜像加工指令进行对称加工编程，以简化工件加工程序。

当对称于 Y 轴镜像

书写格式：G11 N××××.××××.××

其中，N×××× 表示镜像加工程序开始程序段号，其后的 ×××× 为镜像加工程序结束程序段号，最后两位 ×× 表示循环次数，取 01～99。

说明：

（1）G11 指令将所定义的两个程序段号之间的程序按 X 轴负方向进行加工，并按编程所给的循环次数循环若干次。

（2）镜像加工开始程序段号和结束程序段号中间用小数点隔开，镜像加工开始程序段号应位于结束程序段号之前。

（3）循环次数由第二个小数点之后的两位正数决定，省略则为循环一次。

（4）镜像加工完毕后，下一个加工程序段应该是 G11 段的下一段。

（5）G11 不能作为整个程序的最后一段，若 G11 程序段位于最后时，应再写一句 M02 程序段。

（6）G11 所定义的镜像段号之间，不得发生其他转移加工指令，如子程序跳转等。

同样，对于 X 轴镜像加工的指令书写格式为：G12 N××××.××××.××。对于原点对称的指令书写格式为：G13　N××××.××××.××，具体用法和 G11 相同。

2. 子程序

一般数控铣床的程序号分为主程序和子程序两种。有些数控铣床的主程序地址符规定为 P，子程序的地址符规定为 N。

（1）子程序定义指令

书写格式：G22　N××

其中 ×× 为子程序编号，01～99。

说明：

① 子程序必须具有子程序号、程序段（子程序的内容）和子程序结束返回指令（G24）。

② N 后的两位数为子程序编号，子程序名以 N 开头。

③ G22 程序段中，不得有其他指令出现。

④ G22 与 G24 成对出现，形成一个完整的子程序块。

⑤ 子程序内部的参数数据有两种格式：

➢ 常数格式。数据为编程给定的常数，即 0～9。

➢ 变量格式。程序中的功能号、参数等数字部分均可用变量表示，变量的具体值由调用子程序的调用段传入。本系统可以处理 10 个变量参数，即 P0、P1、…、P9。

⑥ 子程序内部不得有转移加工、镜像加工等。

（2）子程序调用指令

书写格式：G20 N××.××　P1.××××.×××

说明：

① N 后的两位数为希望调用的子程序的程序名，分隔点后的两位数表示本次调用的循环次数，可以是 01～99 次。

② P1 为变量号，允许 10 个参数，即 P0、P1、…、P9，其分隔点后的值为该变量传递到子程序中的实际数值，允许小数点前四位数，小数点后三位数。

③ 若 G20 段中无 P 变量，则子程序中不能出现变量 P。

④ 子程序中的变量在用 G20 调用时，必须赋予明确的数值。

⑤ 本段程序不得出现以上规定以外的内容。

⑥ 子程序可重复嵌套调用五次。

例如：某主程序中有一程序段为：

N0030 G20 N05.3 P5.150 P1.01 P3.-28.5 P0.0

而 N05 的子程序为：

N0010　G22　N05
N0020　GP1　XP0　YP0　F100
N0030　Z-5
N0040　XP3
N0050　XP0　Y30　FP5
N0060　G00　Z5
N0070　G24

则 G05 的子程序段相当于如下程序：

N0010　G22　N05
N0020　GP1　X0　Y0　F100
N0030　Z-5
N0040　X-28.5
N0050　X0　Y30　F150
N0060　G00　Z5
N0070　G24

（3）子程序结束返回

书写格式：G240

说明：

① G24 表示子程序结束，返回到调用该子程序的程序下一段。

② G24 与 G22 成对出现。

③ G24 程序段不允许有其他指令出现。

3. 转移加工

在数控编程时，为了简化程序的编制，不仅可以调用子程序，还可以应用转移加工。对于数控铣床来说，转移加工指令有两种。

（1）跳转移加工指令

书写格式：G25 N××××.××××.××

其中 N×××× 表示跳转移加工开始程序段号，第一个分隔点后面的四位表示跳转移加工结束程序段号，最后一个分隔点后面的两位表示循环次数。

说明：

① 本格式的定义与镜像加工 G11 的指令相同，需要注意的事项也与 G11 一致。

② G25 功能执行完毕后的下一段加工程序为跳转移加工结束段号的下一段。

③ G25 程序段中不得出现其他指令。

如以下一段程序：

P02
N0010　G25　N0020.0060.02
N0020　G01　X20　Y20　F100
N0030　X40
N0040　Y60
N0050　X50　Y70
N0060　G00　X0　Y0
N0070　M02

此程序的加工顺序为：

N0010→N0020→N0030→N0040→N0050→N0060→N0020→N0030→N0040→N0050→N0060→N0070

（2）转移加工指令

书写格式：G26 N××××.××××.××

其中 N××××表示跳转移加工开始程序段号，第一个分隔点后面的四位表示跳转移加工结束程序段号，最后一个分隔点后面的两位表示循环次数。

转移加工执行完毕，下一个加工段为 G26 定义段的下一段，这是与 G25 的区别之处，其他与 G25 相同。

4. 零点偏置

所谓零点偏置就是在编程过程中进行编程坐标系（工件坐标系）的平移变换，使编程坐标系的零点偏移到新的位置。

在数控铣床上进行加工时经常会碰到这样的情况，即只要改变坐标系的原点就可以很方便地编写出所要加工工件的某些轮廓的加工程序。而所希望的新的编程原点位置，有时候相对于原工件坐标系的原点来计算比较容易，有时候相对于当前所在点来计算比较容易确定，有时候用当前点作为编程原点来编程比较容易计算。为此，数控铣床具有三种零点偏置功能，即绝对零点偏置功能、相对零点偏置功能和当前零点偏置功能。

（1）绝对零点偏置指令

书写格式：G54 X- Y- Z-

其中，X、Y、Z 为新坐标系原点在原坐标系中的坐标。

说明：

① G54 功能将使编程原点平移到 X、Y、Z 所规定的坐标处。

② X、Y、Z 三个坐标可以全部平移，也可以部分平移，未写入的坐标，其原点不平移。

③ G54 为独立的程序段，不得出现其他指令。

④ G54 以后的程序段，将以 G54 建立的新的坐标系编程，不必考虑原坐标系的影响。

⑤ 动态坐标显示仍然相对原来的坐标系。

⑥ G54 本身不是移动指令，它只是记忆坐标偏置，如需要刀具运动，必须再编 G01 或 G00 程序段。

⑦ G54 后的坐标值可以是正、负数，小数点前允许四位，小数点后允许三位。

（2）相对零点偏置指令

书写格式：G55 X- Y- Z-

说明：

① G55 使坐标系的原点从刀具的当前位置平移 X、Y、Z 形成新的坐标系。

② X、Y、Z 三个坐标可以全部平移，也可以部分平移，未写入的坐标，其原点不平移。

③ G55 为独立的程序段，不得出现其他指令。

④ G55 以后的程序段，将以 G54 建立的新的坐标系编程，不必考虑原坐标系的影响。

⑤ 动态坐标显示仍然相对原来的坐标系。

⑥ G55 本身不是移动指令，它只是记忆坐标偏置，如需要刀具运动，必须再编 G01 或 G00 程序段。

⑦ G55 后的坐标值可以是正、负数，小数点前允许四位，小数点后允许三位。

（3）当前零点偏置指令

书写格式：G56

说明：

① G56 将刀具的当前位置设定为坐标原点。

② X、Y、Z 三个坐标可以全部平移，也可以部分平移，未写入的坐标，其原点不平移。

③ G56 为独立的程序段，不得出现其他指令。

④ G56 以后的程序段，将以 G54 建立的新的坐标系编程，不必考虑原坐标系的影响。

⑤ 动态坐标显示仍然相对原来的坐标系。

⑥ G56 本身不是移动指令，它只是记忆坐标偏置，如需要刀具运动，必须再编 G01 或 G00 程序段。

⑦ G56 后的坐标值可以是正、负数，小数点前允许四位，小数点后允许三位。

（4）撤销零点偏置指令

书写格式：G53

说明：

① 在零点偏置后，G53 将使加工原点恢复到最初设定的编程原点。

② G53 必须在执行过零点偏置功能后才有效。

5. 三轴联动功能

很多数控铣床具有三轴联动的功能。常用的三轴联动功能如下。

（1）顺时针螺旋线插补

书写格式：G02 X- Y- Z- I- J- K- F-

其中，X、Y——螺旋线的终点坐标，

　　　　Z——螺旋线的高度坐标，

　　　　I、J——圆心坐标，

　　　　K——螺距，

　　　　F——进给量。

说明：

① 螺旋线的终点坐标 X、Y、Z 必须在螺旋线上。

② 顺时针螺旋线也称右旋螺旋线。

（2）逆时针螺旋线插补

书写格式：G03 X- Y- Z- I- J- K- F-

其中，X、Y——螺旋线的终点坐标，

　　　　Z——螺旋线的高度坐标，

　　　　I、J——圆心坐标，

　　　　K——螺距，

　　　　F——进给量。

说明：

① G03 逆时针螺旋线插补和 G02 顺时针螺旋线插补除了螺旋线插补方向相反外，其他全部相同。

② 逆时针螺旋线也称左旋螺旋线。

3.4.5 编程实例

【例 3-5】 盖板零件加工

盖板零件尺寸如图 3-35 所示。

（1）工件定位与夹紧

已知该摆布零件的毛坯尺寸为 180 mm×90 mm×10 mm，板上各孔已经在其他机床上加工完毕，要求加工该零件的外形轮廓。所以铣削时可以取一个底面和两个 $\Phi 10$ 的孔进行定位然后通过 $\Phi 60$ 孔把零件压紧。

（2）刀具选择

该零件外形主要由一些直线和圆弧连接而成，转角之处无特殊要求，故刀具的选择范围较大。考虑该零件毛坯加工余量为 5 mm，这里选用 Φ10 mm 的立铣刀进行加工。刀具半径补偿量 R=5 mm 加工前由 MDI 方式存入 D01 刀具号。

（3）确定工件原点和加工路线

如图 3-36 所示。考虑编程和加工方便，选取 A 点为工件原点。又因为 Φ10H8 孔为定位孔，故对刀点选在左边 Φ10 孔中心线上，相对于工件原点的坐标为（20，20，30）。刀具从 A 点切入，沿工件轮廓顺时针加工，加工路线为：对刀点→开始点 1→下刀点 2→3→B→C→D→E→F→G→H→I→下刀点 2→开始点 1。其中开始点 1（-30，-30，30），下刀点：（-30，-30，-14），3、I 点是为了保证 A 直角处的加工完整性而设定的，可设 3 点坐标为（0，-10，-14），I 点坐标为（-10，0，-14）。

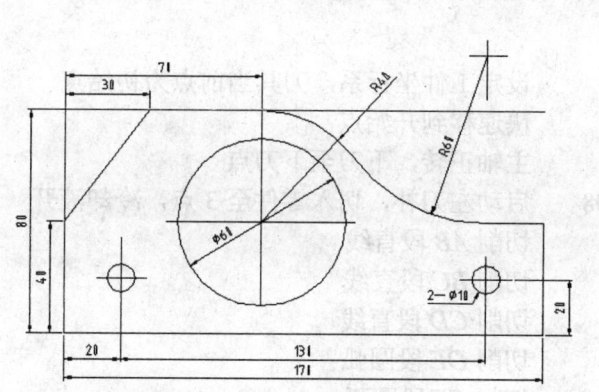

图 3-35 盖板零件加工

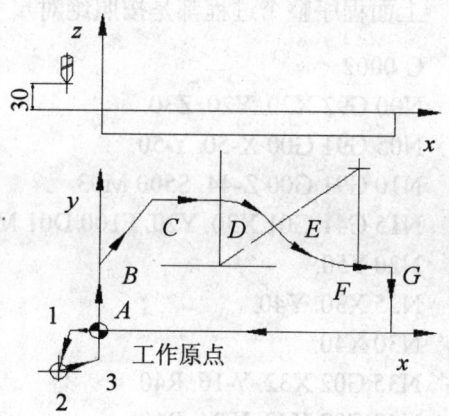

图 3-36 工件原点及加工路线

（4）计算各基点坐标

从已知尺寸关系可以较为容易地计算出该零件各基点相对于工件零点的坐标如下：A（0，0）、B（0，40）、C（30，80）、D（70，80）、E（102，64）、F（150，40）、G（170，40）、H（170，0）。

（5）编制程序如下。

```
O 0001
N00 G54 X20. Y20. Z30.                         设定工件坐标系，刀具当前点为对刀点
N05 G90 G00 X-30. Y-30.                        快速移到开始点
N10 Z-14. S500 M03                             主轴正转，转速为 500 r/min，下刀至下刀点
N15 G41 G01 X0 Y-10. F100 D01 M08              启动左刀补，切入零件至 3 点，冷却液开
```

N20 Y40.	切削 AB 段直线
N25 X30. Y80.	切削 BC 段直线
N30 X70.	切削 CD 段直线
N35 G02 X102. Y64. R40.;	切削 DE 段圆弧
N40 G03 X150. Y40. R60.	切削 EF 段圆弧
N45 G01 X170.	切削 FG 段直线
N50 Y0.	切削 GH 段直线
N55 X-10.	切削 HA 段直线
N60 G40 G00 X-30. Y-30. M09	取消刀补，关冷却液
N65 Z30.	抬刀
N70 M30	主程序结束

上面程序整个过程都是按照绝对尺寸方式编程的，若按增量方式编程，则程序如下。

O 0002

N00 G92 X20. Y20. Z30.	设定工件坐标系，刀具当前点为初始点
N05 G91 G00 X-50. Y-50.	快速移到开始点
N10 G91 G00 Z-44. S500 M03	主轴正转，下刀至下刀点
N15 G41 G01 X30. Y20. F100 D01 M08	启动左刀补，切入零件至3点，冷却液开
N20 Y50.	切削 AB 段直线
N25 X30. Y40.	切削 BC 段直线
N30 X40.	切削 CD 段直线
N35 G02 X32. Y-16. R40	切削 DE 段圆弧
N40 G03 X48. Y-24. R60	切削 EF 段圆弧
N45 G01 X20.	切削 FG 段直线
N50 Y-40.	切削 GH 段直线
N55 X-180.	切削 HA 段直线
N60 G40 G00 X-20. Y-30. M09	取消刀补，关冷却液
N65 Z44.	抬刀，回到初始点
N70 M30	主程序结束

【例 3-6】 刀补编程加工

加工如图 3-37 所示的工件。已知工件材料为 Q195，选用 Φ10 mm 的立铣刀，刀号为 T01。在数控铣床上加工前已经粗加工过，每边留有 2 mm 的加工余量。

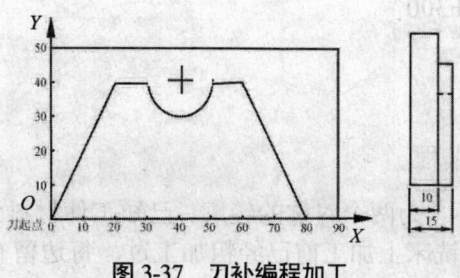

图 3-37 刀补编程加工

用 G41 编程为：

N0010 G00 Z5 T01 S1000 M03
N0020 G41 G01 X0 Y0 F3000
N0030 Z-5
N0040 G91 G01 X20 Y40
N0050 X10
N0060 G03 X20 Y0 I10 J0
N0070 G01 X10
N0080 X20 Y-40
N0090 X-85
N0100 G90 G00 Z15
N0110 G40 G01 X0 Y0 F300
N0120 M05
N0130 M02

用 G42 编程为：

N0010 G00 Z5 T01 S1000 M03
N0020 G42 G01 X0 Y0 F3000
N0030 Z-5
N0040 X80
N0050 X60 Y40
N0060 X50
N0070 G02 X30 Y40 I-10 J0
N0080 G01 X20
N0090 X-5 Y-10
N0100 G00 Z5

N0110 G40 G01 X0 Y0 F300
N0120 M05
N0130 M02

【例 3-7】 镜像加工编程

加工工件如图 3-38 所示，为两个对称的轮廓。已知工件材料为 Q195，选用 Φ10mm 的立铣刀，刀号为 T01。在数控铣床上加工前已经粗加工过，每边留有 2mm 的加工余量。

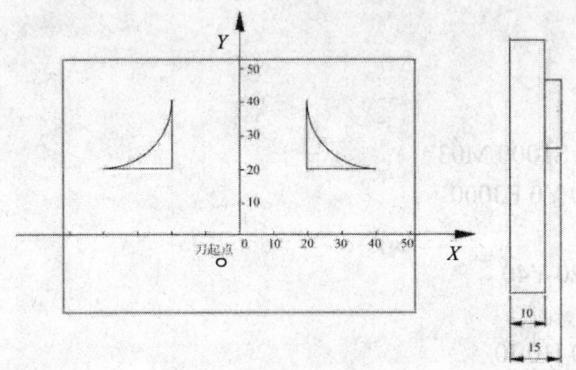

图 3-38 镜像编程加工

用镜像指令编制的数控加工程序如下。

N0010 G00 Z4 T01 S1000 M03
N0020 G41 G01 X20 Y20 F300
N0030 Z-5
N0040 G91 Y20
N0050 G03 X20 Y-20 I20 J0
N0060 G01 X-25
N0070 G90 Z8
N0080 G40 G01 X0 Y0
N0090 G11 N0020.0080
N0100 M02

3.5 加工中心编程

加工中心是将数控铣床、数控镗床、数控钻床的功能组合起来，并装有刀库和自动换刀装置的数控机床，所以它的加工能力非常强。正是因为如此，在加工中心上加工零件，从加工工序的确定，刀具的选择，加工路线的安排，到数控加工程序的编制，都比其他数控机床要复杂一些。

3.5.1 加工中心编程特点

加工中心的数控系统较数控铣床等功能更丰富，加工中心编程具有以下特点。

（1）首先应进行合理的工艺分析。由于零件加工的工序集中，使用的刀具种类多，甚至在一次装夹下，要完成粗加工、半精加工与精加工的多个工步。周密合理地安排各工序加工的顺序，有利于提高加工精度和提高生产率。

（2）根据加工批量等情况，决定采用自动换刀还是手动换刀。一般情况下，当加工批量在 10 件以上，而刀具更换又比较频繁时，以采用自动换刀为宜；但当加工批量很小而使用的刀具种类又不多时，把自动换刀安排在程序中，反而会增加机床调整时间。

（3）自动换刀要留出足够的换刀空间。有些刀具直径较大或尺寸较长，自动换刀时要注意避免发生撞刀事故。

（4）为提高机床的利用率，尽量采用刀具机外预调，并将测量尺寸填写到刀具卡片中，以便于操作者在运行程序前及时修改刀具补偿参数。

（5）对于编好的程序必须进行认真检查，并于加工前安排好试运行。从编程的出错率来看，采用手工编程比自动编程出错率高，特别是在生产现场，为临时加工而编程时，出错率更高，认真检查程序并安排好试运行就更为必要。

（6）尽量把不同工艺内容的程序分别安排到不同的子程序中，主程序主要完成换刀及子程序的调用。这种安排便于按每一工步独立地调试程序，也便于因加工顺序不合理而做出重要调整。

3.5.2 基本编程指令

加工中心经常用到的指令许多与数控铣床相同，在本书的前面已经进行了详细的论述，本处不再重复。这里以 TH5632/1 立式加工中心为例，介绍反映加工中心特征的一些指令。

1. G27——返回参考点检验指令

书写格式：G27 α— β—

说明：

（1）α、β 为 X、Y、Z 中的任一轴，其坐标值为参考点在工件坐标系中的坐标值。

（2）此指令下，坐标快速运动、自动减速并在指定坐标值处做定位检验，当指令轴确实定位在参考点时，该轴参考点信号灯亮。可在程序中用此指令校验定位情况。

（3）程序中有刀具偏置或补偿时，应先取消偏置或补偿后再做参考点校验。

（4）在连续程序段中，即使未到参考点，也要继续执行程序，为了便于校对，可以插入

M00 或 M01。

2. G28——自动返回参考点指令

书写格式：G28 α- β-

说明：

（1）与 G27 不同，α、β 为某一中间点的坐标，所有指令坐标均快速移动到中间点定位后，再一起向参考点快速运动，设置参考点是为防止刀具返回参考点时与工件或夹具发生运动干涉。

（2）换刀时一般用此指令返回参考点，执行此指令时，原则上应取消刀具补偿和偏置。

3. G29——自动从参考点返回指令

书写格式：G29 α- β-

说明：

（1）α、β 为返回的终点坐标，在返回过程中，两坐标先移动到 G28 所决定的中间点定位，然后再向终点移动。

（2）G28 和 G29 一般成对使用，也可成对使用 G28 和 G00。

（3）G27～G29 中的坐标值均为工件坐标系中的坐标值。

4. G60——单方向定位指令

书写格式：G60 α- β-

说明：

（1）对于要求精确定位的孔加工，使用本指令可使机床实现单方向定位，从而达到消除因间隙而引起的加工误差，实现精确定位的目的。

（2）单向定位的方向由 305 号参数设定。

（3）过冲量数值设定参数为：336 号（X轴）、337 号（Y轴）和 338 号（Z轴）。

5. G09——准确停止检验指令

书写格式：G09

说明：

（1）在包含 G09 的程序段中，坐标停止前要进行定位检验，即减速停止，并使运动轴停在定位精度允许的范围之内。

（2）G00 和 G60 包含 G09 的功能。

（3）利用 G09 功能指令可切削尖角。

如图 3-39 所示，当铣削 ABC 时，若程序为：

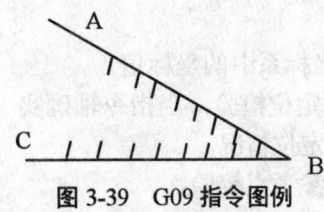

图 3-39 G09 指令图例

G01 A→B
G01 B→C

则在 B 点铣不出尖角来，而是一段小圆弧。若要铣出 B 点的尖角，必须这样编程：

G09 G01 A→B
G01 B→C

6．G61/G64——准确停止校验方式/连续切削方式指令

书写格式：G61
...
G64

说明：

（1）G61 方式为准确停止校验方式，且为模态代码，在 G61 方式下，相当于每一段程序都含有 G09 指令。

（2）G64 为连续切削方式，为机床默认状态，也为模态代码，在 G64 方式下，只有包含 G00、G60 和 G09 的程序段才能做定位校验。

（3）G61 方式的撤销用 G64。

3.5.3 刀具编程指令

1．刀具选择

刀具的选择是把刀库上指定了刀号的刀具转到换刀位置，为下次换刀做好准备。这一动作的实现是通过选刀指令——T 功能指令来实现的。T 功能指令用 T×× 表示。如果刀库装刀总容量为 20 把，编程时就可用 T01～T20 来指定 20 把刀具。

在刀库刀具排满以后，主轴上无刀，此时主轴上刀号是 T00。换刀后，刀库内无刀的刀套上刀号为 T00。例如：T02 号刀换到主轴上，此时刀库上 T02 号的刀变成了 T00，而刀库中 T02 号刀套上为空刀。

在刀库刀具排满时，如果也在主轴上装一把刀，则刀具总数可以增加到 21 把，也可以把 T00 作为主轴上这把刀的刀号，换刀后，刀库内将无空刀套。

2．刀具的交换

刀具交换是指刀库上正位于换刀位置的刀具与主轴上的刀具进行自动换刀。这一动作的实现是通过换刀指令——M06 指令实现的。

3．自动换刀程序的编制

编程时可以使用两种换刀方法。

(1) N×××× G28 Z— M06 T××

执行本程序段时，首先执行 G28 指令，刀具沿 Z 轴自动返回参考点，然后执行主轴准停及换刀的动作。为避免执行 T 功能指令时占用加工时间，与 M06 写在一个程序段中的 T 指令是在换刀完成后再执行，在执行 T 功能指令的同时机床继续执行后面的程序，即执行 T 功能的辅助时间与机加工时间重合。

该程序段执行后，本次所交换的为前段换刀指令执行后转至换刀刀位的刀具，而本段指定的 T×× 号刀在下一次刀具交换时使用。

用以下的程序加以说明：

N0110 G01 X— Y— Z— M06 T01

…

N0140 G28 Z— M06 T02

…

N0170 G28 Z— M06

…

在以上的程序中，N0140 段更换的刀具是在 N0110 段选出的 T01 号刀具，即在 N0150～N0170（不含 N0170 段）段中加工所用的是 T01 号刀具。N0170 段换上的是 N0140 段选出的 T02 号刀，从 N0180 开始的程序均用 T02 号刀具加工。当执行 N0110 和 N0140 段的 T 功能时，选刀和加工同时进行，不占用加工时间。

(2) N×××× G28 Z— T×× M06

采用这种编程方式时，在 Z 轴返回参考点的同时，刀库才开始转位，然后进行刀具交换，换到主轴上的刀具为 T××，若刀具返回 Z 轴参考点的时间小于 T 功能的执行时间，则要等刀库中相应的刀具转到换刀刀位以后才能执行 M06。因此，这种方法占用机动时间最长。

N0110 G01 X— Y— Z— M03 S—

…

N0130 G28 Z— T02 M06

…

在执行 N0130 时，在主轴 Z 返回参考点的同时，刀库开始转动，若主轴已回到 Z 向参考点而 T02 号刀仍然没有转到换到点，此时不执行 M06，直到刀库将 T02 号刀转到换刀点后，才执行 M06，将 T02 号刀换到主轴上去。

4. 刀具偏置

所谓刀具偏置就是刀具沿某个方向相对于编程距离伸长或缩短一定的距离。伸长或缩短的距离值决定于相应参数地址所设定的数值。

(1) 刀具偏置指令

刀具偏置指令书写格式：G45/G46/G47/G48

各指令含义：G45 表示坐标运动伸长，G46 表示坐标运动缩短，G47 表示坐标运动伸长两倍，G48 表示坐标运动缩短两倍。

G45～G48 均为非模态指令，即只有在设定的程序段有效。

（2）偏置量设定

偏置量由参数设定，其选择代码可以为 H 或 O，TH5632/1 立式加工中心使用代码 H。在绝对值指令（G90）中，当指令移动量为 0 时，虽然该程序段同时指定了偏置量，机床仍然不移动。

例如：G90 G00 X0 H01

虽然 H01 中的偏置量不为 0，但机床仍然不移动。

在增量值指令（G91）中，当指定移动量为 0 时，若指定了偏置量，则机床移动。通过下面表 3-4 加以说明。

设偏置量为 +10.28，偏置号为 H01。

表 3-4 刀具偏置指令比较

指　令	移动量	指　令	移动量
G91 G45 X0 H01	X10.28	G91 G45 X0 H01	X-10.28
G91 G47 X0 H01	X20.56	G91 G48 X0 H01	X-20.56
G91 G45 X-0 H01	X-10.28	G91 G45 X-0 H01	X10.28
G91 G47 X-0 H01	X-20.56	G91 G48 X-0 H01	X20.56

5. 刀具长度补偿

在数控铣床上需要用刀具长度补偿功能补偿刀具的磨损。加工中心也有同样的问题，而且由于多把刀参与同一个零件的加工，还产生了新的问题。当一个加工程序内要使用几把刀时，由于每把刀具的长度总会存在差异，因而在同一个坐标系内，在 Z 值不变的情况下可能是每把刀具的端面在 Z 方向的实际位置有所不同，这给编程带来了困难。为此，先将一把刀作为标准刀具，以此为基础，将其他刀具的长度相对于标准刀具长度的增加或减少值作为补偿值记录在机床数控系统的某个单元内。在刀具做 Z 方向运动时，数控系统将根据已记录的补偿值做相应的修正。

当实际刀具与编程刀具长度不符时，用长度补偿来进行修正可不必改变所编程序，程序中用地址 H 来指定补偿量存储器序号（偏置号），补偿方式需在补偿（偏置号）存储器中设定，这是一组模态 G 指令，一旦经过设定后，一直有效，除非由同组 G 指令来取代才会失效。

（1）刀具长度补偿的建立

书写格式：G43/G44 Z- H-

　　　　　G43/G44 H-

说明：

① G43 为长度正向补偿，G44 为长度负向补偿。

② 机床通电后，其自然状态为取消长度补偿状态。
③ 偏置号为 H00～H32 或 H00～H64。
④ H00 的偏置量固定为 0。

（2）刀具长度补偿的撤销

书写格式：G49

实际编程中，取消刀具长度补偿除了采用 G49 指令外，也可以采用 H00 的办法。机床通电后，默认状态为 G49。

（3）长度补偿的特殊情况

有的加工中心在绝对值指令（G90）中，当指定的移动量为 0 时，虽然该程序段同时指定了偏置量，但机床仍然不移动，而在 G91 状态时，则按表 3-5 所示方式运动。

设补偿量为+12.15，偏置号为 H01。

表 3-5 刀具长度指令比较

NC 指 令	移 动 量
G43 G01 Z0 H01	Z12.15
G44 G01 Z0 H01	Z-12.15
G43 G01 Z-0 H01	Z-12.15
G44 G01 Z-0 H01	Z12.15

有的加工中心无论在 G90 还是在 G91 状态，当指定移动量为 0 时，若程序段同时指定了偏置量，机床都将按以上方式运动；也有的加工中心无论在 G90 还是 G91 状态，当指定移动量为 0 时，无论程序段中是否指定了偏置量，机床都不会运动。

6. 刀具半径补偿

TH5632/1 型立式加工中心的刀具半径补偿与 XK5032 立式数控铣床类似，一般是指铣刀中心轨迹与工件的实际尺寸之间的距离采用半径补偿的方式来设定，补偿量为刀具半径值。前面已介绍过，当使用半径补偿时，编程按工件实际尺寸来计算，而加工中刀具轨迹可自动偏置。偏置量可以在偏置量存储器中设定（32 个或 64 个），地址为 D。

（1）偏置向量

偏置向量是一个二维量，其模是偏置量，其方向一般来说是垂直于被加工表面的。如果是曲线加工，则该向量是相应加工面的法线方向，在不同曲线相交处，向量的模和方向按一定的规则变化。以上向量均由数控系统根据编程轨迹和设置的偏置量自动计算。

（2）平面选择

G17、G18、G19 分别指定 XY、ZX、YZ 平面，这些平面称为偏置面，是计算偏置向量的必需条件。

（3）刀具半径补偿的建立

补偿指令：G41/G42

书写格式：G41/G42 G01 α— β— D— F—

其中，α、β 为 X、Y、Z 中的任意一根轴，D 为补偿号，F 为进给量。

说明：

① G41 为刀具左侧半径尺寸补偿，G42 为刀具右侧半径尺寸补偿。

② G41/G42 后用 G01（有的加工中心用 G01 和 G00 均可）。

③ 刀具半径尺寸补偿指令的起点不能写在 G02/G03 程序段中，即必须在直线插补方式中加入 G41 或 G42。

④ 使用刀具半径尺寸补偿时，CNC 中自动使用了一个指令寄存器，但刀具半径补偿缓冲寄存器中的内容不能显示，加工中用 CRT 监视程序执行情况时要考虑到这一点。

⑤ 进入刀具半径尺寸补偿时一般要在 G41 或 G42 所在的程序段内写入补偿号，规定相应的补偿量。如果在该程序段中没有写补偿号，就认为缺省，选用先前的补偿量。

⑥ 补偿号的地址码为 D。D 代码是模态值，一经指定后一直有效，必须由另一个 D 代码来取代或者使用 G40 或 D00 来取消（D00 中的偏置量规定永远为 0）。

⑦ 刀具半径补偿指令（G41/G42）和刀具偏置指令（G45～G48）不能在一个程序段中同时存在。

⑧ D 代码的数据有正、负符号。在 G41/G42 方式中，当 D 代码的数据为正时，G41 往前进的左方偏置，G42 往前进的右方偏置；当 D 代码的数据为负时，G41 往前进的右方偏置，G42 往前进的左方偏置。

⑨ 更换刀具时，一般应取消原来的补偿量。已进入刀具半径补偿后再改变补偿量可在需要的程序段内写上新的补偿号，在该程序段内就失去了对该补偿号对应的补偿量的变化。

（4）刀具半径补偿的撤销

书写格式：G40 G01α— β— F—

说明：

① 机床刚通电或执行过"复位"动作及程序终结（M02 或 M30）时，半径补偿均处于撤销状态，此时刀具中心轨迹与编程轨迹一致。

② 在一个程序中如用过刀具半径补偿，则在程序终结之前必须用 G40 指令来撤销刀具半径补偿，否则在程序结束后，刀具将偏离编程终点一个向量值的距离。

3.5.4 孔加工固定循环

加工中心上，固定循环主要是针对孔加工设计的，包括钻孔、镗孔、攻螺纹等。采用孔加工固定循环功能，只用一个指令便可完成某种孔加工（如钻、攻、镗等）的整个过程。继续加工孔时，如果孔加工的动作无需变更，则程序中所有模态的数据可以不写，因此可以大大简化程序。

1. 固定循环的基本动作

具体的六步工作与铣床相同。

在使用该功能的时候需要注意，初始点是为安全下刀而规定的点。初始点到零件表面的距离可以任意设定在一个安全的高度上。当使用同一把刀具加工若干孔时，只有孔间存在障碍需要跳跃或全部孔加工完毕时，才使用 G98 功能使刀具返回到初始平面上的初始点。

R 平面的参考点作为刀具下刀时自快进转为工进的转换起点。距工件表面的距离主要考虑工件表面尺寸的变化，一般可取 2～5 mm。使用 G99 时，刀具将返回到该点。

加工盲孔时孔底平面就是孔底的 Z 轴高度，加工通孔时一般刀具还要伸出工件底平面一段距离，这主要是保证全部孔深都加工到规定尺寸。钻削加工时还应考虑钻头钻尖对孔深的影响。

除此以外，孔加工循环与平面选择指令（G17、G18 或 G19）无关，即不管选择了哪个平面，孔加工都是在 XY 平面上定位并在 Z 轴方向上钻孔。

2. 固定循环代码

组成一个固定循环，要用到以下三组代码。

（1）数据格式代码（G90、G91）。固定循环指令中地址 R 与地址 Z 的数据指定与 G90 或 G91 的方式选择有关。选择 G90 方式时，R 与 Z 一律取其终点坐标值；选择 G91 方式时则 R 是指自初始点到 R 间的距离，Z 是指自 R 点到孔底平面上 Z 点的距离。

（2）返回点代码（G98、G99）。由 G98 和 G99 决定刀具在返回时到达的平面。如果指定了 G98 自该程序段开始，则刀具返回时是返回到初始点所在平面；如果指定了 G99，则返回到 R 点所在平面。

（3）孔加工方式代码（G73～G89）。加工中心通常设计有一组指令作为孔加工固定循环指令，每条指令针对一种加工工艺，使用时需参考所用机床的编程手册。例如 TH5632/1 加工的固定循环指令 G73 实现的是高速深孔往复排屑钻孔。

3. 规定循环指令书写格式

孔加工固定循环指令书写格式为：

G×× X- Y- Z- R- Q- P- F- L-

其中 G×× 指 G73～G89，为模态指令。X、Y 指定孔在 X、Y 平面的坐标位置（增量或绝对值）。Z 指定孔底坐标值；在增量方式下，Z 值指的是 R 点到孔底的距离；在绝对值方式下，是孔底的 Z 坐标值。R 在增量方式中是初始点到 R 点的距离，而在绝对值方式中是 R 点的 Z 坐标值。Q 在 G73、G83 中用来指定每次进给的深度，在 G76 和 G87 中指定刀具位移值；P 指定暂停的时间，最小单位为 1 ms。F 为切削进给的进给率。L 指定固定循环的重复次数；

如果不指定 L，则只进行一次；L=0 时机床不动作。

固定循环中的参数都是模态的，当变更固定循环方式时，可用的参数可以继续使用，不需要重新设置。但如果中间隔有 G80 或 G01、G02、G03 等指令时，不受固定循环的影响。在固定循环中刀具偏置（G45～G48）及刀具半径尺寸补偿（G41、G42）无效，刀具长度补偿（G43、G44、G49）有效。在使用固定循环编程时，一定要在前面的程序段中指定 M03（或 M04），使主轴启动。

4. 固定循环指令简述

（1）G73——高速深孔往复排屑钻固定循环指令

书写格式：G73 X- Y- Z- R- Q- F-

孔加工动作如图 3-40 所示。分 4 次工作进给，且每次工作进给后都快速退回一段距离 d，d 值由参数（CYCR）设定。这种加工方法，通过 Z 轴的间断进给可以比较容易地实现断屑与排屑。

（2）G74——攻左螺纹固定循环指令

书写格式：G74 X- Y- Z- R- F-

（3）G76——精镗孔固定循环指令

书写格式：G76 X- Y- Z- R- Q- P- F-

该指令在孔底有暂停，采用这种方式镗孔可以保证提刀时不至于划伤内孔表面。

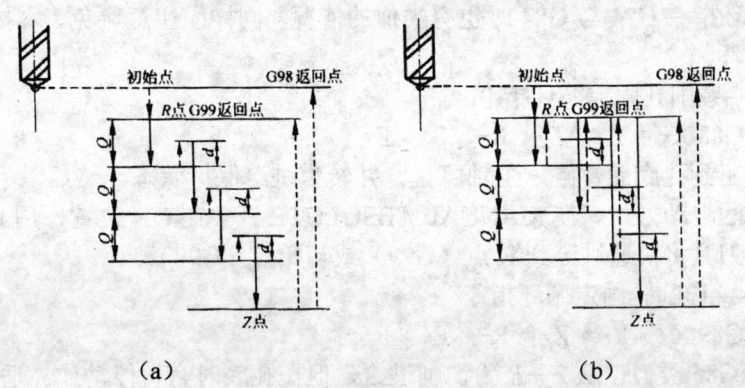

图 3-40　固定循环指令

（4）G81、G82——钻孔固定循环指令

书写格式：G81 X- Y- Z- R- F-
　　　　　G82 X- Y- Z- R- P- F-

G81 指令属于一般孔钻削加工固定循环指令，G82 与之相同，仅在孔底增加了"暂停"时间，因而可以得到准确的孔深尺寸，适用于锪孔或镗阶梯孔。

（5）G83——深孔往复排屑钻固定循环指令

书写格式：G83 X- Y- Z- Q- R- F-

孔加工动作如图 3-40（b）所示。图中的 d 值由参数（CYCR）设定，d 值表示各次切削时的孔底往上一点这段距离，当重复进给时，刀具快速下降，到 d 规定的距离时转为切削进给。本指令适用于加工较深的孔。

（6）G84——攻右旋螺纹固定循环指令

书写格式：G84 X- Y- Z- R- F-

与 G74 指令类似，但主轴旋转方向相反，用于攻右旋螺纹。

（7）G85——镗削孔固定循环指令

书写格式：G85 X- Y- Z- R- F-

孔加工动作与 G81 类似，但返回行程中，从 $Z \to R$ 段为切削进给。本指令属于一般孔镗削加工固定循环指令。

（8）G86——镗削孔固定循环指令

书写格式：G86 X- Y- Z- R- F-

指令的格式与 G81 完全类似，但进给到孔底后，主轴停止，返回到 R 点（G99）或初始点（G98）后主轴再重新启动。采用这种方式加工，如果连续加工的孔间距较小，则可能出现刀具已经定位到下一个孔加工的位置而主轴尚未到达规定的转速的情况，显然现实加工中不允许出现这种情况，为此可以在各孔动作之间加入暂停指令 G04，以使主轴获得规定的转速。使用固定循环指令 G74 与 G84 时也有类似的情况，同样应注意避免。本指令属于一般孔镗削加工固定循环。

（9）G88——镗削孔固定循环指令

书写格式：G88 X- Y- Z- R- P- F-

此循环在加工到孔底后暂停，主轴停止，并转为进给保持状态，然后以手动方式将刀具移出孔外，再转回自动方式。使 MANUAL ABSOLUTE 开关在 ON 位置，用 CYCLE START 启动自动循环，刀具将快速进给到 R 点（G99）或初始点（G98）。

（10）G89——镗削孔固定循环指令

书写格式：G89 X- Y- Z- R- P- F-

动作过程与 G85 类似，从 $Z \to R$ 为切削进给，但在孔底时有暂停动作。适用于精镗孔。

5. 固定循环的重复使用

在固定循环指令最后，用 L 地址指定重复次数。在增量方式（G91）时，如果有间距相同的若干个相同的孔，采用重复次数来编程是很方便的。采用重复次数编程时，要采用 G91，G99 方式。

值得注意的是，如果使用 G74 或 G84 时，因为主轴回到 R 点或初始点时要反转，因此需要一定时间，如果用 L 来进行多孔操作，要估计主轴的启动时间。如果时间不足，不应使用

L 地址，而应对每一个孔给出一个程序段，并且每段中增加 G04 指令来保证主轴的启动时间。

在运用固定循环重复使用指令时，应认真研究孔分布的规律，尽量简化程序。

3.5.5 子程序指令

加工中心编程中的子程序、子程序嵌套等概念和数控铣床有关程序的概念是一样的，这里不再重复。不过从实现的角度看两者还是有所区别的。

1. 子程序的格式

O××××　　——子程序号
……　　　　——子程序内容
M99　　　　——子程序结束指令

子程序号以 O 为地址，4 位数编号；子程序的内容与一般程序编制方法相同；子程序结束指令不一定要单独使用一个程序段，也可以放在最后一段程序的最后。子程序编号的地址除 O 以外，还可以使用 N 或 %，例如 XK0816A 数控铣床的子程序地址就为 N。

2. 子程序的调用

调用子程序的指令为 M98。
书写格式：M98 P×××× L××××

P 为子程序地址，地址 P 后面的 4 位数字为子程序号，调用子程序的指令地址必须用 P 来代替 O；L 后面的数字为重复调用的次数（循环次数），只使用一次时可以不写，系统允许重复调用的次数为 9999 次。

3. 子程序的执行过程

在主程序中调用子程序的过程如表 3-6 所示。

表 3-6　子程序调用举例

主 程 序	子 程 序
%0010	O1010
N0010 ……	N0010
N0020 M98 P1010 L2	N0020
N0030 ……	N0030
N0040 M98 P1010	N0040
N0050 ……	N0050 M99
N0060 ……	
N0070 ……	

程序说明：主程序执行到 N0020 时转去执行 O1010 子程序，重复执行两次后继续执行 N0030 程序段。在执行 N0040 时又转去执行 O1010 子程序一次，返回时又继续执行 N0050 及其后面的程序。

3.5.6 编程实例

【例 3-8】 利用刀偏加工零件

加工如图 3-41 所示的零件轮廓，设工件在加工中心上加工前已经过粗加工，有 1.5mm 的余量，T02 为 Φ20mm 的立铣刀，H01 中存储的数据为+10。程序如下：

```
%10
N0010 G17 G21 G40 G49 G54 G90 T02
N0020 M06
N0030 M03 S800
N0040 G46 G00 X0.0 Y0.0 H01
N0050 G00 Z3.0
N0060 G91 G01 Z-9.0 F300
N0070 G47 G01 X50.0
N0080 Y40.0
N0090 G48 X40.0
N0100 Y-40.0
N0110 G45 X30.0
N0120 G45 G03 X30.0 Y-30.0 J30.0
N0130 G45 G01 Y20.0
N0140 G46 X0
N0150 G46 G02 X-30.0 Y30.0 J30.0
N0160 G45 Y0
N0170 G47 G01 X-120.0
N0180 G47 Y-80.0
N0190 G90 G00 Z5.0
N0200 G00 X-30.0 Y-30.0
N0210 G28 Z5.0 M05
N0220 M02
```

【例 3-9】 刀具长度补偿

如图 3-42 所示，加工两个 $\Phi20$ 的孔和一个 M20 的底孔。已知工件材料为 40Cr，T01 为 $\Phi20$ mm 的钻头，偏置号为 01；T02 为 $\Phi17.5$ 的钻头，偏置号为 02；T03 为 M20 的丝锥，偏置号为 03；T04 为 $\Phi20$ mm 的键槽铣刀，偏置号为 04；对于最下面的 $\Phi20$ 的孔要求先钻后铣。加工程序如下。

```
%10
N0010 G17 G21 G40 G49 G90 G54 T02
N0020 M06 T03
N0030 M03 S800
N0040 G00 X15.0 Y110.0
N0050 G43 G00 Z3.0 H02 M08
N0060 G01 Z-31.0 F300
N0070 Z3.0
N0080 G00 X50.0 Y40.0
N0090 G01 Z-10.0 F280
N0100 Z3.0 M09
N0110 G91 G28 Z3.0 M06 T04
N0120 M03 S200
N0125 G90 G00 Z3.0 H03
N0130 G29 X15.0 Y110.0 M08
N0140 G01 Z-31.0 F500
N0150 M05
N0160 G04 P3000
N0170 M04 S200
N0180 G01 Z3.0 F500 M09
N0190 G91 G28 Z3.0 M06 T01
N0200 M03 S800
N0205 G90 G00 Z30.0 H04
N0210 G29 X50.0 Y40.0 M08
N0220 G01 Z-15.0 F300
N0230 G04 X3.5
N0240 G00 Z3.0 M09
N0250 G28 Z3.0 M06
N0260 M03 S800
```

N0270 G00 X80.0 Y80.0
N0280 G00 Z3.0 H01 M08
N0290 G01 Z-17.0 F300
N0300 Z3.0 M09
N0305 G49 G00 Z30.0
N0310 G28 Z30.0 M05
N0320 G28 X0 Y0
N0330 M30

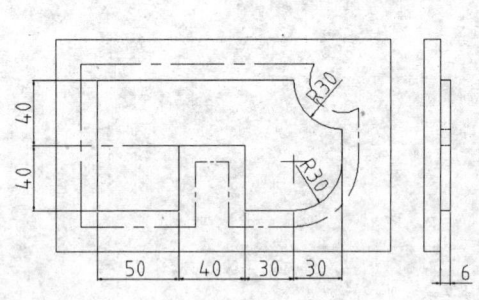

图 3-41 利用刀偏加工零件

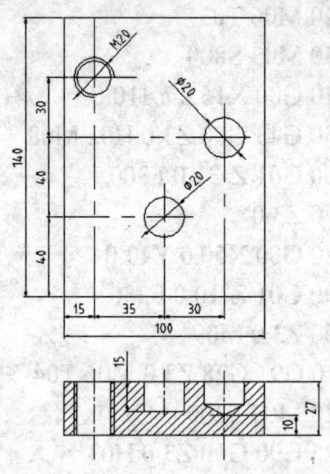

图 3-42 利用长度补偿加工零件

3.6 习 题

1. 机床坐标系和运动方向如何确定？
2. 数控程序的基本格式分哪几个部分？
3. 简述手工编程步骤。
4. 刀具长度补偿指令 G43、G44、G40 分别有何作用？
5. 数控机床加工的适用范围如何确定？
6. 简述数控车床螺纹加工指令。
7. 简述数控铣床刀具半径补偿指令及功能。
8. 简述加工中心编程特点。

第4章 自动编程技术

4.1 自动编程概述

编制零件程序的效率与准确程度是数控机床工作的关键。手工编程对于编制外形不太复杂或计算量不大的零件程序，简便、易行。但是，对于许多复杂的冲模、凸轮、非圆齿轮或多维空间曲面等，则编程周期长（数天或数周），精度差，易出错。据统计，一般手工编程所需时间与机床加工时间之比约为 30∶1。因此，快速、准确地编制程序就成为数控机床发展和应用中的一个重要环节。而计算机自动编程正是针对这个问题而产生和发展起来的。

4.1.1 基本概念

自动编程实际含义是计算机辅助编程（Computer Aided Programming），就是用计算机代替手工编程，具体原理如图 4-1 所示。

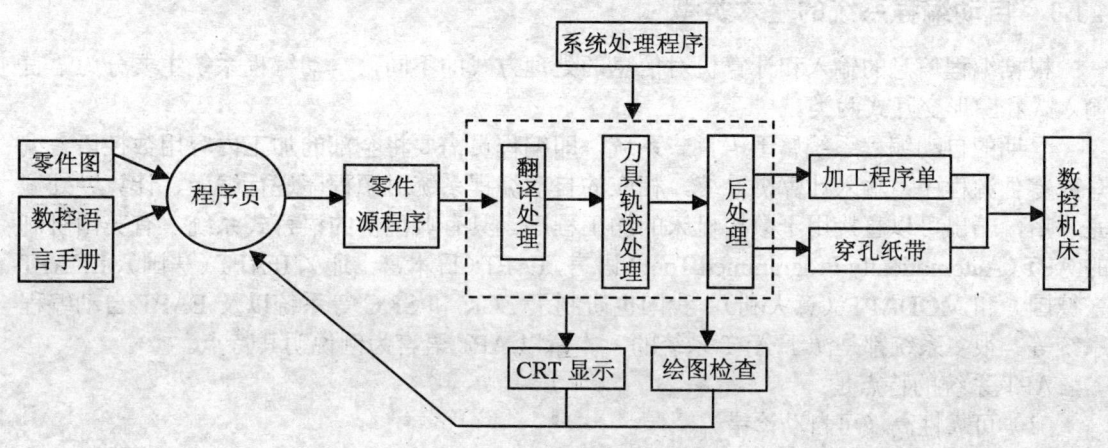

图 4-1 计算机自动编程原理

首先编程人员按接近日常工艺词汇的一套编程语言（数控语言）及其格式，把加工零件的有关信息，如零件的几何形状、尺寸、材料、加工要求或切削参数、走刀路线、刀具等编制成零件加工程序（源程序），该程序通过适当的媒介输入到计算机中，然后由计算机通过预先存入的自动编程系统（编译程序）对其进行编译、计算和自动处理，最后得到并且输出数控机床加工所要求的信息。如输出工件的加工程序单，穿出纸带孔，将程序录入磁盘或通过通信电缆和接口将程序直接传输给数控设备，或输给 CRT、绘图仪，自动显示刀具轨迹和绘制出加工图，用以检查自动编程的正确性。

4.1.2 自动编程系统的基本组成

自动编程系统由计算机、外设、自动编程软件组成。一个完整的自动编程软件，必须包括主处理程序（Main Processor）和后置处理程序（Post Processor）两部分。

主处理程序的功能是接收用户输入的信息，并且对它进行编译、计算、处理，将刀具路径数据在一般的坐标系中表现出来，经处理的结果按一定格式放置在一个专门文件中。这种文件称为刀位数据 CLD（Cutter Location Data）文件，但刀位数据不是数控加工程序，不能直接用作数控装置的控制指令，因此必须有一个后置处理程序。后置处理程序是自动编程系统的重要组成部分，它是按数控机床的功能及数控加工程序格式的要求而编写的一个计算机程序。它将 CLD 文件的内容和功能信息转换成某种数控机床控制单元所能接收的数控加工程序代码，并且将该程序输出，用于控制机床并且产生各种加工功能和加工运动。一个自动编程软件一般配置有多个后置处理程序，以适于多种型号的数控机床。

4.1.3 自动编程系统的基本类型

根据编程信息的输入和计算机对信息的处理方式的不同，自动编程系统主要分为语言输入式和图形交互式两类。

早期的自动编程系统属于语言式系统，即编程员需要将全部的加工内容用数控语言编写成零件源程序，输入计算机系统，相应的自动编程系统对源程序进行编译、计算、处理完毕后，输出可以直接用于数控机床的加工程序。具有典型性的语言式系统，有美国研制的 APT（Automatically Programmed Tool）语言，FAPT（日本富士通）、IFAPT（法国）、EXAPT（德国）和 MODAPT（意大利），我国也研制了 ZCK 和 SKC 等系统以及 EAPT 自动编程系统等。很多系统都是源于 APT 系统的。本章以 APT 语言为例说明其特点。

APT 系统的特点是：

（1）可靠性高（可自动诊错）。

（2）通用性好（用各种不同数控装置的后置处理程序就可以制备出各种加工用的穿孔带）。

（3）能描述数学公式，容易掌握，制带快捷。

APT 系统主要用于铣床等的连续加工，也可用于点位加工。其最大特点是能描述曲面的形状，并能自动计算刀具中心轨迹。因此，在多坐标的立体形状的曲面加工中，该语言系统能发挥出最大效能。APT 系统的缺点是只能处理几何形状的信息，而对走刀顺序、刀具型式及尺寸、切削用量等工艺要求，还需依靠编程员的经验和查阅手册进行脱机处理。另外 APT 系统大而全，为一般用户使用带来不便。

EXAPT 语言系统是 APT 系统按图形加工类型分组，并进行工艺处理能力扩展的组配。以形状处理来说，EXAPT 是 APT 的子系统，而在加工技术自动编程上做了拓展。EXAPT 是具有自动处理工艺能力的语言系统，不仅能处理几何信息，还能自动处理加工顺序、走刀次数，每次走刀轨迹，刀具型式、尺寸、几何角度、切削速度、进给量、切深、冷却等加工信息。英国的 2CL 系统，我国的 CKY-1 系统等属于此类语言系统。

20 世纪 90 年代中期以后，CAD/CAM 集成数控编程系统向集成（Integration）化、智能（Intelligence）化、网络（Network）化、并行（Concurrent）化和虚拟（Virtual）化方向迅速发展，同时经历了从手工编程到 CAD/CAM 集成系统数控编程的过程。CAD/CAM 集成系统数控编程，是以待加工零件的 CAD 模型为基础的集加工工艺规划（Process Planning）及数控编程为一体的自动编程方法。其中零件 CAD 模型的描述方法多种多样，适用于数控编程的主要有表面模型（Surface Model）和实体模型（Solid Model），其中以表面模型在数控编程中应用较为广泛。以表面模型为基础的 CAD/CAM 集成数控编程系统习惯上又称为图像数控编程系统。

图像数控编程系统与基于编程语言的系统不同，它不需要编写源程序，而是采用鼠标和键盘，通过激活屏幕上的相应菜单，画出工件图形，当零件的几何细节在屏幕上完成后，采取回答问题的方式输入刀具、进给速度、主轴转速、走刀路线等信息，将工件加工程序编制出来。还可根据具体的零部件的实际形状以及加工要求，选择合适的走刀路线，模拟该零部件的加工过程，如 Unigraphics、Pro/Engineering、CADAM、CAMAX、Mastercam 等编程系统具有形象、直观等优点，使得零件设计和数控编程联成一体。

CAD/CAM 集成系统数控编程的主要特点是零件的几何形状可在零件设计阶段采用 CAD/CAM 集成系统的几何设计模块在图形交互方式下进行定义、显示和修改，最终得到零件的几何模型（可以是表面模型，也可以是实体模型）。数控编程的一般过程包括刀具的定义或选择、刀具相对于零件表面的运动方式的定义、切削加工参数的确定、走刀轨迹的生成、加工过程的动态图形仿真显示、程序验证直到后置处理等，一般都是在屏幕菜单及命令驱动等图形交互方式下完成的，具有形象、直观和高效等优点。

以实体模型为基础的数控编程方法比以表面模型为基础的数控编程方法更为复杂，基于后者的数控系统一般只用于数控编程，也就是说，其零件的设计功能（或几何造型功能）是专为数控编程服务的，针对性强，也容易使用。典型的软件系统有 Mastercam、SurCAM 等数控编程系统。前者则不同，其实体模型一般都不是专为数控编程服务的，甚至不是为数控编程而设计的。为了用于数控编程往往需要对实体模型进行可加工性分析，识别加工特征（Machining Feature）（如加工表面或加工区域），并对加工特征进行加工工艺规划，最后才进行数控编程。其中每一步可能都很复杂，需要在人工交互方式下进行。

4.1.4 自动编程系统的信息处理过程

（1）语言式自动编程系统的信息处理过程

语言式自动编程系统分成数控语言编写的零件源程序、通用计算机以及编译程序（系统软件）三个部分。数控语言是一套规定好的基本符号、字母以及数字，且有一定词法和语法的语句。数控语言又称"工艺语言"，它接近工厂车间里使用的工艺用语和工艺规程。用它描述零件图的几何形状、尺寸、几何元素间的相互关系（相交、相切、平行等）以及加工时的运动顺序、工艺参数。

编程人员按照零件图样用数控语言编写的计算机输入程序称为"零件源程序"。它必须经过处理后变为 NC 加工程序单才能为数控机床所接收。计算机处理零件源程序一般经过下列三个阶段。

① 翻译处理

按源程序的顺序，一个符号一个符号地依次阅读并且进行语言处理。首先分析语句的类型，当遇到几何定义语句时，则转入几何定义处理程序。在此阶段还要进行十进制转换和语法检查等工作。

② 刀具轨迹处理

该阶段的工作类似于手工编程时的基点和节点坐标数据的计算。其主要任务是处理连续运动语句。计算的结果（刀具位置数据）以规定的形式存储。

③ 后置处理

按照计算阶段的信息，处理成符合具体数控机床要求的零件加工程序。该加工程序可以通过打印机打印，也可以做成穿孔带，或直接通过通信接口传送至 CNC 的存储器予以调用。

（2）图形交互式自动编程系统的信息处理过程

图形交互式自动编程是建立在 CAD 和 CAM 的基础上的，其处理过程主要有如下 3 点。

① 几何造型。几何造型就是利用图形交互自动编程软件的图形构建、编辑修改、曲线曲面造型等功能，将零件被加工部位的几何图形准确地绘制在计算机屏幕上，同时，在计算机内自动形成零件图形的数据文件，作为下一步刀具轨迹计算的依据。自动编程过程中，软件将根据加工要求提取这些数据，进行分析判断和必要的数学处理，以形成加工的刀具位置数据。

② 刀具路径的产生。图形交互式自动编程的刀具轨迹的生成是面向屏幕提示的，用光标选择相应的图形目标，点取相应的坐标点，输入所需的各种参数。软件将自动从图形文件中提取编程所需要的信息，进行分析判断，计算节点数据，且将其转换为刀具位置数据，存入指定的刀位文件中或直接进行后置处理，生成数据加工程序，同时在屏幕上显示刀具轨迹图形。

③ 后置处理。后置处理的目的是形成数控加工文件。由于各种机床使用的控制系统不同,所用的数控加工程序的指令代码及格式也有所不同。为此,软件通常设置一个后置处理惯用文件,在进行后置处理前,编程人员根据具体数控机床指令代码及程序的格式,事先编辑好这个文件,才能输出符合数控加工格式要求的 NC 加工程序。

4.1.5 计算机辅助数控编程的特点与基本步骤

1. CAD/CAM 集成系统自动编程的特点

CAD/CAM 集成系统自动编程是一种全新的编程方法,与手工编程及 APT 语言编程比较,有以下几个特点。

(1) 这种编程方法既不像手工编程那样需要用复杂的数学计算算出各节点的坐标数据,也不需要像 APT 语言编程那样,用数控编程语言去编写描绘零件几何形状、加工走刀过程及后置处理的源程序,而是在计算机上直接面向零件的几何图形以光标指点、菜单选择、交互对话的方式进行编程,其编程结果也以图形的方式显示在计算机上。所以该方法具有简便、直观、准确、便于检查的优点;

(2) 通常,CAD/CAM 集成系统自动编程软件和相应的 CAD 软件是有机地联在一起的一体化软件系统——既可用来进行计算机辅助设计,又可以直接调用设计好的零件图进行交互编程,对实现 CAD/CAM 一体化极为有利;

(3) 这种编程方法的整个编程过程是交互进行的,而不是像 APT 语言编程那样,先用数控语言编好源程序,然后由计算机以批处理的方式运行,生成数控加工程序。这种交互式的编程方法简单易学,在编程过程中可以随时发现问题并进行修改;

(4) 编程过程中图形数据的提取、节点数据的计算、程序的编制及输出都是由计算机自动进行的。因此,编程的速度快、效率高、准确性好;

(5) 此类软件都是在通用计算机上运行的,不需要专用的编程机,所以非常便于普及推广。

基于上述特点,可以说 CAD/CAM 集成系统自动编程是一种先进的自动编程技术,是自动编程软件的发展方向。目前,国内外先进的编程软件均普遍采用了这种编程技术。

2. CAD/CAM 集成系统自动编程的基本步骤

目前,国内外图形交互式自动编程软件的种类很多,其软件功能、面向用户的接口方式有所不同,所以编程的具体过程及编程过程中所使用的指令也不尽相同。但从总体上讲,其编程的基本原理及基本步骤大体上是一致的,归纳起来可分为五大步骤。

(1) 零件图样及加工工艺分析

零件图样及加工工艺分析是数控编程的基础。CAD/CAM 集成系统自动编程和手工编程、

APT语言编程同样也要首先进行这项工作。目前,由于国内计算机辅助工艺过程设计(CAPP)技术尚未达到普及应用阶段,因此该项工作还不能由计算机承担,仍需依靠人工进行。

(2)几何造型

几何造型就是利用CAD/CAM集成系统自动编程软件的图形绘制、编辑修改、曲线曲面造型等有关指令,将零件被加工部位的几何图形准确地绘制在计算机屏幕上。与此同时,在计算机内自动形成零件的图形数据文件。这些图形数据是下一步刀位轨迹计算的依据。自动编程过程中,软件将根据加工要求自动提取这些数据,进行分析判断和必要的数学处理,以形成加工的刀位轨迹数据。图形数据的准确与否直接影响着编程结果的准确性,所以要求几何造型必须准确无误。众所周知,零件图尺寸是按标准的标注方法进行标注的,通常并不标注图形节点的坐标值。因此,如果先将图样的尺寸用人工的方法换算成节点的坐标值,然后再按节点坐标值将零件图形绘制到计算机上,就失去了自动编程的意义。用计算机进行几何造型时,并不需要计算节点的坐标值,而是利用软件丰富的图形绘制、编辑、修改功能,采用类似手工绘图中所使用的几何作图方法,在计算机上利用各种几何造型指令绘制构造零件的几何图形。

(3)刀位轨迹的计算及生成

CAD/CAM集成系统自动编程的刀位轨迹的生成是面向屏幕上的图形交互进行的。其基本过程如下:首先在刀位轨迹生成菜单中选择所需的菜单项,然后根据屏幕提示,用鼠标选择相应的图形目标,指定相应的坐标点,输入所需的各种参数。软件将自动从图形文件中提取编程所需的信息进行分析判断,计算出节点数据,并将其转换成刀位数据,存入指定的刀位文件中或直接进行后置处理生成数控加工程序,同时在屏幕上显示出刀位轨迹图形。

刀位轨迹的生成大致可划分为如下4种情况。

① 点位加工刀位轨迹的生成。
② 平面轮廓加工刀位轨迹的生成。
③ 槽腔加工刀位轨迹的生成。
④ 曲面加工刀位轨迹的生成。

(4)后置处理

后置处理的目的是形成数控指令文件。由于各种机床使用的控制系统不同,所以所用的数控指令文件的代码及格式也有所不同。为解决这个问题,软件通常设置一个后置处理文件。在进行后置处理前,编程人员需对该文件进行编辑,按文件规定的格式定义数控指令文件所使用的代码、程序格式、圆整化方式等内容,软件在执行后置处理命令时将自动按设计文件定义的内容,输出所需要的数控指令文件。另外,由于某些软件采用固定的模块化结构,其功能模块和控制系统是一一对应的,后置处理过程已固化在模块中,所以在生成刀位轨迹的同时便自动进行后置处理生成数控指令文件,而无需再进行后置处理。

（5）程序输出

由于CAD/CAM集成系统自动编程软件在编程过程中，可在计算机内自动生成刀位轨迹图形文件和数控指令文件，所以程序的输出可以通过计算机的各种外部设备进行。如使用打印机可以打印出数控加工程序单，并可在程序单上用绘图机绘制出刀位轨迹图，使机床操作者更加直观地了解加工的走刀过程；使用由计算机直接连接的纸带穿孔机，可将加工程序穿成纸带，提供给有读带装置的机床控制系统使用，对于有标准通信接口的机床控制系统可以和计算机直接联机，由计算机将加工程序直接送给机床控制系统。

4.1.6 计算机辅助数控编程软件及功能介绍

CAD/CAM系统软件是实现图形交互式数控编程必不可少的应用软件。随着CAD/CAM技术的飞跃发展和推广应用，国内外不少公司与研究单位先后推出了各种CAD/CAM支撑软件。目前，在国内市场上销售比较成熟的CAD/CAM支撑软件有十几种，既有国外的也有国内自主开发的，这些软件在功能、价格、适用范围等方面有很大的差别。由于CAD/CAM（特别是三维CAD/CAM）软件技术复杂，售价高，并且涉及到企业多方面的应用，因此企业在选型时要很慎重，并往往要花费很大的精力和时间。为此，国家机械工业部于1998年底专门组织了一批CAD/CAM方面的专家教授，对当前国内市场上销售和应用比较普遍的CAD/CAM支撑软件进行了一次评测。根据有关信息，在此列举一些典型的CAD/CAM软件，供选型时参考。

1. CAXA制造工程师2004

CAXA制造工程师2004是由我国北航海尔软件有限公司自主开发研制，基于微机平台，面向机械制造业的全中文三维复杂型面加工的CAD/CAM软件。它具有2～5轴数控铣床与加工中心机床编程功能，较强的三维曲面拟合能力，可完成多种曲面造型，特别适合于模具加工的需要，并具有数控加工刀具路径仿真、检测和适合于多种数控机床的通用后置处理功能。

2. UG（Unigraphics）

美国EDS公司的Unigraphics（UG）是一个优秀的机械CAD/CAE/CAM一体化高端软件。它最早由美国麦道航空公司研制开发，从二维绘图、数控加工编程、曲面造型等功能发展起来。UGII软件从推出至今已有二十年。UGII系统本身以复杂曲面造型和数控加工功能见长，是同类产品中的佼佼者，并具有较好的二次开发环境和数据交换能力。可以管理大型复杂产品的装配模型，进行多种设计方案的对比分析、优化，为企业提供产品设计、分析、加工、装配、检验、过程管理、虚拟运作的全数字化支持，形成多级化的全线产品开发能力。该软件在国际上有庞大的用户群，其工作环境主要为工作站。另外，UG公司于近期又推出了在微机平台上的UGII及Solid Edge软件。由此形成了一个从低端到高端，并有 UNIX 工作站和 Windows 微机版的较完整的企业级 CAD/CAE/CAM/PDM 集成系统。它基于完全的三维实体复合造型、特征建模、装配建模技术，能设计出任意复杂的产品模型。再加上技术上处于领先地位的 CAM 模块、内嵌的 CAE 模块，使 CAD、CAE 和 CAM 有机集成，可以使产品的设计、分析和制造一次完成，已经广泛应用于航空航天、汽车、通用机械、家用电器等领域。作为通用 CAD/CAE/CAM 软件，UG 功能非常强大，但缺乏通用标准件库以及行业标准件库，而具体行业的产品设计总是会经常用到通用标准件和本行业标准件，若每次设计对每一零件均从头开始建模，则要做大量重复性工作。因此，有必要开发通用标准件库以及行业标准件库，以提高产品设计效率，缩短设计周期。

3. CATIA（NC MILL）

CATIA 是法国达索飞机公司开发的高档 CAD/CAM 软件，目前在中国由 IBM 公司代理销售。CATIA 软件以其强大的曲面设计功能而在飞机、汽车、轮船等设计领域享有很高的声誉。CATIA 的曲面造型功能体现在它提供了极丰富的造型工具来支持用户的造型需求。比如其特有的高次 Bezier 曲线曲面功能，次数能达到 15，能满足特殊行业对曲面光滑性的苛刻要求。CATIA 软件运行在工作站的版本系列为 4 版本，由于其许多造型工具能利用不同的方法实现类似的造型效果，用户必须在严格掌握各种工具的细微差别的基础上才能正确的选择。所以对于工作站版本，往往需要专业的培训才能掌握。达索公司也通过推出一些更专业的软件包方便用户使用。令人高兴的是现在达索公司推出了 CATIA V5 版本，该版本能够运行于多种平台，特别是微机平台。这不仅使用户能够节省大量的硬件成本，而且其友好的用户界面，使用户更容易使用。该系统具有菜单接口和刀具轨迹验证能力，其主要编程功能与 APT－IV/SS 相同，除了不能对曲面交线区域编程外，在很多方面突破了 APT－IV/SS 的限制。

4. SolidWorks 2005

SolidWorks 2005 是美国 SolidWorks 公司最近推出的微机版参数化特征造型软件，具有运行环境大众化的实体造型实用功能，并集成了结构分析、数控加工、运动分析、注塑模分析、逆向工程、动态模拟装配、产品数据管理等各种专业功能。

5. CIMATRON 系统

CIMATRON 是以色列 Cimatron 公司提供的 CAD/CAM/PDM 软件，是较早在微机平台上实现三维 CAD/CAM 全功能的系统，并且也拥有应用于包括 SUN、DEC、SGI、HP、IBM 等各种工作站的版本。目前，运行于 Windows 系统的 CIMATRON V10.0 版本已在中国推出，并且北京宇航计算机软件公司（BACS）对系统进行了全面汉化，具有比较灵活的用户界面、优良的三维造型和工程绘图、全面的数控加工、各种通用和专用数据接口以及集成化的产品数据管理（PDM）。

6. Mastercam 系统

Mastercam 是美国 CNC 公司开发的基于 PC 平台的 CAD/CAM 软件,自 1984 年诞生以来就以其强大的加工功能闻名于世。根据国家 CAD/CAM 领域的权威调查公司的最新数据显示,其装机量居世界前列。

Mastercam 作为基于 PC 平台的 CAD/CAM 软件,虽然不如工作站软件功能全、模块多,但就其性能价格来说更有灵活性。它对硬件的要求不高,且操作灵活。Mastercam 9.0 是 Mastercam 的最新版本,在以前版本的基础上,对用户界面、实体造型及高速加工等方面做了比较大的改善,增加了新的功能和模块,其操作更加方便。

4.2 Mastercam 软件简介

Mastercam 是美国 CNC Software 公司研制的专门用于微型计算机的自动编程系统,是典型的 CAD/CAM 软件,特别适用于具有复杂外形及各种空间曲面的模具类零件的自动编程。目前,Mastercam 有多种版本,使用较多的是 9.0 或更高的版本。

Mastercam 9.0 不仅可以完成产品二维、三维图形(包括点、线、圆弧、聚合线、曲面、椭圆、文字和实体)的设计,更能完成各种类型数控机床的自动编程,它包括数控铣床(2~5 轴)、车床(C 轴)、线切割机(4 轴)、激光切割机、加工中心等的编程加工。它可以与其他 CAD 软件的输出图形格式相容,如 DXF、IGES、STL、SAT、CADL、VAD、SCII、DWG 文档等。本书限于篇幅只简单介绍有关图形制作等主要功能及 Mastercam 铣床模组 NC 编程。

4.2.1 Mastercam 9.0 环境介绍

进入 Mastercam 9.0 后,呈现如图 4-2 所示的用户屏幕。

系统中的屏幕分为绘图区、主菜单区、辅助菜单区、系统提示区以及最上方的快捷指令图示区五大区域。绘图区是我们最常用到的区域,它是设计图纸所呈现的区域,外部导入的图形或利用 Mastercam 所绘制的图形都将由此区域呈现出来;主、辅菜单区位于屏幕的左边;系统提示区显示操作的状态及键盘输入的内容;快捷指令图示区将所有的 Mastercam 指令变成快捷小图标,其左边有两个箭头可以切换到下一页快捷指令图标,并且使用者可以自行定义其他快捷功能。

(1)标题栏。Mastercam 9.0 窗体界面的最上面为标题栏,运行 Mastercam 9.0 的不同模块其标题栏也不同。如果已经打开一个数据文件,则在标题栏中还会显示该文件的路径及文件名。

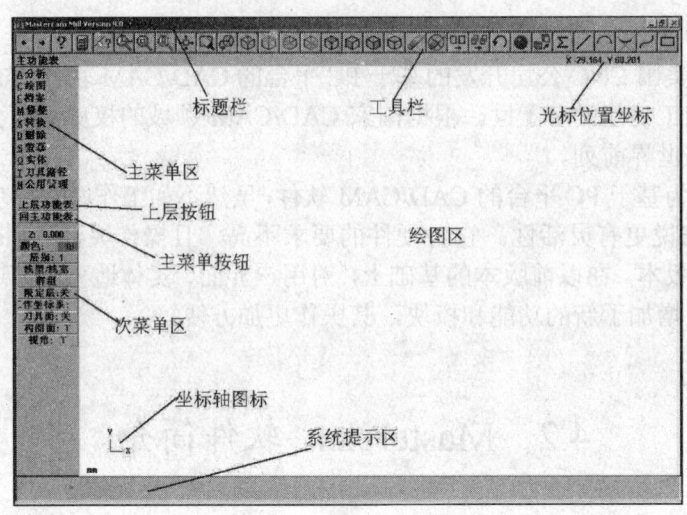

图 4-2 用户屏幕

(2) 工具栏。工具栏由位于标题栏下面的一排按钮组成,如图 4-2 所示。启动不同的模块,其默认的工具栏也不尽相同。将鼠标指针停留在工具栏按钮上,将会出现该工具栏的功能提示。用户可以通过单击工具栏左边的两个箭头来改变工具栏的显示,也可以通过"荧幕"菜单中的"参数设置"命令来设置用户自己习惯的工具栏。

(3) 主菜单及主菜单区。主菜单区在 Mastercam 9.0 界面的左上部,它包含了 Mastercam 9.0 软件的主要功能。启动 Mastercam 9.0 后,主菜单区显示的为主菜单,当选择主菜单中的某一选项后,由于 Mastercam 9.0 没有采用常见的 Windows 系统那样的下拉菜单,该项目的子菜单将直接显示在主菜单区。这时用户可以像其他软件一样单击需要的子菜单命令或进入下一级菜单。如图 4-3 所示的为画直线的命令实现。

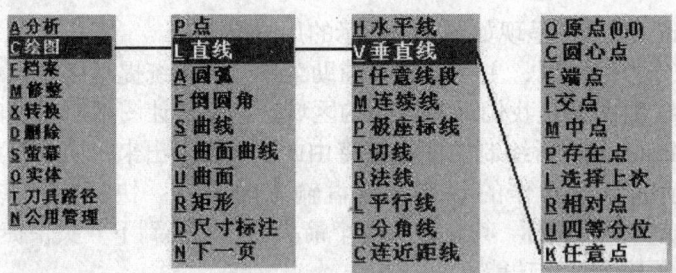

图 4-3 绘制直线命令实现

从主菜单中单击"绘图",然后主菜单区将自动跳转到下一级菜单,单击"直线"命令后，进入下一级菜单，单击所绘制直线的类型，最后选择直线端点的绘制方式。

（4）上层按钮。在进入下一级菜单后，可以单击"上层功能表"（Back Up）按钮，系统将在主菜单区显示上一次主菜单区显示的菜单。按 Esc 键的功能与单击该按钮的功能相同。

（5）主菜单按钮。单击"回主功能表"（Main Menu）按钮，可以跳过很多级子菜单，直接在主菜单区显示主菜单。

（6）次菜单区和次菜单。次菜单区在 Mastercam 9.0 界面的左下部。次菜单的各按钮用于设置当前作图深度、图素的属性、群组、层标记、刀具面、构图面、图形视角以及工作坐标系（WCS）等。这些设置将保留在当前的 Mastercam 应用过程中，直到改变设置或开始一个新的 Mastercam 应用为止。其中"工作坐标系"按钮为 9.0 版本次菜单区新增加的。单击该按钮，用户可以通过弹出的对话框进行工作坐标系的设置。

（7）系统提示区。在窗体的最下部为系统提示区，该区域主要用来给出操作过程中的相应的提示。有些命令的操作结果也在该提示区显示。用户可以通过组合键 Alt+P 控制系统提示区的显示（打开或关闭系统提示区）。

（8）绘图区。该区域为绘制、修改和显示图形的工作区域。

（9）光标位置坐标。光标位置坐标显示在绘图区右上方工具栏的下方，当绘图区中的光标移动时，系统将显示光标在当前构图面中的位置的具体坐标值。用户可以通过系统默认设置中的"荧幕"选项卡中的"光标跟踪"选项来打开或关闭鼠标坐标的显示。

（10）其他。在 Mastercam 中新增了单位标记，单位标记位于绘图区的左下角，用于指示出当前的绘图单位，当显示 mm 时，指示当前绘图采用的是公制单位，当显示为 inch 时指示当前绘图采用的是英制单位。在绘图区单击鼠标右键，可以弹出快捷菜单。该菜单中包含在绘图过程中常用的一些命令。

4.2.2　Mastercam 9.0 基本操作方法

1. 菜单及功能键操作

Mastercam 的整个工作过程都是靠功能菜单驱动的，用鼠标单击菜单并按屏幕提示进行操作。鼠标的左键一般用于选择指令；而右键则随不同的指令出现相应的一些功能，如在绘图区中间单击鼠标右键，则会出现控制视景的快捷菜单；鼠标的左右键都可以代替键盘的 Enter 键。

若要选择功能表上的任一指令，可用鼠标单击该命令或通过键盘输入该指令的带下划线的字母，如"分析"（Analyze）时输入 A，这样，系统就进入该目录的下一级子目录。同样，从某一级子目录选择相应指令，又可以进入更下一级的子目录，如此逐步进入各级子目录。在每级子目录中，都可以使用"上层功能表"（BACKUP）和"回主功能表"（MAINMENU）的功能，单击"上层功能表"时可退回前一级的目录，单击"回主功能表"时可直接退回主目录。如果选择的是某种操作指令，如绘图、连接某种刀具路径等，则在屏幕底部的提示中出现简短的提示,可按提示完成相应的操作。

有关 Mastercam 主菜单及次菜单的功能及说明,请参见表 4-1 及表 4-2。

表 4-1 Mastercam 主菜单选项及其说明

功　能	含　义	简　要　说　明
Main menu	主功能表	表示系统目前处于主阶层,即根目录下
Analyze	分析	对屏幕下显示的几何元素(点、圆弧、Spline 曲线等)进行相关资料的分析,例如两点间距离、角度、半径和长度等
Create	绘图	构建各种几何元素,显示于屏幕之上且可存储
File	档案	执行文件的存取、编辑、转换、删除、通信等多种操作
Modify	修整	对已绘出的图形进行修整、倒圆、打断等多种操作
Xform	转换	相对于构图平面用镜像、旋转等多种功能去转换屏幕上显示的几何图形
Delete	删除	用于构图时删除屏幕上的某个几何元素或一组几何元素
Screen	荧幕	用来改变屏幕上的中心、宽度、放大、缩小及颜色等
Solids	实体	用挤压、旋转、升举、扫描、倒圆角等方法构建实体模型
Tool paths	刀具路径	进入刀具路径菜单,给出刀具路径选项
NC utils	公用管理	进入公共管理菜单,给出编辑、管理和检查刀具路径
BACKUP	上层功能表	返回前一级目录
MAIN MENU	回主功能表	跳回主目录

表 4-2 Mastercam 次菜单的功能及说明

功　能	含　义	简　要　说　明
Z 0.000	Z 轴深度	显示并且改变当前构图平面的工作深度,Mastercam 提供多种方法设定(如选择抓点方法)该深度
Color:10	颜色	显示并且改变当前绘图时所使用的颜色
Level:1	层刷	显示并且改变当前绘图时所使用的颜色
Style/Width	线型/线宽	设定构建图形所使用的线型或线宽
Groups	群组	对屏幕上选取的图素进行组群变成一个整体,及对组群进行调用、查看、删除等
Mask:OFF	限定层	设定当前绘图时可用的层,只有被 Mask 所指定的层中的元素才能被选择,OFF 表示所有层的元素都可能被选取
Tplane:OFF	刀具面	设定目前使用的加工平面
Cplane:T	构图面	显示并且改变当前被使用的构图平面
Gview:T	视角	显示并且改变当前被使用的图形视角

除此以外，快捷键指令图示区还提供了另一种工作方式。所有的按钮提供一步使用 Mastercam 9.0 的对应功能。Mastercam 还设定了一些与系统操作相关的快速功能键，比如键盘的方向键代表平移方向，Alt 键加上方向键可以控制图形在屏幕上做上、下、左、右倾斜。PageUp、Page Down 代表动态放大、缩小，End 代表动态旋转，按任意键停止旋转。

2. 数据输入

当系统提示输入数据（比如输入高度值、宽度值、半径值或者角度等）时，有两种方法：直接在文本框中输入数据，然后回车；输入一个字母，按回车。在 Mastercam 9.0 中可以使用下面五种快捷方式。

X（或 Y、Z）——选一点输入 X、Y 或 Z 坐标值，当选择该项时，点输入菜单显示输入 X、Y 或 Z 坐标值。

R（或 D）——输入选择圆弧的半径（或直径）值，当选择该项时，系统提示选择要用的圆弧半径（或直径）。

L——输入一个现存直线、圆弧、聚合线的长度值，当选择该项时，系统提示选择要用的曲线长度。

S——输入一个两点间的距离值，当选择该项时，显示点输入菜单，让用户输入两点。

A——输入一个现存角度值，角度菜单显示定义角度的选项。

当输入一个值时，可以使用公式代替数，可用+、－、*、/ 和[ ]、( ) 等表示。当输入 X、Y、Z 坐标时，若要输入和上一个值相同的值，可不需输入坐标值；若没有以前输入的坐标值，Mastercam 用零作为默认值。

3. 构图面、构图视角与深度设定

无论是要构建 2D 或 3D 的图形，首先的工作就是设定构图面、图形视角以及工作深度，当这些都设定好后，就可以在所设定的构图面上指定深度处构建 2D 或 3D 的图素。

(1) 构图面（Cplane）

次菜单区中的"构图面"项用来定义当前的构图平面。当选取该命令选项后，出现如下菜单选项。

等视角视图（3d）：在三维空间构建图形，所绘制的图素的工作深度可以不同。

俯视图（Top）：构建俯视图，即 XY 平面。

前视图（Front）：构建前视图，即 ZX 平面。

侧视图（Side）：构建侧视图，即 YZ 平面。

视角号码（Number）：当所设定的构图面并不是系统所提供的构图面时，系统所给的一个视角号码；该选项是让用户设置构图平面在预先定义视图号上。

选择上次（Last）：选择先前构图面的设定。

图素定面（Entity）：以图素设定构图面。

旋转平面（Rotate）：利用鼠标或键盘旋转现在的构图平面至一个给定的角度，设定构图面。

法线面（Normal）：利用图素的法线作为构图面的参考线。

构图视角（Gview）：改变构图平面，与现有构图视角相配合。

刀具面（Tplane）：改变构图平面，与现有刀具平面相配合。

存储已定义的名字（Save named）：将现有的构图平面以绘制的图形的名字存储。

取出定名视角（Get named）：选取已定名构图平面图像。

编辑名字（Edit named）：用于编辑已定义的视角。

可用上列任一菜单定义使用者当前的构图平面。

（2）视角

构图平面是构建图形的基面，而构图视角只是观察图形的方位，所以改变视角并不会改变构图的基面。在次菜单区中的"视角"项用来定义当前的构图视角。当选取该命令选项后，可用类似定义构图平面的方式设置当前视角，以方便构图操作。

（3）Z

在次菜单区单击 Z 选项后，可用输入的数值或其他点的定义方式完成构建平面的深度设置。

4.3　Mastercam 二维图形构建

在 Mastercam 中需要加工的构件和原料的形状首先在计算机辅助设计（CAD）模块中定义，然后在计算机辅助制造（CAM）模块中用这个文件来生成构件加工的切削路径。而二维图形的绘制是图形绘制的基础，所以在 Mastercam 中二维几何图形的精确生成是其他操作的基础。

在主菜单中单击"绘图"命令，可以打开"绘图"子菜单，如图 4-3 所示，所有绘制二维图形的命令都包含在"绘图"子菜单中。

4.3.1　绘制点

点的绘制和抓取是绘制其他二维图形和三维图形的基本元素。在 Mastercam 中通过"点"命令来绘制点，"点"命令的功能是在图形中用点符号标记出点的位置。Mastercam 提供了六种点样式。

调用方式：

（1）在"绘图"子菜单中单击"点"命令。

(2) 在工具栏中单击 + 按钮，在主菜单区将弹出"点"命令的子菜单。

"点"命令的子菜单包含多种绘制点的命令，绘制点的模式界面如图 4-4 所示。具体的功能列表如表 4-3 所示。

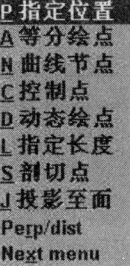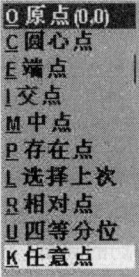

图 4-4　绘制点的模式界面

表 4-3　点模式功能列表

指　令	功　能
指定位置	允许用户在任意指定位置构建点
等分绘点	在一个图元的两个端点之间产生一系列等距的点
曲线节点	捕捉已存在的 Spline 曲线的节点
控制点	捕捉已经存在的 NURBS 曲线或 3D 曲面的控制点
动态绘点	用鼠标沿着已经存在的图元上的任何地方构建点
指定长度	在已存在的图元上构建与端点有一定距离的点
剖切点	构建平面剖切某图元后的剖切点
投影至面	将点投影到平面上所构建的点
网格点	构建一个矩阵分布的点
圆周点	以圆心为阵列中心构建一系列等距离的圆周点

4.3.2　绘制直线

在 Mastercam 中，在"绘图"指令中，利用"直线"命令可以绘制水平线、垂直线或任意线段在所设定的构图面工作深度上，也可以将构图面直接设为等角视图来绘制 3D 的线段。具体的功能如表 4-4 所示。

表 4-4　直线功能列表

指　令	功　能
水平线	在构图面所设定的 Z 方向上构建一条平行于 X 轴的水平线，并指定该线段在 Y 轴的位置
垂直线	在构图面所设定的 Z 方向上构建一条平行于 Y 轴的水平线，并指定该线段在 X 轴的位置

（续表）

指　令	功　能
任意线段	利用抓点方式定义两个点来产生任意线段，可以使用 3D 构图面来建立一条空间中的直线
连续线	以输入端点的方式连续选择线段端点的位置来产生连续线段，当构图面设为 3D 时，可以产生一个 3D 的连续线段，通过 Esc 键来结束
极坐标线	使用极坐标输入方式，利用设定端点、角度及长度等资料去定义一直线，可以使用此方法构建水平线或垂直线
切线	切一圆弧或两圆弧来构建一条切线，它提供了三种方式： （1）Tangle—Angle：在指定角度上产生一条固定线长的直线并且相切于所选择的圆弧，输入的资料为选欲相切的圆弧、输入相切角度及输入线段长度 （2）Tangle—2Arcs：切两圆弧制切线 （3）Tangle—Point：切一圆弧且过已知点制切线，输入资料为选点、选欲相切的圆弧并且指定切线的另一端点
法线	可以产生与所选的线、圆弧或曲线垂直的线段
平行线	产生与参考线段相平行的线
分角线	在两交线间构建一条平分角度的线
连近距线	通过两条曲线（圆弧、曲线之间，或一条曲线和一点之间）构建一条与所选图素最短距离的封闭线段

4.3.3 绘制圆弧

在 Mastercam 中，如果需要绘制圆或圆弧，均使用"绘图"→"圆弧"指令。各种指令如表 4-5 所示。

表 4-5　圆弧功能列表

指　令	功　能
极坐标	利用极坐标方式（输入圆心点，半径与起始、终止角度）来画圆弧
两点画弧	通过两个端点及半径画弧
三点画弧	过三个已知点画弧
切线	通过两个像素的切点来画弧
两点画圆	通过指定两个端点为直径来画圆
三点画圆	通过三个已知点画圆
点半径圆	输入圆心点位置及半径画圆
点直径圆	输入圆心点位置及直径画圆
点边界圆	输入圆心点位置及圆周上的一点来画圆

用户可以根据绘图时的实际情况进行选择。

4.3.4 绘制矩形

在 Mastercam 中，如果需要绘制矩形，可以使用"绘图"→"矩形"指令。在 Mastercam 9.0 中提供三种构建矩形的方法。

（1）一点法：用户需要通过输入矩形的宽度和高度，然后指定矩形中心点的位置来绘制矩形；

（2）两点法：用户需要通过指定矩形左下角和右上角点的位置来绘制矩形；

（3）选项法：从图 4-5 中可以看出 Mastercam 9.0 中可以提供除了矩形以外的四种形状，键槽形、D 形、双 D 形和椭圆形。当用户在矩形型式中单击对应的形状，右边的窗口将显示对应的图形。用户可以根据绘图的实际需要进行选择。

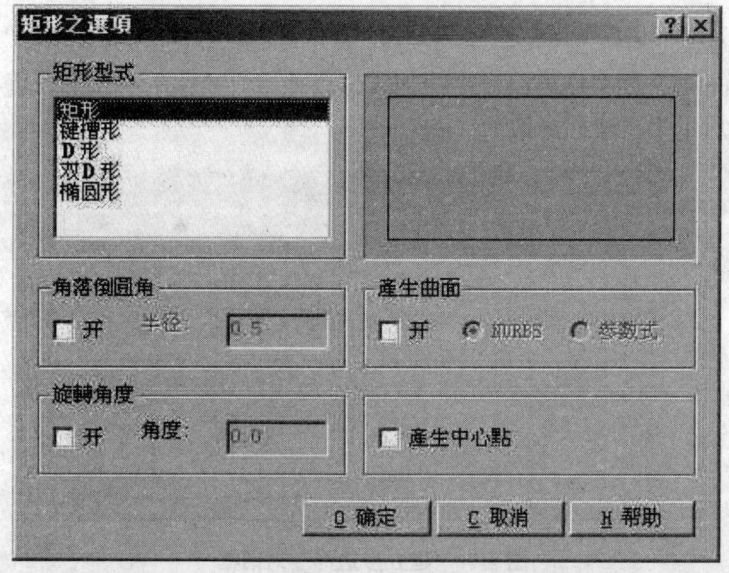

图 4-5 绘制矩形界面

4.3.5 绘制椭圆

在 Mastercam 中，如果需要绘制椭圆，可以使用"绘图"→"下一页"→"椭圆"指令。如图 4-6 所示为"建立椭圆"的对话框。

用户根据实际需要输入对应的参数，单击确定后，系统还会要求输入椭圆圆心坐标值。

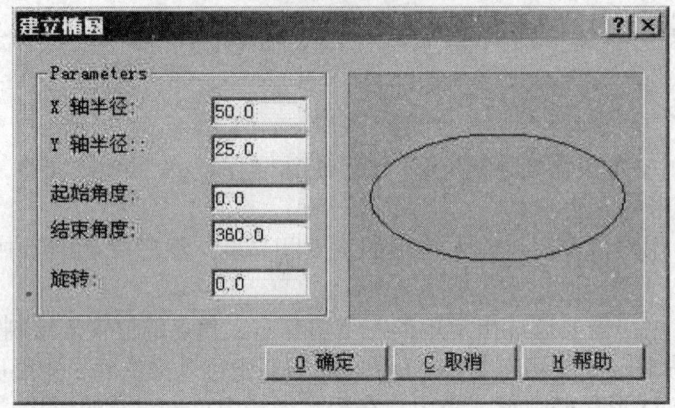

图 4-6 "建立椭圆"对话框

4.3.6 绘制多边形

在 Mastercam 中,如果需要绘制多边形,可以使用"绘图"→"下一页"→"多边形"指令。如图 4-7 所示为"建立多边形"的对话框。

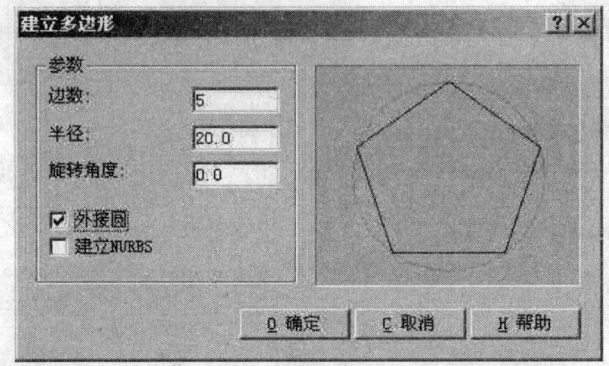

图 4-7 "建立多边形"对话框

用户根据需要输入多边形的边数,半径和旋转角度。当用户输入不同的边数时,右边的显示图形也对应地变化。用户还可以选择该多边形为外接圆还是内切圆。确定相关参数后,系统还会要求输入椭圆圆心坐标值。

4.3.7 绘制倒直角

在 Mastercam 中,如果需要绘制倒角,可以使用"绘图"→"下一页"→"倒角"指令。如图 4-8 所示为"倒角"对话框。

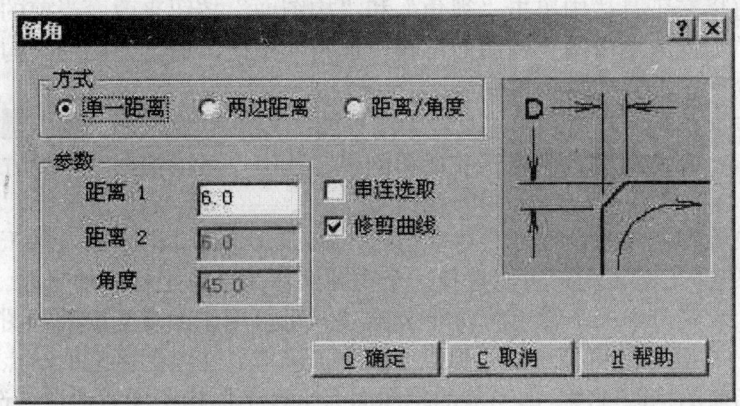

图 4-8 "倒角"对话框

用户可以选择"单一距离"、"两边距离"和"距离/角度"三种倒角的方式。输入参数后单击"确定",然后选择需要倒角的直线。

4.4 Mastercam 三维曲面造型

Mastercam 不仅具有强大的二维绘图功能,还具备同样强大的三维绘图功能。利用三维绘图功能可以绘制各种三维的曲线、曲面及实体等。同时还提供了三维对象的编辑命令。本节主要介绍绘制三维对象的有关知识。

Mastercam 9.0 中的三维模型可以分为线框模型、曲面模型以及实体模型三种,这三种模型从不同角度来描述一个物体。它们各有侧重,各具特色,用户可以根据不同的需要加以选择。

线框模型用来描述三维对象的轮廓,它主要由点、直线、曲线等组成,不具有面和体的特征,不能进行消隐、渲染等操作。曲面模型描述三维对象的轮廓和表面,具有面的特征;各种曲面是由许许多多的小平面组成,而这些小平面又是通过多边形网络来定义的。实体模型具有体的特征,可以进行布尔运算等各种体的操作。

4.4.1 相关系统设置

在介绍如何绘制三维模型前,先介绍在三维模型绘制中如何设置视角及构图面。通过设置不同的视角来观察所绘制的三维图形,随时查看绘图效果,以便及时进行修改和调整。

同时可以设置不同的构图面，在设定的构图面中绘制图形。

用户可以直接在工具栏中单击"视角"和"构图面"按钮来改变当前的视角和构图面设置，也可以单击次菜单中的"构图面"和"视角"按钮，通过弹出的"构图面"子菜单和"视角"子菜单来设置构图面和视角。

当需要改变视角时，可以利用工具栏中用来改变视角的按钮、、、和，分别实现动态观察、等角观察、俯视、前视和侧视等。用户可以根据观察的方便和需要进行系统设置。

构图面的设置和视角的设置方法基本相同。Mastercam 9.0 的造型及加工模块还特别引进了工作坐标系（WCS）。用户可以选择一个视图面作为工作坐标系的平面。

除此以外，次菜单中一个常用的功能 Z 选项，可以用于改变当前的构图深度。当用户选择 Z 选项后，主菜单区将显示出"抓点方式"子菜单。在绘图区选取一点，系统利用该选取点来定义当前的构图深度，即当前的构图面为平行于原构图面且通过该选取点的平面。用户同样也可以通过直接输入数值来定义构图深度，这时当前构图面与过原点的构图面间的距离为输入值（系统设定沿构图面法线方向为正）。

4.4.2 绘制预定曲面

在 Mastercam 9.0 中提供了圆柱面、圆锥面、立方面、球面及圆环面五种预定义形状的曲面。用户可以在 Mastercam 9.0 中使用"绘图"→"曲面"→"下一页"→"实体曲面"指令来选择预定的曲面。

1. 绘制圆柱面

使用本命令需要设置"高度"、"半径"、"轴"、"基点"、"起始角度"、"扫掠角度"和"属性"。其中"基点"定义的是圆柱体底面圆心点的位置，"属性"用来设置绘制的曲面的颜色和图层属性。"轴"定义圆柱体轴的方向，可以选择 X、Y、Z 轴作为轴的方向，也可以选择一条已知直线或空间的两点连线作为圆柱体轴的方向。在选择已知直线或两点连线后，系统将提示是否将该长度作为圆柱体的高度。

需要说明的是，使用该选项绘制的曲面实际上最少包含三个面：上、下底面和圆柱表面，如果不是绘制整个圆柱面，则还包括两个轴切面。

2. 绘制圆锥面

使用该命令需要的设置和"绘制圆柱面"相同，除此以外，还需要设置"底面半径"、"顶面半径"和"倾斜角度"。其中"倾斜角度"定义了圆锥体下底面至上顶面的倾斜角度。当改变该值时，系统按照高度、底面半径及倾斜角度自动计算出顶面半径；同样，当改变顶面半径时，系统也按照高度、底面半径及顶面半径自动计算出倾斜角度。值得注意的是，用户设置必须保证顶面半径值大于 0。

3. 创建立方面

使用本命令需要设置"高度"、"角点"、"倾角"、"高度轴"、"长度轴"、"旋转角度"和"基点"。在设定"长度轴"时，该参数定义立方体长度轴的方向，具体设置同前面介绍的方法相同，由于立方体的三个轴互相正交，实际设置参数时只要定义了两个轴方向即可确定出第三个轴的方向。

4.4.3 曲线创建曲面

曲面模型描述三维对象的轮廓和表面，具有面的特征。一个曲面是由许多的断面（Sections）或曲面片（Patches）组成的，它们熔接在一起而成一个图素。根据生成曲面的数学方法不同，将曲面分为昆氏曲面、Bezier 曲面、B-平滑线曲面和 NURBS 曲面。

昆氏曲面通常称为昆氏曲面片。单一的昆氏曲面片是以四个高阶边界曲线熔接而成的曲面片；昆氏曲面则是由数个独立的曲面片平滑地熔接在一起生成的。昆氏曲面形状的优点是它能够穿过所有的线框或控制点而生成精确的平滑曲面。其缺点是要想更改曲面的形状，就必须更改控制曲线。

Bezier 曲面是通过熔接所有相连的直线和由控制点构成的小平面而生成的。多曲面片的 Bezier 曲面也是通过将单个 Bezier 曲面平滑地熔接在一起生成的。Bezier 曲面的好处是，它可以通过改变曲面的控制点来更改曲面的形状。Bezier 曲面的缺点是，当移动任意一个控制点时，整个曲面形状都会改变。

B-平滑线曲面结合了昆氏曲面和 Bezier 曲面的特性。与昆氏曲面片类似，B-平滑线曲面可以由一组的断面曲线来生成。而与 Bezier 曲面片类似，它也有控制点，可以用改变控制点的方式来更改曲面表层的形状。

NURBS 曲面具有 B-平滑线曲面所有的功能。另外，NURBS 曲面可改变曲面表层上控制点的影响权值。当"重力加权"系数为固定值时，NURBS 曲面就相当于是一个 B-平滑线曲面。

下面对各种曲面造型命令分别进行介绍。

1. 绘制举升曲面

在 Mastercam 系统中绘制的举升曲面是将两个或两个以上的截面外形用参数化的熔接方式形成一个平滑的举升曲面。绘制举升曲面步骤如下。

（1）在"绘图"菜单下的"曲面"子菜单中单击"举升曲面"命令。
（2）选取两个或两个以上的串连后，单击"完成"命令。
（3）设置弹出的"举升曲面"对话框中的相应参数后单击"完成"命令。
（4）系统按设置的参数绘制出举升曲面，按 Esc 键返回"曲面"子菜单。

在绘制举升曲面时需要注意：选取的截面外形的数目必须大于等于 2，但当外形的数目等于 2 时,生成的曲面实际为直纹曲面;选取的所有串连的起始点都应对齐,且所有串连的方向应相同;串连的选取次序不同所生成的举升曲面也不同。

2. 绘制昆式曲面

昆氏曲面是由熔接四个边界曲线生成的许多个曲面片组成的。有两种选取串连的方式来定义曲面的曲面片:自动串连方式和手动串连方式。

用自动串连方式生成昆氏曲面的操作步骤如下。

(1)在主菜单中依次单击"绘图"→"曲面"→"昆氏曲面"。
(2)系统弹出"昆氏曲面自动串连设置"对话框,单击"是"按钮。
(3)若要改变最小分枝角,则单击"角度"命令输入最小分支角。
(4)选取右上角两条相交的边界曲线。
(5)选取右下角的一条边界曲线。
(6)设置"昆氏曲面"对话框中的相应参数后单击"完成"命令。
(7)系统绘制出昆氏曲面,按 Esc 键可返回"曲面"子菜单。

注意:当选中"昆氏曲面自动串连设置"对话框的"不要再显示本页面"复选框时,在此后的生成昆氏曲面的操作中直接采用这次选择的串连选取方式而不再进行提示。要恢复提示,需在"系统设置"对话框的"CAD 设置"选项卡中选中"每次提示"复选框。

用手动串连方式生成昆氏曲面的操作步骤如下。

(1)在主菜单中依次单击"绘图"→"曲面"→"昆氏曲面"。
(2)系统弹出"昆氏曲面自动串连设置"对话框,单击"否"按钮。
(3)输入顺方向的曲面片数。
(4)输入交方向的曲面片数。
(5)选取顺方向的条边界曲线。
(6)选取交方向的条边界曲线。
(7)设置"昆氏曲面"对话框中的相应参数后单击"完成"命令。
(8)系统绘制出昆氏曲面,按 Esc 键可返回"曲面"子菜单。

3. 绘制直纹曲面

在 Mastercam 9.0 系统中绘制的直纹曲面是将两个或两个以上的截面外形以直线的熔接方式生成一个直纹曲面。绘制直纹曲面的步骤如下。

(1)在"绘图"菜单下的"曲面"子菜单中单击"直纹曲面"命令。
(2)选取两个或两个以上的串连后,单击"完成"命令。
(3)设置弹出的"直纹曲面"对话框中的相应参数后单击"完成"命令。
(4)系统按设置的参数绘制出举升曲面,按 Esc 键可返回"曲面"子菜单。

绘制直纹曲面的方法与绘制举升曲面的方法非常相似，两个操作的不同之处是系统在熔接外形时所采用的方式不同。由于生成直纹曲面的方法及应注意的事项与生成举升曲面相同，在此不再进行介绍。

4. 绘制旋转曲面

在 Mastercam 系统中绘制的旋转曲面是将一个或多个图素绕着某一轴旋转而生成的曲面。绘制旋转曲面步骤如下：

（1）在"绘图"菜单下的"曲面"子菜单中单击"旋转曲面"命令。
（2）选取一个或多个图素后，单击"完成"命令。
（3）选取一条直线作为旋转轴。
（4）设置弹出的"旋转曲面"对话框中的相应参数后单击"完成"命令。
（5）系统按设置的参数绘制出旋转曲面，按 Esc 键返回"曲面"子菜单。

在绘制旋转曲面过程中，可以选取多个图素，所生成的曲面数目等于所选取的图素的数目。

5. 绘制扫掠曲面

在 Mastercam 9.0 系统中绘制的扫掠曲面是由截面外形沿着导引曲线平移而生成的一个曲面。Mastercam 9.0 提供了三种形式的扫掠曲面。

（1）一个截面外形/一个导引路径：将截面外形沿导引路径方向平移或旋转，用于生成需保持截面外状不变的曲面。
（2）一个截面外形/两个导引路径：截面外形随着两个导引路径而做放大或缩小。用于生成截面外形需要随着两个导引路径缩放形状的曲面。
（3）两个或多个截面外形/一个导引路径：在两个或多个截面外形之间，沿导引路径做线性熔接。用于生成截面外形是以线性方式沿引导路径熔接的曲面。

绘制扫掠曲面步骤如下：

（1）在"绘图"菜单下的"曲面"子菜单中单击"扫掠曲面"命令。
（2）选取一个或多个串连作为截面外形后，单击"完成"命令。
（3）选取一个或两个串连作为导引路径后，单击"完成"命令。
（4）设置弹出的"扫掠曲面"对话框中的相应的参数后单击"完成"命令。
（5）系统按设置的参数绘制出扫掠曲面，按 Esc 键返回"曲面"子菜单。

在这个过程中值得注意的是仅在只选一个截面外形时才可选择两个串连用作导引路径。

6. 绘制牵引曲面

在 Mastercam 9.0 系统中绘制的牵引曲面是将断面的外形或基本曲线，沿某一直线挤压生成的曲面。这条直线由一个长度和一个角度来定义，其长度被称为牵引长度，其角度称作牵引角度。绘制牵引曲面的步骤如下。

（1）在"绘图"菜单下的"曲面"子菜单中单击"牵引曲面"命令。

（2）选取一个或多个串连，单击"完成"命令。

（3）设置弹出的"牵引曲面"对话框中的相应参数后选择"完成"选项。

（4）系统按设置的参数绘制出牵引曲面，按 Esc 键返回"曲面"子菜单。

在绘制牵引曲面时，选取的基本曲线可以是直线、圆弧、Spline 曲线等。一次操作中可以同时选取多个串连，生成多个牵引曲面。

在绘制牵引曲面时，默认的牵引方向为当前构图面的法线方向，用户也可以通过单击"牵引曲面"子菜单中的"视图"命令来设置新的构图面来改变牵引方向。牵引长度表示牵引曲面将要在牵引方向上的延伸长度。若是输入负的牵引长度，则会沿牵引方向的反方向挤出生成牵引曲面。

4.5 实体造型

4.5.1 创建预定实体

在 Mastercam 9.0 中提供了圆柱体、圆锥体、立方体、球体及圆环体等五种预定义的实体。用户可以单击"实体"子菜单中"基本实体"子菜单中的对应选项，通过设置相应参数便可以方便地创建对应的基本实体。下面分别进行介绍。

1. 创建圆柱体

在"实体"子菜单中的"基本实体"子菜单中单击"圆柱体"命令后，系统在主菜单区打开"圆柱体"子菜单，设置好该子菜单的参数后，单击"完成"命令即可按设置参数创建圆柱体。

创建圆柱体的"圆柱体"子菜单与创建圆柱面的"圆柱面"子菜单中对应选项的功能及设置方法完全相同。只是增加了一个"命名"选项用于设置创建的圆柱体名称，其默认值为"圆柱体"。

2. 创建圆锥体

在"实体"子菜单中的"基本实体"子菜单中单击"圆锥体"命令后，系统在主菜单区打开"圆锥体"子菜单，设置好该子菜单的各项参数后，单击"完成"命令即可按设置参数创建圆锥体。

创建圆锥体的"圆锥体"子菜单与创建圆锥面的"圆锥面"子菜单中对应选项的功能及设置方法完全相同。只是增加了一个"命名"选项用于设置创建的圆锥体名称，其默认值为"圆锥体"。

3. 创建立方体

在"实体"子菜单中的"基本实体"子菜单中单击"立方体"命令后,系统在主菜单区打开"立方体"子菜单,设置好该子菜单的各项参数后,单击"完成"命令即可按设置参数创建立方体。

创建立方体的"立方体"子菜单与创建立方面的"立方体"子菜单中对应选项的功能及设置方法完全相同。只是增加了一个"命名"选项用于设置创建的立方体名称,其默认值为"立方体"。

4. 创建球体

在"实体"子菜单中的"基本实体"子菜单中单击"球体"命令后,系统在主菜单区打开"球体"子菜单,设置好该子菜单的各项参数后,单击"完成"命令即可按设置参数创建球体。

创建球体的"球体"子菜单与创建球体面的"球面"子菜单中对应选项的功能及设置方法完全相同。只是增加了一个"命名"选项用于设置创建的立方体名称,其默认值为"球体"。

5. 创建圆环

在"实体"子菜单中的"基本实体"子菜单中单击"圆环体"命令后,系统在主菜单区打开"圆环体"子菜单,设置好该子菜单的各项参数后,单击"完成"命令即可按设置参数创建圆环体。

创建圆环体的"圆环体"子菜单与创建圆环面的"圆环面"子菜单中对应选项的功能及设置方法完全相同。只是增加了一个"命名"选项用于设置创建的圆环体名称,其默认值为"圆环体"。

4.5.2 实体布尔运算

在 Mastercam 9.0 中可以对三维实体进行求和(Add)、求差(Remove)和求交(Common)等布尔操作。在"实体"子菜单中单击"布尔运算",在主菜单区显示的"布尔运算"子菜单包含了这三个布尔操作命令。下面分别介绍在 Mastercam 9.0 中实体布尔运算的使用。

1. 三维实体求和

在"布尔运算"子菜单中单击"求和"命令可实现此功能,该操作将选取的实体进行"并"操作,其操作结果生成一个新的实体,该实体为参加运算实体的和。在 Mastercam 9.0 中对三维实体求和的方法如下。

(1) 在"实体"子菜单中的"布尔运算"子菜单中单击"求和"命令。

（2）系统在主菜单区显示出"选择实体"子菜单，并提示选取一个实体。

（3）依次选择要进行求和的实体后。在"选择实体"子菜单中单击"完成"。

（4）系统自动进行布尔运算，若计算结果为一不相连的实体，则布尔加运算失败，并返回"布尔运算"子菜单。

（5）若计算结果为一相连的实体，则系统生成布尔加运算结果并删除所有选取的实体，返回"布尔运算"子菜单。

2. 三维实体求差

在"布尔运算"子菜单中单击"求差"命令可实现此功能，该操作生成一个新的实体，该实体为选取的目标实体去除所有选取的工具实体后的剩余部分。在 Mastercam 9.0 中对三维实体求差的方法如下。

（1）在"实体"子菜单中的"布尔运算"子菜单中单击"求差"命令。

（2）系统在主菜单区显示出"选择实体"子菜单并提示选取一个目标实体。

（3）选取一个目标实体后，系统接着提示选取工具实体。

（4）可以选取一个或多个工具实体，选择完成后，在"选择实体"子菜单单击"完成"。

（5）系统自动进行布尔运算，若计算结果为一不相连的实体，则系统给出警告对话框提示用户是否创建非关联的布尔实体。

（6）若计算结果为一相连的实体，则系统生成布尔减运算的结果并删除所有选取的目标实体和工具实体，返回"布尔运算"子菜单。

3. 三维实体求交

在"布尔运算"子菜单中单击"求交"命令可实现此功能，该操作生成一个新的实体，该实体为目标实体与各工具实体公共部分的和。在 Mastercam 9.0 中对三维实体求交的方法如下。

（1）在"实体"子菜单中的"布尔运算"子菜单中单击"求交"命令。

（2）系统在主菜单区显示出"选择实体"子菜单，并提示选取一个目标实体。

（3）选取一个目标实体后，系统接着提示选取工具实体。

（4）可以选取一个或多个工具实体，选择完成后，在"选择实体"子菜单单击"完成"。

（5）系统自动进行布尔运算，若计算结果为一不相连的实体，则系统给出警告对话框提示是否创建非关联布尔实体。

（6）若计算结果为一相连的实体，则系统生成布尔交运算的结果并删除所有选取的目标实体和工具实体，返回"布尔运算"子菜单。

4.5.3　曲线创建实体

在 Mastercam 实体造型中，用户可以通过对绘制的曲线串连进行挤压操作、旋转操作、扫掠操作或举升操作，来创建实体模型。

1. 创建挤压实体

在 Mastercam 9.0 中，可以使用"实体"子菜单中的"挤压"命令对曲线串连进行挤压生成新的实体或将生成的实体作为工具实体与选取的目标实体进行布尔加或布尔减操作。在一次挤压操作中可以选取多个曲线串连，但每个串连必须是共面。当生成的实体为壳体时，一次挤压操作中所选取的所有串连所在平面必须是平行的。当所选取的所有串连为封闭串连时，挤压操作的结果可以是实心的实体（以后简称实体）或壳体，当所选取的串连有不封闭的串连时，则只能生成壳体。

使用方法如下。

（1）在主菜单中单击"实体"→"挤压"，调用挤压操作命令。

（2）当系统弹出串连选取子菜单，选取一个或多个串连后，单击"完成"。

（3）系统弹出"挤压方向"子菜单。

（4）设定好挤压方向后单击"完成"，系统弹出"挤压曲线"对话框。

（5）设置完所有参数后，单击"完成"按钮，系统即按所设置的参数进行挤压操作或按提示选取对象后进行旋转操作后返回"实体"子菜单。

2. 创建旋转实体

在 Mastercam 9.0 中，可以使用"实体"子菜单中的"旋转"命令将曲线串连绕选择的旋转轴进行旋转，生成新的实体或将生成的实体作为工具实体与选取的目标实体进行布尔加或布尔减操作。在一次旋转操作中可以选取多个曲线串连，但每个串连的曲线必须是共面的，当所选取的所有串连为封闭串连时，旋转操作的结果可以是实体或壳体，当所选取的串连有不封闭的串连时，则只能生成壳体。

使用方法如下。

（1）在主菜单中单击"实体"→"旋转"，调用旋转操作命令。

（2）系统弹出串连选取子菜单，选取一个或多个串连后，单击"完成"。

（3）系统提示选取一条直线作为旋转轴，选取一条直线后，系统弹出"旋转"子菜单。

3. 创建扫掠实体

使用"实体"子菜单中的"扫掠"命令将曲线串连（截面）沿选择的导引曲线（路径）平移并旋转，生成新的实体或将生成的实体作为工具实体与选取的目标实体进行布尔加或布尔减操作。在一次扫掠操作中可以选取多个截面，但每个截面必须是封闭且共面。在扫掠操作中，截面沿路径进行平移和旋转并保持与路径的角度不变。

使用方法如下。

（1）在主菜单中单击"实体"→"扫掠"，调用扫掠操作命令。

（2）系统弹出串连选取子菜单，选取一个或多个封闭串连后，单击"完成"。

（3）系统提示选取一条曲线或曲线串连作为路径，系统弹出"扫掠串"对话框。

（4）在"扫掠串"对话框中选择扫掠操作的模式。

（5）单击"完成"按钮，系统按所设置的参数进行扫掠操作，选择目标实体进行扫掠操作后返回"实体"子菜单。

4. 创建举升实体

使用"实体"子菜单中的"举升"命令将两个或两个以上的曲线串连（截面）按选取的熔接方式进行熔接，生成新的实体或将生成的实体作为工具实体与选取的目标实体进行布尔加或布尔减操作。在举升中选取的每个截面必须是封闭且共面的，但各截面间可以不平行。

要确保举升操作的成功，选取的截面串连必须满足以下条件。

（1）必须选择两个以上的截面串连，每个截面必须共面，但各截面间可以不平行。

（2）所有的截面串连必须为封闭串连。

（3）每个串连只能选择一次。

（4）所有的截面串连方向必须沿同一个方向。

（5）所有的串连不能相交。

使用方法如下。

（1）在主菜单中单击"实体"→"举升"，调用举升操作命令。

（2）单击 Sync 选项，在弹出的"Sync 模式"对话框中选择同步方式，一般情况建议选择"通过分支"方式，选择了同步方式后，单击"完成"按钮。

（3）选取两个或多个封闭串连后，选择"完成"选项。

（4）在系统弹出的"举升链"对话框中选择举升操作的模式后，单击"完成"按钮。

（5）系统按所设置的参数进行举升操作，选择目标实体后进行举升操作后返回"实体"子菜单。

值得注意的是，在选取串连的时候，必须保证所有的串连方向同向。若不同向可选择"反向"选项将串连方向反向。同时为了生成用户希望的实体，各串连的起点要对齐，否则将生成扭曲的实体。

4.6 Mastercam 数控加工

Mastercam 是 CAD/CAM 的集成化软件。CAD 作为 CAM 的前期工作，它为后续的刀具路径编制、数控编程提供所需的几何模型方面的制造信息。

Mastercam 具有对复杂工件轮廓进行加工的各种数控加工方式，可以同时建立如粗铣、分层粗铣和粗铣后精修等加工处理程式，有效地提高加工处理效率。它具备完整的 2D 及

2.5D 铣削加工模组以及实用的 3D 铣削加工模组，其功能包括轮廓加工、挖槽加工、钻孔循环、曲面加工等。各项加工参数设定简单易懂，具有壁边斜面控制、多种进刀及退刀设定、支持 TrueType 字体加工等功能。另外具备自动残料移除及清角等功能，采用复合式曲面与丰富的加工模式，自动产生 NC 加工模式。

4.6.1 刀具路径功能

产生刀具路径是通过主菜单中的"刀具路径"（Toolpaths）实现的，在该模块中需要通过设置加工对象、加工用刀具和加工方法来生成需要的加工刀具路径。它可以处理外形铣削、钻削、槽型加工、字型铣削及进入 3D 刀具路径，完成各种空间曲面的处理。Mastercam 9.0 提供的"刀具路径"菜单功能如表 4-6 所示。

表 4-6 "刀具路径"菜单功能

功能项目	含义	说明
New	新刀具轨迹	初始化操作管理和取消所有刀具路径
Contour	外形铣削	构建二维或三维外形铣削刀具路径
Pocket	挖槽	用于切除一个封闭外形所包围的材料或切削一个槽
Drill	钻孔	从一点或一系列点产生刀具路径，用于钻孔、镗孔或攻牙
Face	面铣削	将工作面铣削一定深度，为下一加工做准备。快速切除毛坯
Thread Mill	螺纹铣削	用于螺纹的铣削加工
Circle Mill	全圆铣削	用于自动切削加工整圆
Point	点移动	快捷地创建刀具在两点之间移动的刀具路径
Manual Entry	手动输入	向 NCI 和 NC 文件中插入注释或特殊码
Slot mill	铣键槽	用于加工由两条平行线和两个半圆圆弧定义的键槽
Helix bore	螺旋钻孔	采用高速螺旋铣削方式钻孔
Trimmed	修剪	采用选择的编辑串连对已有刀具路径进行修剪
Solid Drilling	实体钻孔	自动寻找实体上的孔，并选用刀具创建钻孔刀具路径
Transfor	转换	对已有的操作进行平移、旋转、镜像等操作复制或改变原操作生成新的刀具路径
Import NCI	输入 NCI	输入存放在 NCI

4.6.2 构建刀具路径过程

当被加工物的几何模型产生后，接下来进行加工规划，Mastercam 9.0 根据使用者规划参数进行计算而产生刀具路径。具体步骤如下。

（1）从主菜单中单击"刀具路径"→"新路径"，取消所有刀具路径（该项不删除任何图形），返回图形区。

（2）根据需要选择产生加工路径功能指令，根据提示输入刀具路径文件名*.NCI。在 Mastercam 9.0 中，刀具路径档称为 NIC 档，它属于加工程式与刀具路径规则中间的暂存档，它记录了使用者所规定的刀具参数与加工流程。

（3）选取加工曲面或外形，按不同的加工方式设定 NC 加工时所需的各种参数（外形铣削、钻削和挖槽铣削等所有刀具路径功能不同，它们各有自己的 NC 参数），如刀具形式、刀具尺寸、进刀/退刀方式、加工顺序、进给率、切削深度、精度、完成加工的表面粗糙度及加工次数等特定参数，每个选项和数据写入 NC 文件，然后使用数控铣床加工零件。

（4）全部参数设置后，生成刀具路径（该刀具路径不能保存，只能在模拟刀具路径中绘制）。

（5）单击"公共管理"→"模拟刀具路径"→"运行"命令，在屏幕上显示绘制的刀具路径。

（6）单击"公共管理"→"后处理"→"运行"命令，编辑后处理惯用文件。

（7）产生 NC 程序。

Mastercam 9.0 可以在加工之前，经动态的模拟加工路径，通过单击"公共管理"→"验证"，验证各项设定的正确性，如过切或干涉等现象，以提高加工品质与效率。

4.7 实　　例

如图 4-9 所示的汽车泵体的上壳压铸模型芯。材料为 H13，毛坯六面平整。

图 4-9　汽车泵体上壳

加工坐标原点设置如下。

　　X：模型的中心；

　　Y：模型的中心；

Z：型芯的分型面。

机床坐标系设在 G54。

工艺分析：

该壳体的型芯加工在最高转速可以达到 20000 r/min 的高速铣床上加工。从加工余量的角度看，应该分粗加工、半精加工和精加工等几个步骤进行。粗加工使用直径为 16 mm 的铣刀进行加工，刀片半径为 4 mm。设置机床主轴转速为 2800 r/min、切削进给为 1200 mm/min，使机床尽可能去除加工余量。由于该壳体的型芯材料硬度比较高，需要通过半精加工来获得较为均匀的加工余量。半精加工使用直径为 8 mm 的硬质合金球头铣刀进行加工。设置机床的主轴转速为 3600 r/min、切削进给为 800 mm/min。在进行半精加工后，考虑到该零件在坡度较小的平面上加工残余量还比较大而且极其不均匀。需要对该零件的浅平面部分进行半精加工。最后对零件进行精加工。

4.7.1 粗加工

在绘制完零件的 CAD 图形后，按如下步骤进行零件的粗加工。

（1）在主菜单区单击"刀具路径"→"曲面加工"→"粗加工"→"口袋式"命令。

（2）系统将提示选取加工曲面，在曲面子菜单上单击"全部"，接着单击"曲面"，选择所有的曲面作为加工对象，返回到曲面子菜单中，单击"完成"，完成曲面选择进入加工参数设置。

（3）选取加工刀具、设置加工类型及参数。

① 系统打开 Surface Rough Pocket 对话框的 Tool parameters 选项卡。选取 1 号刀具（Φ16R4 端铣刀），设定切削加工的主轴转速为 2800、切削进给量为 1200、插入进给为 400，其余参数按系统默认值设定；

② 单击 Surface parameters 标签，设置曲面加工参数。设定刀具移动高度为 50；慢速下刀起始距离为 2，相对方式；刀尖补正到刀尖；加工预留量为 0.3；其他参数按系统默认值设定；

③ 单击 Pocket parameters 标签，设置口袋式粗加工参数。具体如图 4-10 所示。

设定切削公差为 0.025；最大背吃刀量为 1.2；走刀方式为环绕切削；切削的行间距为 7；激活进刀方式进刀。

（4）完成所有参数的设定后，单击对话框中的"确定"按钮，系统提示选择边界。在绘图区单击模板的任一边线，系统将自动找到封闭的串连，并在结束处显示箭头。在边界串连设定子菜单上单击"完成"，完成边界的设定。系统即可按设置的参数计算出刀具路径。

生成的粗加工刀具路径按等角视图显示如图 4-11 所示。

得到加工完毕的零件如图 4-12 所示。

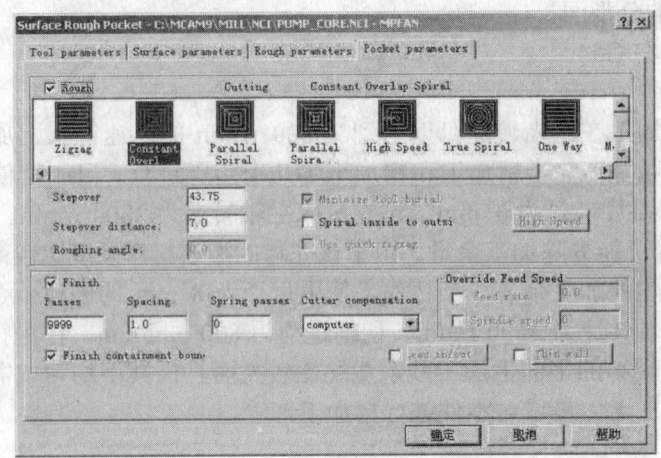

图 4-10　口袋式粗加工参数设置

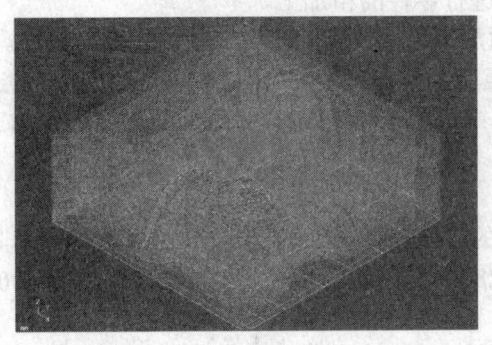

图 4-11　粗加工刀具路径

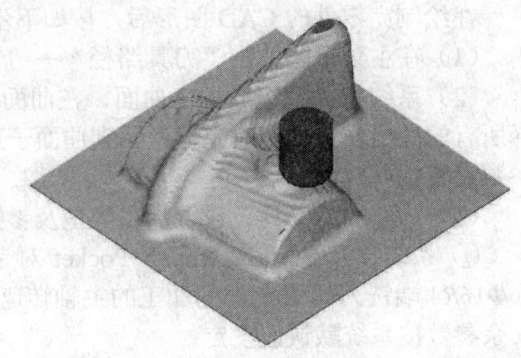

图 4-12　粗加工零件图

4.7.2　半精加工

在进行完粗加工后，按如下步骤进行零件的半精加工。保持坐标系不变。

(1) 在主菜单区单击"刀具路径"→"曲面加工"→"完成"→"Contour"命令。

(2) 系统将提示选取加工曲面，在曲面子菜单上单击"全部"，接着单击"曲面"，选择所有的曲面作为加工对象，返回到曲面子菜单中，单击"完成"，完成曲面选择进入加工参数设置。

(3) 选取加工刀具、设置加工类型及参数。

① 系统打开 Surface Finish Contour 对话框的 Tool parameters 选项卡。选取 4 号刀具（$\Phi 8$ 球头铣刀），设定切削加工的主轴转速为 3600、切削进给量为 800、插入进给为 400，其余

参数按系统默认值设定。

② 单击 Surface parameters 标签，设置曲面加工参数。设定刀具移动高度为 50；慢速下刀起始距离为 2，相对方式；刀尖补正到刀尖；加工预留量为 0.1；其他参数按系统默认值设定。

③ 单击 Finish Contour parameters 标签，设置曲面轮廓半精加工参数。具体如图 4-13 所示。

设定切削公差为 0.025；最大背吃刀量为 0.5；激活优化切削顺序；行间转移为高速连接方式，回转长度为 5，斜线长度为 3。

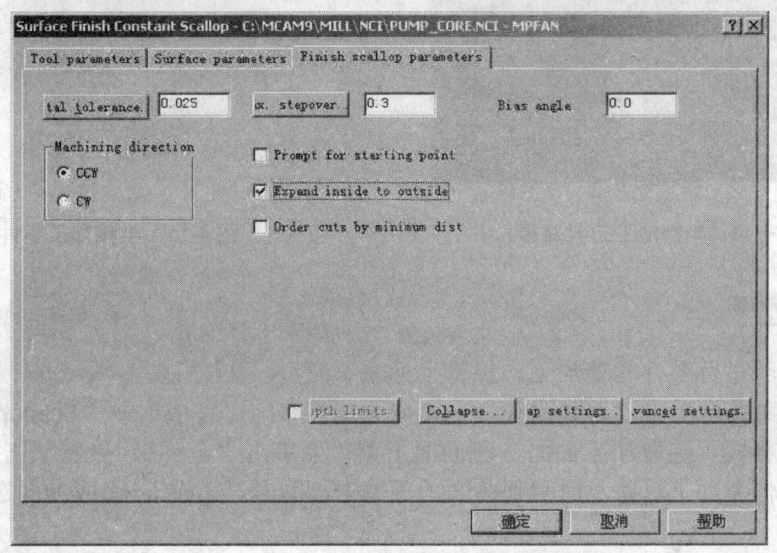

图 4-13　曲面轮廓半精加工参数

（4）完成所有参数的设定后，单击对话框中的"确定"按钮，系统提示选择边界。在绘图区单击模板的任一边线，系统将自动找到封闭的串连，并在结束处显示箭头。在边界串连设定子菜单上单击"完成"，完成边界的设定。系统即可按设置的参数计算出刀具路径。

对于侧壁坡度较大的零件，采用等高式精加工能获得良好的表面加工质量，同时等高加工从上往下加工，是安全性最好的一种加工方式。这也是半精加工和精加工中最常采用的切削方式。使用等高方式精加工曲面时，如果加工的是一个带有台阶的工件，应该先计算台阶位置与终止高度和起始高度的距离，然后进行计算，必要时可以将起始切削高度做少许调整，设置的背吃刀量可以达到既能加工到台阶的上表面，又能使每层的背吃刀量保持一致，这样可以既不增加加工时间，又能得到表面粗糙度一致的加工工件。

在粗加工后进行半精加工或者精加工，对于有尖角的工件，粗加工与精加工的刀具直径差距不能太大，否则在转角部位刀具所受的切削负荷会很大而且是不稳定的，接近于撞击方式,刀具容易受损。在实际数控编程中需要特别注意。

本部分生成的半精加工刀具路径按等角视图显示如图 4-14 所示。

在进行完半精加工后,得到的零件如图 4-15 所示。

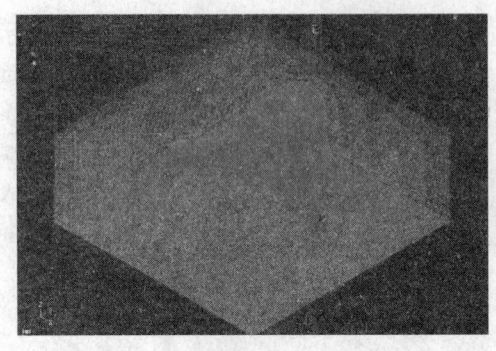 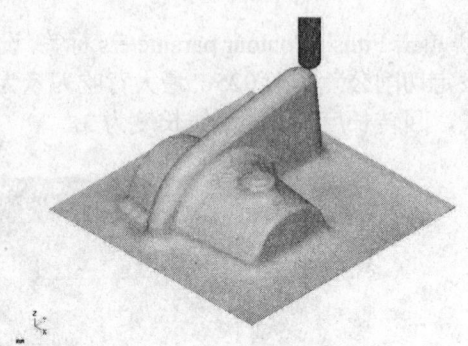

图 4-14　半精加工刀具路径　　　　　　图 4-15　半精加工零件图

4.7.3　精加工

按如下步骤进行零件的精加工。保持坐标系不变。

(1) 在主菜单区单击"刀具路径"→"曲面加工"→"完成"→"Scallop"命令。

(2) 系统将提示选取加工曲面,在曲面子菜单上单击"全部",接着单击"曲面",选择所有的曲面作为加工对象,返回到曲面子菜单中,单击"完成",完成曲面选择进入加工参数设置。

(3) 选取加工刀具、设置加工类型及参数。

① 系统打开 Surface Finish Scallop 对话框的 Tool parameters 选项卡。选取 2 号刀具($\Phi6$ 球头铣刀),设定切削加工的主轴转速为 1200~1600、切削进给量为 800、插入进给为 400,其余参数按系统默认值设定;

② 单击 Surface parameters 标签,设置曲面加工参数。设定安全平面高度为 100,刀具移动高度为 50;慢速下刀起始距离为 2,相对方式;刀尖补正到刀尖;加工预留量为 0;其他参数按系统默认值设定;

③ 单击 Finish Scallop parameters 标签,设置曲面环绕等距精加工参数。具体如图 4-16 所示。

设定切削公差为 0.025;最大背吃刀量为 0.3;由内往外切削,其他默认。

(4) 完成所有参数的设定后,单击对话框中的"确定"按钮,系统提示选择边界。在绘图区单击模板的任一边线,系统将自动找到封闭的串连,并在结束处显示箭头。在边界串连设定子菜单上单击"完成",完成边界的设定。系统即可按设置的参数计算出刀具路径,最终获得需要的零件外形。

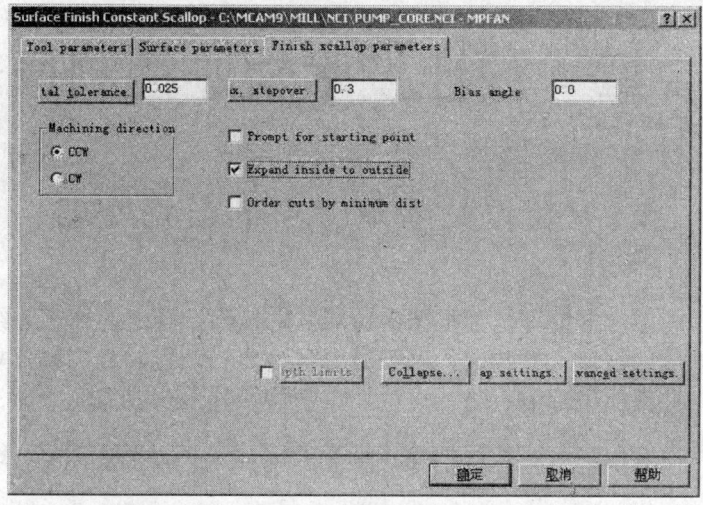

图 4-16　曲面环绕等距精加工参数设置

4.8 习　　题

1. 自动编程系统的基本组成有哪些？
2. 自动编程与手动编程相比有哪些特点？
3. Mastercam 主要有哪些用途？
4. 常用的构图平面有哪些？
5. 绘制直线有哪几种方法？
6. 简述构建一个外壳实体的步骤。

第 5 章 数控技术轨迹控制原理

5.1 数控技术编程中的数据处理

数控系统编程中的数据处理是指根据零件图样,按照已确定的加工路线和允许的编程误差,计算数控系统所需输入的数据。对于带有自动刀补功能的数控装置来说,通常要计算出零件轮廓上一些点的坐标值。除了点位加工的情况外,一般需经繁琐、复杂的数值计算。具体数据处理有以下三个方面。

5.1.1 基点坐标计算

基点是构成零件轮廓的两相邻几何元素的交点或切点。如直线与直线的交点、直线与圆弧、圆弧与圆弧、圆弧与其他二次曲线的交点或切点,均称为基点。数控机床一般只有平面直线和圆弧插补功能,因此,对于由直线和圆弧组成的平面轮廓,编程时数值计算的主要任务是求各基点的坐标。基点可以直接作为其运动轨迹的起点或终点。图 5-1 中的 ABCDE 各点都是该零件轮廓上的基点。基点直接计算的主要内容有:每条运动轨迹(线段)的起点或终点在选定坐标系中的坐标值和圆弧运动轨迹的圆心坐标值。可根据图样给定条件,用几何、解析几何、三角函数的方法求得。

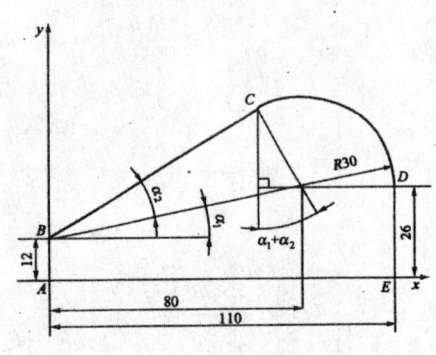

图 5-1 零件的基点

对于所有直线,均可转化为一次方程的一般形式为

$$Ax+By+C=0 \tag{5-1}$$

对于所有的圆弧,均可转化为圆的标准方程形式为

$$(m-x)^2+(n-y)^2=R^2 \tag{5-2}$$

式中:m、n——圆弧的圆心坐标;
R——圆弧半径。

解上述相关的联立方程,就可求出有关的交点或切点的坐标值。

5.1.2 节点坐标计算

平面轮廓曲线除直线和圆弧外,还有椭圆、双曲线、抛物线、一般二次曲线、阿基米德螺线等以方程式给出的曲线。还有一些平面轮廓是用一系列实验或经验数据点表示的,没有表达轮廓形状的曲线方程。由于一般数控装置只具备直线插补和圆弧插补功能,当加工非圆曲线时,常用直线或圆弧去逼近,这些逼近线段的交点称为节点。这种逼近处理就需要计算出相邻两逼近直线或圆弧的节点坐标。

用直线逼近零件轮廓曲线的常用方法有:等间距法、等步长法和等误差法(变步长法)。

图 5-2 所示为等间距直线逼近法,这种方法由起点开始根据给定的 Δx 计算出 x_1、x_2……,代入数学方程式求出相应的 y_1、y_2,……即求出各节点的坐标值,以这些坐标值进行编程。等间距直线逼近节点计算的方法较为简单,其特点是使每个程序段的某一个坐标增量相等,然后根据曲线的表达式求出另一个坐标值,即可得出节点的坐标。在直角坐标系中,可使相邻节点间的 x 坐标增量或 y 坐标增量相等;在极坐标系中,使相邻节点间的转角坐标增量或径向坐标增量相等。

在实际生产中,常根据加工精度要求凭经验选取间距值,例如取 $\Delta x =0.1$ mm,然后验算误差最大值是否小于 $\delta_{允}$。其验算方法是:求得逼近某一线段的方程 $Ax+By+C=0$ 和与之平行法向距离为 δ 的直线方程

$$Ax + By = C \pm \delta\sqrt{A^2 + B^2} \tag{5-3}$$

再求解联立方程

$$\begin{cases} Ax + By = C \pm \delta\sqrt{A^2 + B^2} \\ y = f(x) \end{cases} \tag{5-4}$$

在满足相切的条件下求得 δ,使其 $\delta \leq \delta_{允}$。一般取 $\delta_{允}$ 为零件公差的 10%~20%。

图 5-3 所示为等步长直线逼近法。这种方法是选择每个程序段的直线段长度相等。

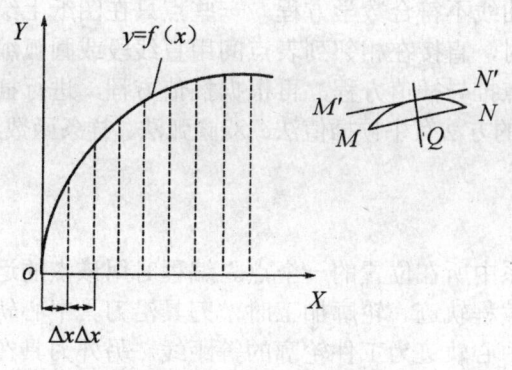

图 5-2 等间距直线逼近法

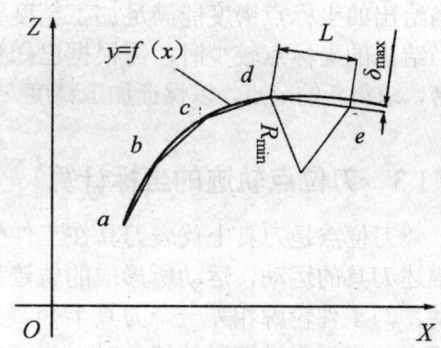

图 5-3 等步长直线逼近法

由于零件轮廓曲线各处的曲率不同，因此各段的逼近误差不相等，必须使最大误差小于 $\delta_允$。用直线逼近时，一般认为误差的方向是在曲线的法向方向上计量，同时误差的最大值产生在曲线的曲率最小处。据此，先确定曲率半径最小的地方，然后在该处按照逼近误差小于或等于 $\delta_允$ 的条件求出逼近线段的长度，用此弦长分割零件的轮廓曲线，即可求出各切点的坐标。

图 5-4 为等误差直线逼近法。这种方法是使每个直线段的逼近误差相等，并小于或等于 $\delta_允$。先在曲线起点 a 处，以 $a(xa, ya)$ 为圆心，以 $\delta_允$ 为半径作圆，再作此圆与曲线的公切线 pT，再过 a 点平行于 pT 作直线交曲线于 b 点；再以 b 点为起点，用上述方法求出 c 点，依次进行，这样即可求出曲线上所有节点。此方法与上述两种方法比较，虽然计算较繁琐，但程序段数少，故应用较多。

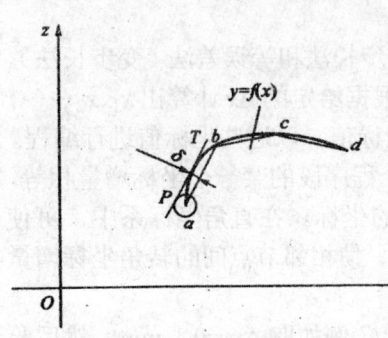

图 5-4 等误差直线段逼近

零件轮廓曲线除用直线逼近外，还可用一段段的圆弧逼近，用圆弧逼近曲线时，常用的方法有圆弧分割法、三点作图法等方法。采用这些方法，可求得非圆曲线各段逼近圆弧的始点和终点坐标、圆弧半径以及圆心坐标，将有关数据输入到数控系统，就可以加工出相应的轮廓曲线。但这些方法都比较复杂，计算繁琐，所以在一般情况下，为计算简便，都采用直线逼近法，只有在特殊情况下，才采用圆弧逼近法。

用直线或圆弧逼近曲线或者数据点时，切点的数目及坐标值主要取决于曲线的特性、逼近线段的形状及允许的逼近误差值。根据这三个条件，可以用数学方法求出各节点的坐标值。采用直线还是圆弧作为逼近线段，主要是在保证逼近精度的前提下，使节点数尽量少，即程序段数少，计算简单。

当平面轮廓由数据点给出时，其轮廓曲线不符合数学方程，一些点只在图纸上给出。当给出的坐标点密度能满足加工精度要求时，直接在相邻列表点间用直线段或圆弧编程。当给出的坐标点较少时，需根据已知列表点推导插值方程，再根据插值方程，进行插点加密，求得新的节点，以保证加工精度。常用的方法有牛顿插值法、双圆弧法、样条函数法等。

5.1.3 刀位点轨迹的坐标计算

刀位点是刀具上代表刀具在工件坐标系中所在位置的一个点。编程时用该点的运动来描述刀具的运动，运动所形成的轨迹称为编程轨迹。轮廓加工时，刀具沿刀具中心轨迹运动，与工件轮廓相差一个刀具半径。刀具中心轨迹为工件轮廓的等距线。另外刀具在加工两个几何元素过渡段的棱角时，为了防止干涉、过切，需要进行增长、插入或缩短一段行程。故编程时，都应根据工件的加工轮廓和设定的刀具半径值，按刀具半径补偿方法编制刀具中心运动轨迹的程序段。这时即需完成刀具中心运动轨迹上各基点或节点坐标值的计算。

对于钻头类刀具，通常用钻头的钻尖位置作为刀位点，但编程时应根据图样上对孔加工的尺寸标注，适当增加钻尖的长度。而旋转型的刀具，如各种立铣刀、钻头等，刀位点的选择比较简单，一律使刀位点位于刀具轴心线某一确定的位置上。对平底铣刀，选择刀底中心为刀位点，对于球形立铣刀可以用球心作为刀位点，也可以用刀端点。用刀端点作为刀位点时，可以直接测量其位置，而用球心作为刀位点时，仍应测量刀端点，然后再换算为球心点坐标。对于像切槽刀之类的刀具，实际上存在两个刀尖位置，选择哪个位置作为刀位点主要应考虑如何便于对刀和测量，并做出统一规定。目前数控机床用机夹可转位刀片，刀尖处均有半径不大的圆弧，数控编程时，通常均应考虑刀尖圆弧半径对零件加工尺寸的影响。

当零件的轮廓中包含非圆曲线时，应先按零件轮廓进行节点坐标计算，然后再求相应等距线之间的节点坐标。用直线段逼近时，则用两相邻直线的等距线方程求解；用圆弧段逼近时，用两圆弧段的等距线方程联立求解。采用相切的圆弧逼近时，不解方程组，就可求出等距线节点坐标数据。

在数控车削加工中，为了对刀的方便，总是以"假想刀尖"点来对刀。所谓假想刀尖点，是指图 5-5（a）中 M 点的位置。由于刀尖圆弧的影响，仅仅使用刀具长度补偿，而不对刀尖圆弧半径进行补偿，在车削锥面或圆弧面时，会产生欠切的情况。目前，较高级的车床控制系统，不仅具有刀尖圆弧半径补偿功能，而且可以根据刀尖的实际状况，选择刀位点的位置，编程和补偿都十分方便。大多数车床用简易数控系统，是不具备半径补偿功能的。因此，当零件精度要求较高且又有圆锥或圆弧表面时，要么按刀尖圆弧中心编程，要么在局部进行补偿计算。图 5-5（b）是车削锥体表面时由于刀尖圆弧半径 $r_刀$ 引起的刀位补偿量计算简图。$r_刀$ 的补偿量既可采用在 z 向（纵向）与 x 向（径向）同时进行刀具位置补偿计算，也可在 z 向或 x 向进行补偿计算。此外，这种情况下，还可用刀具中心轨迹方法处理。刀具中心轨迹也就是刀位点轨迹，是由于在许多情况下，刀具中心被作为刀位点而得名。如图 5-6 所示的零件，由三个圆弧组成，可用虚线所示的三段等距圆弧编程处理，即 O_1 圆的半径为 R_1+r，O_2 圆的半径为 R_2+r，O_3 圆的半径为 R_3+r，三个圆弧的终点坐标由等距圆的切点关系求得。当刀具磨损时，因 r 改变，需重新计算，以免产生误差，这将使计算更加繁琐。

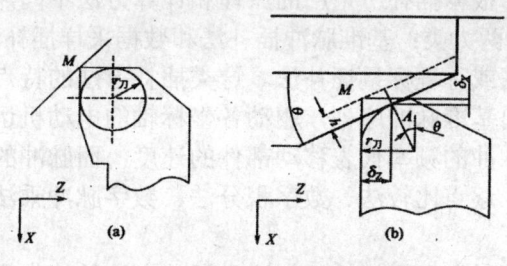

图 5-5　假想刀尖编程时的补偿

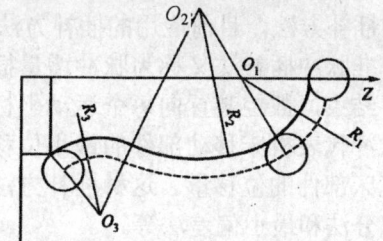

图 5-6　刀心轨迹编辑

5.2 数控技术插补原理与实现

在数控机床中,机床移动部件(刀具或工件)的最小位移量是一个脉冲当量,移动部件的运动是以一个一个脉冲当量步进移动的,因此,实际加工轨迹是折线而不是光滑曲线。也就是说,移动部件不能严格按照所要加工的工件轮廓形状运动,只能用折线近似地逼近所要加工的零件轮廓。所谓插补就是机床数控系统依照一定的方法确定刀具运动轨迹的过程。

一般地,可以从加工零件图样上知道加工轮廓的有限坐标(直线的起点和终点,圆弧的起点、终点、圆心和半径)。数控系统在输入这些有限坐标点的情况下,根据所要加工轮廓的特征、刀具参数、进给速度和进给方向的要求等,运用一定的算法,自动地在轮廓的起点和终点之间计算出若干个中间点的坐标值,从而自动地对各坐标轴进行脉冲分配,完成整个轮廓的轨迹运行,这就是插补完成的任务。

机床数控系统中完成插补工作的装置叫插补器,有硬件插补器和软件插补器之分。硬件插补器由数字电路构成,运算速度快但灵活性差,用在早期的数控系统中。软件插补器利用微处理器通过编制程序就可完成不同的插补任务,这种插补器结构简单、灵活易变,但运算速度较慢。现代数控系统大多采用软件插补或软、硬插补相结合的方法。尽管插补器结构不同,但插补的运算原理基本相同,其作用都是根据给定的信息进行数字计算,在计算过程中不断地向各个坐标发出相互协调的进给脉冲,使被控机械部件按指定的路线移动。

在对加工路径数据密化的过程中,由于计算每个中间点所需的时间直接影响系统的控制速度,而每个插补中间点的计算精度又影响到整个系统的控制精度,所以插补算法对整个数控系统的性能指标至关重要,可以说插补是整个数控系统控制软件的核心。

直线和圆弧是构成工件轮廓的基本线条,因此大多数数控系统都具有直线和圆弧的插补功能。实际的零件轮廓线可能既不是直线、也不是圆弧,这时必须对零件的轮廓线进行直线或圆弧的拟合,才能对零件进行插补加工。在高档次的数控系统中还具有抛物线、螺旋线等插补功能。本章只讨论直线和圆弧的插补算法。

经过多年的发展,插补原理不断成熟。根据插补所采用的原理和计算方法不同,形成不同的插补方法,目前应用的插补方法分为两大类:基准脉冲插补法和数据采样插补法。

基准脉冲插补法又称为脉冲增量插补法或行程标量插补法。这类插补方法的特点是每次插补结束,数控装置向每个运动坐标输出基准脉冲序列,驱动各坐标轴的电动机运动。每个脉冲代表机床移动部件的最小位移,脉冲的频率代表移动部件的速度,而脉冲的数量代表机床部件的位移量。这种插补方法有:逐点比较法、数字积分法、数字脉冲乘法器、比较积分法和最小偏差法等。

数据采样插补法又称数据增量插补法或时间标量插补法。这类插补方法的特点是插补输出的不是单个脉冲,而是标准二进制字。插补运算分两步进行:第一步为粗插补,在给定起点和终点的线段上插入若干点,即用若干条微小直线段来逼近给定线段,粗插补在每个插补周期中计算一次。第二步为精插补,它是在粗插补计算出的每一微小直线段上再做"数据点的密化"工作。一般将粗插补运算称为插补,用软件实现;而精插补可以用软件,也可以用硬件实现。常用的数据采样插补法有:扩展数字积分法、直线函数法、双数字积分法等。

5.2.1 逐点比较法

逐点比较法的基本原理是:在刀具按要求轨迹运动加工零件轮廓的过程中,不断比较刀具与被加工零件轮廓之间的相对应位置,并根据比较结果决定下一步的进给方向,使刀具向减小偏差的方向进给。也就是说,每一步都要将加工点的瞬时坐标同规定的零件轮廓相比较,依次决定下一步的走向。如果加工点在零件轮廓里面,则下一步就要向轮廓外面走;如果加工点在零件轮廓外面,则下一步就要向轮廓里面走;这样就能加工出一个非常接近规定零件轮廓的轨迹,最大偏差不超过一个脉冲当量。

在逐点比较法中,每进给一步都要进行偏差判别、坐标进给、新偏差计算和终点比较四个节拍的处理。工作流程如图 5-7 所示。

偏差判别。根据偏差值确定刀具当前位置是处在给定轮廓的上方、下方,还是处在轮廓上,以此决定刀具进给方向。

坐标进给。根据偏差判别结果,控制相应坐标轴进给一步,使加工点向规定轮廓靠拢,从而减小其间偏差。

偏差计算。刀具进给一步后,计算新的加工点与规定轮廓之间新的偏差,作为下一步偏差判别的依据。

终点比较。每进给一步均要修正总步数,并比较判别刀具是否到达被加工零件轮廓的终点。若已到达,就不再进行运算,并发出停机或转换新程序段的信号,否则继续循环以上四个节拍,直至终点为止。

逐点比较法既可实现直线插补,也可实现圆弧插补。其特点是运算简单,过程清晰,插补误差小,输出脉冲均匀,而且输出脉冲速度变化小,但不能实现两个以上坐标的插补,因此在两坐标数控机床中应用较为普遍。下面分别介绍逐点比较法直线插补和圆弧插补原理。

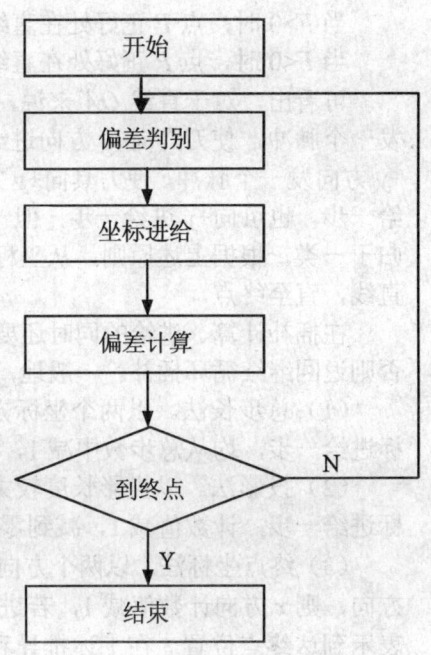

图 5-7 逐点比较法工作流程图

1. 逐点比较法直线插补

待加工零件轮廓的某一段为第一象限的直线 OA,起点为坐标原点,终点 A 的坐标为 $A(x_e, y_e)$。设点 $P(x_i, y_i)$ 为加工点。若点 P 正好处在 OA 上时,则下式成立。

$$\frac{x_i}{y_i} = \frac{x_e}{y_e} \tag{5-5}$$

即
$$x_e y_i - x_i y_e = 0 \tag{5-6}$$

若加工点 $P(x_i, y_i)$,在直线 OA 的上方,则下式成立

$$x_e y_i - x_i y_e > 0 \tag{5-7}$$

若加工点 $P(x_i, y_i)$ 在直线 OA 的下方,则下式成立

$$x_e y_i - x_i y_e < 0 \tag{5-8}$$

由以上关系式可以看出 $(x_e y_i - x_i y_e)$ 的符号就反映了动点 P 与直线 OA 之间的偏差,为此采取函数 $F = x_e y_i - x_i y_e$。

依次可总结出 P 点与直线的相对位置关系如下。

当 $F=0$ 时,点 P 正好处在直线上;

当 $F>0$ 时,点 P 正好处在直线上方;

当 $F<0$ 时,点 P 正好处在直线下方。

可看出,对于直线 OA 来说,当点 P 在直线上方时,为了更靠拢直线,应该向 $+x$ 方向发一个脉冲,使刀具向 $+x$ 方向进给一步;当点 P 在直线下方时,为了更靠拢直线,应该向 $+y$ 方向发一个脉冲,使刀具向 $+y$ 方向进给一步;当 P 点正好在直线上时,既可向 $+x$ 方向进给一步,也可向 $+y$ 进给一步,但一般情况下,约定向 $+x$ 方向进给一步,从而将 $F>0$ 和 $F=0$ 归于一类。根据上述原则,从坐标原点开始,走一步,算一次,判别 F 的符号,逐点趋向直线,直至终点。

在插补计算、进给的同时还要进行终点判别,若已经到达终点,就不再进行插补运算,否则返回继续循环插补。一般地,终点判别有以下三种方法。

(1) 总步长法。以两个坐标方向位移的总步数作为计数值,每插补一次,不论哪个坐标进给一步,均从总步数中减1,当总步数减到零时即表示已到达终点。

(2) 投影法。以投影长度较大的坐标值作为终点判别计数值,在插补过程中,这个坐标进给一步,计数值减1,减到零时已到达终点。

(3) 终点坐标法。以两个方向的进给坐标值分别作为计数单元,在插补过程中,进给 x 方向,则 x 方向计数值减1,若进给 y 方向,则 y 方向计数值减1。当两者均减到零时,才表示到达终点位置。在上述推导和叙述过程中,均假设所有坐标值的单位是脉冲当量,每发一个脉冲,进给一个脉冲当量的距离。

逐点比较法直线插补计算流程如图 5-8 所示。

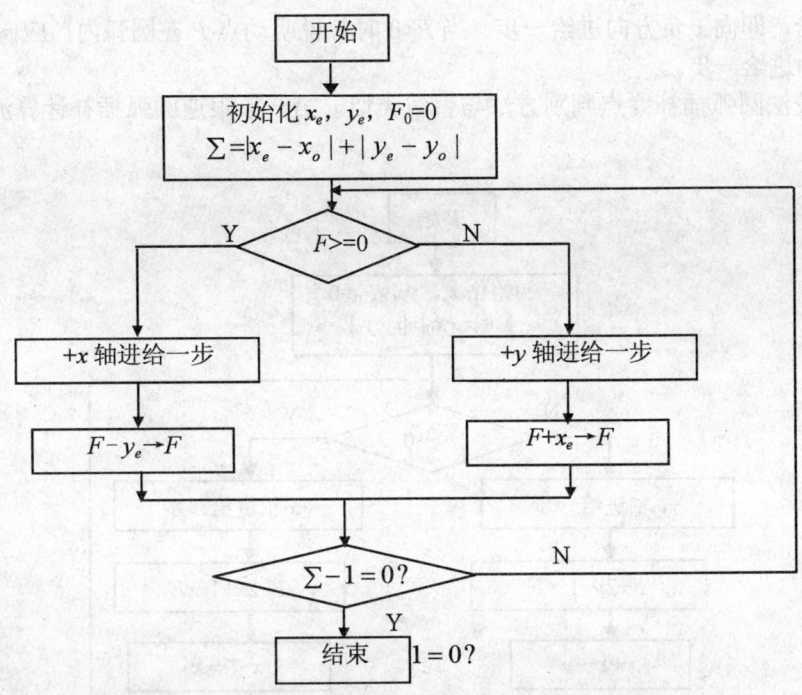

图 5-8 第一象限逐点比较法直线插补计算流程图

2. 逐点比较法圆弧插补

在圆弧加工过程中,是用动点到圆心的距离来反映刀具位置与被加工圆弧之间的相对关系,现以第一象限逆圆为例推导出偏差计算公式。设要加工逆时针走向的圆弧 AE,半径为 R,圆心在原点,起点坐标为 $A(x_0, y_0)$,刀具在动点 $P(x_i, y_i)$ 处,P 点与圆心的距离为 R_p。则通过比较该动点到圆心的距离与圆弧半径之间的大小就可反映出动点与圆弧之间的相对位置关系,即

当动点 P 正好落在圆弧上,则 $R_p = R$,即下式成立

$$x_i^2 + y_i^2 = x_0^2 + y_0^2 = R^2 \tag{5-9}$$

当动点 P 落在圆弧外侧,则 $R_p > R$,即

$$x_i^2 + y_i^2 > x_0^2 + y_0^2 = R^2 \tag{5-10}$$

当动点 P 落在圆弧内侧,则 $R_p < R$,即

$$x_i^2 + y_i^2 < x_0^2 + y_0^2 = R^2 \tag{5-11}$$

因此取偏差函数为

$$F = x_i^2 + y_i^2 - R^2 \tag{5-12}$$

由偏差计算公式可知,当 $F \geq 0$ 时,说明动点 P 在圆弧外或圆弧上,为了减小加工偏差,

应向圆内进给，即向 x 负方向进给一步。当 $F<0$ 时，说明动点 P 在圆弧内，应向圆外进给，即向 y 正方向进给一步。

逐点比较法圆弧插补终点判别方法与直线类似。第一象限逆圆弧插补计算流程如图 5-9 所示。

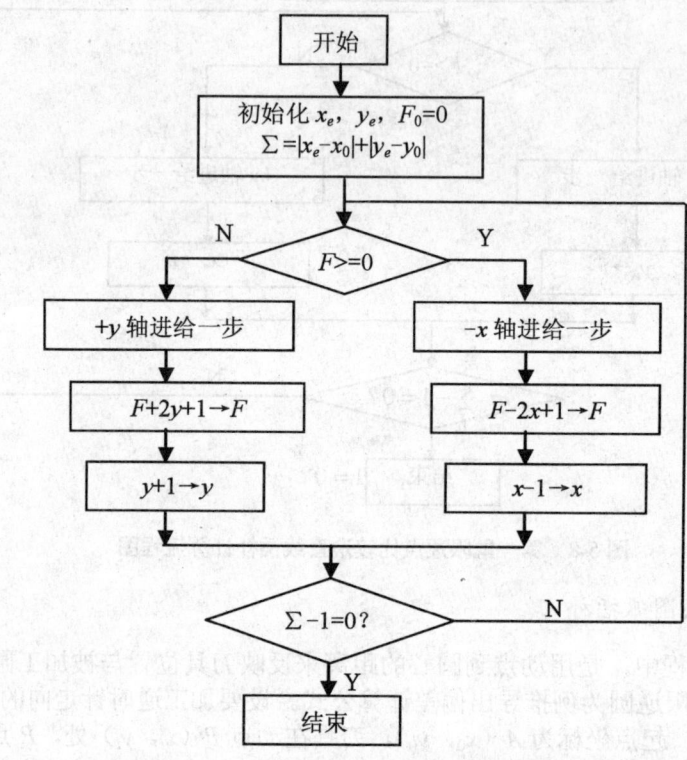

图 5-9　第一象限逐点比较法逆圆弧插补流程图

3. 插补象限和坐标变换

前面所讨论的关于逐点比较法直线和圆弧插补的原理、计算公式和软件流程图，只适用于第一象限直线和第一象限逆时针圆弧这种特定的情况。对于不同象限的直线和不同象限、不同走向的圆弧来说，其插补计算公式和脉冲进给方向都是不同的，但为了处理和实现的方便起见，尽量寻找其间共同规律，以利于优化程序设计，提高插补质量。

一般地，用 $L1$、$L2$、$L3$、$L4$ 分别表示第一、二、三、四象限的直线，而用 $SR1$、$SR2$、$SR3$、$SR4$ 分别表示四个象限的顺圆，$NR1$、$NR2$、$NR3$、$NR4$ 分别表示四个象限的逆圆。

（1）四个象限直线插补

与第一象限的插补情况和进给方向比较后发现,当被插补直线处于不同象限时,其计算公式及处理过程完全一样,仅仅是进给方向不用而已。依此可进一步总结出 $L1$、$L2$、$L3$、$L4$ 的进给方向如表 5-1 所示。由此可以设计出四个象限的直线插补通用软件流程,如图 5-10 所示(其中 J 为对应的寄存器)。

表 5-1 四个象限直线插补进给方向和偏差计算

线 型	偏差计算 $F>=0$	进 给	偏差计算 $F<0$	进 给
L1		$+\Delta x$		$+\Delta y$
L2	$F-y_e \to F$	$-\Delta x$	$F+X_e \to F$	$+\Delta y$
L3		$-\Delta x$		$-\Delta y$
L4		$+\Delta x$		$-\Delta y$

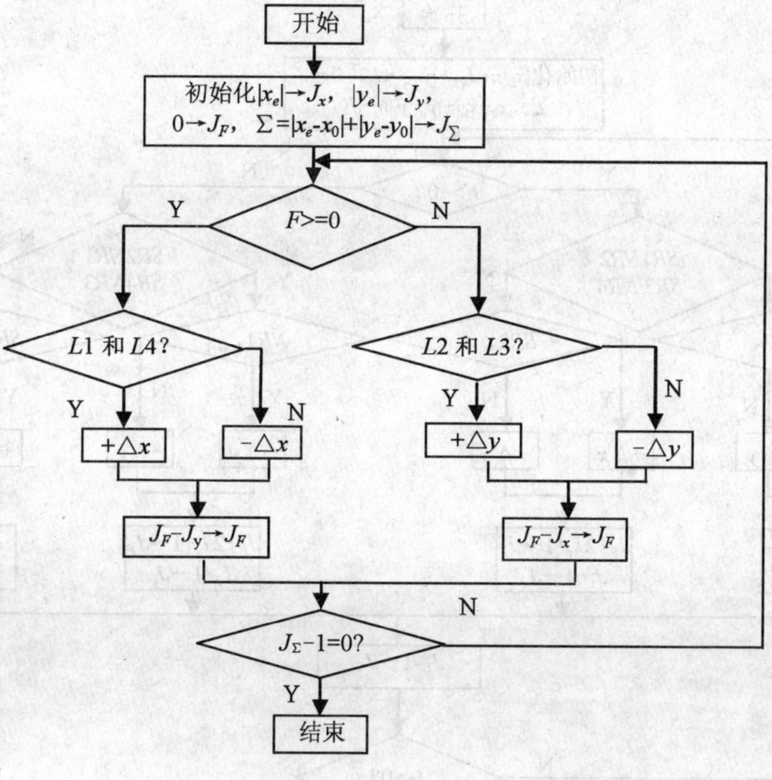

图 5-10 四个象限逐点比较法直线插补流程图

(2)四个象限圆弧插补

前面讨论了第一象限逆圆弧 $NR1$ 的插补,同理还可以推导出其余七种情况的圆弧插补公式,现将其进给情况汇总在表 5-2 中。

表 5-2　四个象限圆弧插补进给方向和偏差计算

线　型	偏差计算 $F>=0$	进　给 $F>=0$	偏差计算 $F<0$	进　给 $F<0$
SR1		$-\Delta y$		$+\Delta x$
SR3	$F-2y+1\rightarrow F$	$+\Delta y$	$F+2x+1\rightarrow F$	$-\Delta x$
NR2	$y-1\rightarrow y$	$+\Delta y$	$x+1\rightarrow x$	$-\Delta x$
NR4		$-\Delta y$		$+\Delta x$
SR2		$+\Delta x$		$+\Delta y$
SR4	$F-2x+1\rightarrow F$	$-\Delta x$	$F+2y+1\rightarrow F$	$-\Delta y$
NR1	$x-1\rightarrow x$	$-\Delta x$	$y+1\rightarrow y$	$+\Delta y$
NR3		$+\Delta x$		$-\Delta y$

圆弧插补八种线型对应的软件流程图如图 5-11 所示（其中 J 为对应的寄存器）。

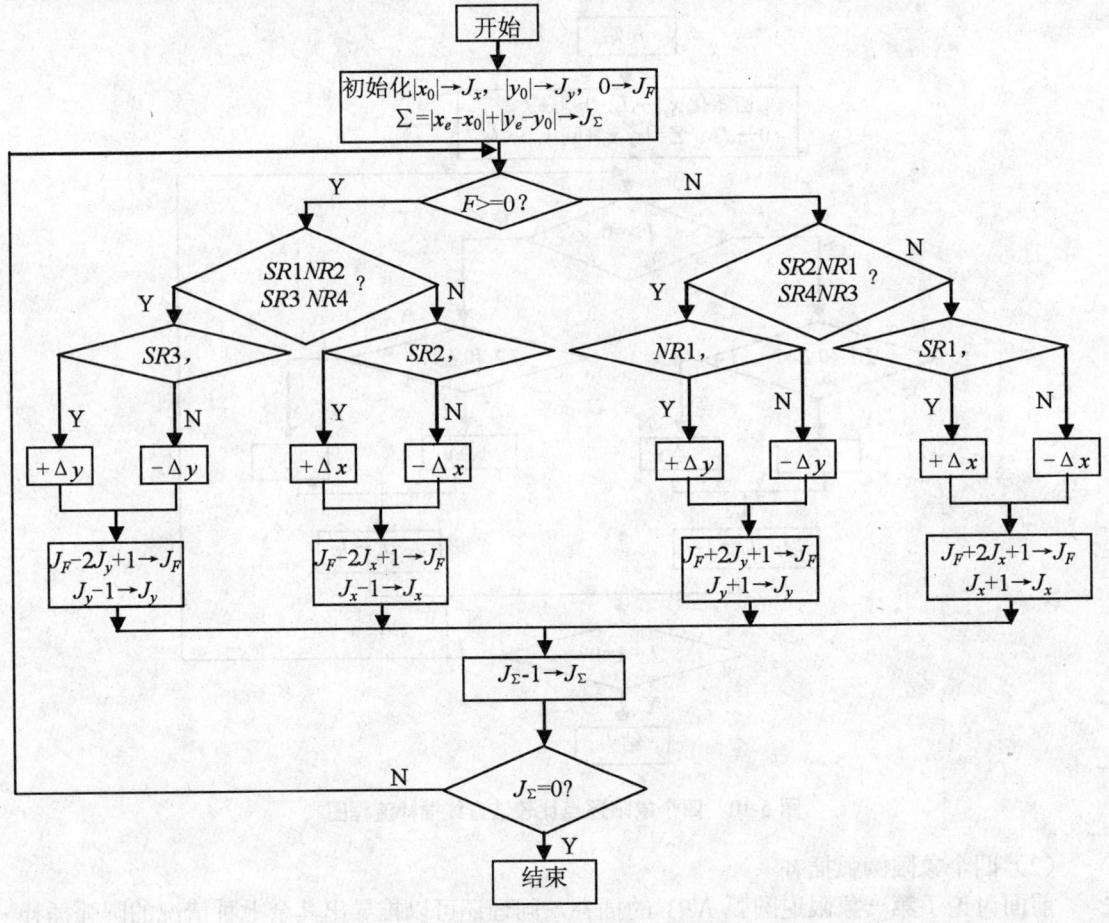

图 5-11　四个象限圆弧插补流程图

5.2.2 数字积分法

数字积分法又称 DDA（Digital Differential Analyzer）法。采用数字积分法进行插补，脉冲分配均匀，易于实现多坐标轴联动的插补，也较容易实现二次曲线的插补，所以数字积分法在轮廓控制系统方面获得了相当广泛的应用。下面就对数字积分法用于直线和圆弧插补的基本原理和实现方法进行阐述。

1. 数字积分法基本原理

从几何意义上讲，求函数的积分运算就是求此函数曲线所围成的面积。

$$S = \int_a^b y\mathrm{d}t = \lim \sum_{i=0}^{n-1} y(t_{i+1} - t_i) \tag{5-13}$$

若把自变量的积分区间[a，b]等分成许多有限的小区间，这样求面积可以转化成求有限个小区间面积之和，即

$$S = \sum_{i=0}^{n-1} \Delta S_i = \sum_{i=0}^{n-1} y_i \Delta t \tag{5-14}$$

数学运算时，一般取最小单位 1，即累加一次的单位时间间隔，则有

$$S = \sum_{i=0}^{n-1} y_i \tag{5-15}$$

由此可见，函数的积分运算变成了变量的求和运算。当所选取的积分间隔足够小时，则求和运算代替求积运算所引起的误差可以不超过允许值。

2. 数字积分法直线插补

设要加工第一象限直线，起点为坐标原点，终点为 $E(x_e, y_e)$，假定刀具进给速度为 v，则在两个坐标轴上的速度分量为 v_x 和 v_y，在 x 和 y 方向上移动的微小位移增量和应为

$$\Delta x = v_x \Delta t \tag{5-16}$$

$$\Delta y = v_y \Delta t \tag{5-17}$$

根据几何关系，可以看出

$$\frac{v}{OE} = \frac{v_x}{x_e} = \frac{v_y}{y_e} = K \tag{5-18}$$

在 Δt 时间内，x 和 y 位移量的参数方程为

$$\Delta x = v_x \Delta t = K x_e \Delta t \tag{5-19}$$

$$\Delta y = v_y \Delta t = K y_e \Delta t \tag{5-20}$$

动点（刀具）从原点走向终点的过程，可以看做是各坐标每经过一个单位时间间隔分别以增量 Kx_e 和 Ky_e 同时累加的结果。经过 m 次累加后，分别都到达终点 $E(x_e, y_e)$，即下式成立：

$$x = \sum_{i=1}^{m} Kx_e \Delta t = mKx_e = x_e \tag{5-21}$$

$$y = \sum_{i=1}^{m} Ky_e \Delta t = mKy_e = y_e \tag{5-22}$$

则
$$mK=1$$

或
$$m=1/K$$

上式表明，比例系数 K 和累加次数 m 的关系是互为倒数。因为 m 必须是整数，所以 K 一定是小数。在选取 K 时主要考虑每次增量 Δx 和 Δy 不大于 1，以保证坐标轴上每次分配进给脉冲不超过一个单位步距，即

$$\Delta x = Kx_e < 1 \tag{5-23}$$
$$\Delta y = Ky_e < 1 \tag{5-24}$$

式中 x_e、y_e 的最大允许值受系统中相应寄存器的容量限制。一般情况下，若假定寄存器是 n 位，则 x_e 和 y_e 的最大允许寄存器容量应为 $2^n - 1$，若取

$$K = \frac{1}{2^n}$$

则

$$Kx_e = \frac{1}{2^n}(2^n - 1) \tag{5-25}$$

$$Ky_e = \frac{1}{2^n}(2^n - 1) \tag{5-26}$$

显然，由上式决定的 Kx_e 和 Ky_e 是小于 1 的，这样，不仅决定了系数 K，而且保证了 Δx 和 Δy 小于 1 的条件。因此，刀具从原点到达终点的累加次数 m 就有 $m = \frac{1}{K} = 2^n$，也就是说，经过累加 $m = 2^n$ 后，动点（刀具）将正好到达终点 E。

当 $K = \frac{1}{2^n}$ 时，对二进制来说，Kx_e 和 x_e 的差别只在于小数点的位置的不同，将 x_e 的小数点左移 n 位即为 Kx_e。因此在 n 位的内存中存放 x_e 和存放 Kx_e 的数字是相同的，只是认为后者的小数点出现在最高位数 n 的前面，相当于将 x_e 缩小了 2^n 倍。

图 5-12 所示为数字积分法直线插补器，图中被

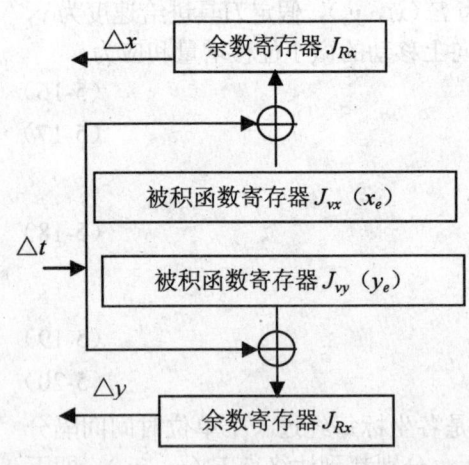

图 5-12 数字积分法直线插补器

积函数寄存器 J_{vx}、J_{vy} 分别存放终点坐标 x_e 和 y_e，J_{Rx}、J_{Ry} 分别为对应的余数寄存器。每当脉冲源发出一个控制脉冲信号，被积函数寄存器里的内容在相应的累加器中相加一次，当累加结果超出余数寄存器容量时，就溢出一个脉冲，而余数仍寄存在累加器中，这样经过 m 次累加后，每个坐标轴的溢出脉冲总数就等于该坐标的被积函数值 x_e 和 y_e，从而控制刀具到达了终点 E。

数字积分法直线插补软件流程如图 5-13 所示。插补开始前，余数寄存器清零，被积函数寄存器分别寄存 x_e 和 y_e，终点判别计数器输入累加次数 m，每累加一次，计数值减 1。当累加 m 次后，计数值减为 0，到达终点，插补结束。

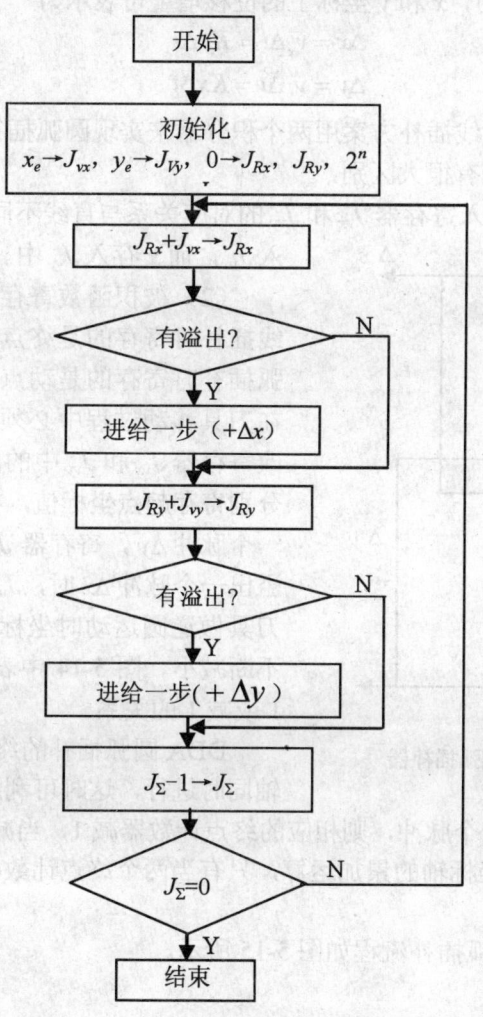

图 5-13 数字积分法直线插补软件流程

3. 数字积分法圆弧插补

以第一象限逆圆为例,设刀具沿圆弧 AB 移动。圆弧的起点为 $A(x_0, y_0)$,终点为 $B(x_e, y_e)$,半径为 R,刀具的切向速度为 v,在两坐标轴上的速度分量分别为 v_x 和 v_y,$P(x, y)$ 为动点。根据几何关系,有如下关系式:

$$\frac{v}{R} = \frac{v_x}{y} = \frac{v_y}{x} = K \tag{5-27}$$

式中 K 为比例常数。因为半径 R 为常数,切向速度 v 为匀速,所以 K 可认为是常数。在单位时间增量 Δt 内,x 和 y 坐标上的位移增量可表示为

$$\Delta x = v_x \Delta t = Ky\Delta t \tag{5-28}$$

$$\Delta y = v_y \Delta t = Kx\Delta t \tag{5-29}$$

根据此两式,仿照直线插补方案用两个积分器来实现圆弧插补,如图 5-14 所示。DDA 圆弧插补与直线插补相比有很大区别:

(1)坐标值 x 和 y 存入寄存器 J_{vx} 和 J_{vy} 的对应关系与直线不同,恰好位置对调,即 y 存入 J_{vx},而 x 存入 J_{vy} 中。

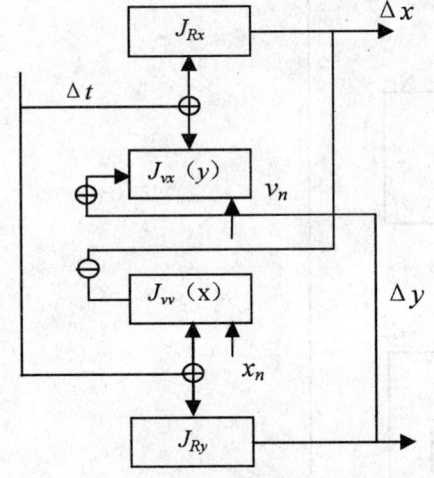

图 5-14 数字积分法圆弧插补器

(2)被积函数寄存器中存放的数据形式,直线插补时寄存的是终点坐标,是个常数,而在圆弧插补时寄存的是动点坐标,是个变量。因此,在刀具移动过程中必须根据刀具位置的变化来更改寄存器 J_{vx} 和 J_{vy} 中的内容。在起点时,J_{vx} 和 J_{vy} 分别寄存起点坐标值,在插补过程中,J_{Ry} 每溢出一个脉冲 Δy,寄存器 J_{vx} 应该加 1,反之,当 J_{Rx} 溢出一个脉冲 Δx 时,J_{vy} 应该减 1。减 1 的原因是刀具做逆圆运动时坐标的进给方向为负,动坐标不断减小。图 5-14 中表示修改动点坐标时这种加 1 或减 1 的关系。

DDA 圆弧插补的终点判别须对 x、y 两个坐标轴同时进行,这时可利用两个终点计数器来实现,当 x 或 y 坐标轴每输出一个脉冲,则相应的终点计数器减 1,当减到 0 时,则说明该坐标轴已达到终点,并停止该坐标轴的累加运算,只有当两个终点计数器均减到 0 时,才结束整个圆弧插补过程。

DDA 法第一象限圆弧插补流程如图 5-15 所示。

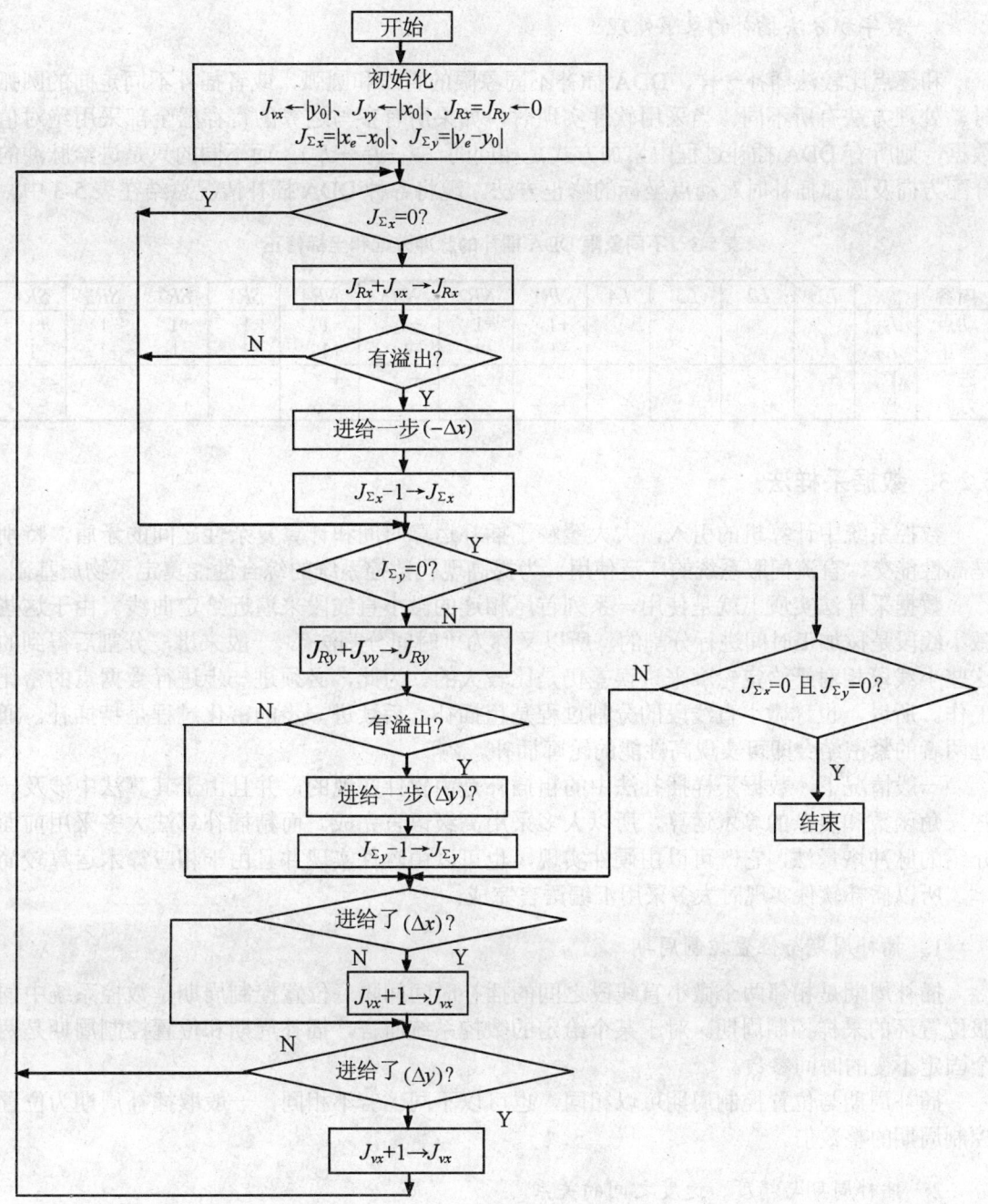

图 5-15 DDA 法第一象限圆弧插补流程

4. 数字积分法插补的象限处理

和逐点比较法插补一样，DDA 插补不同象限的直线和圆弧，或者插补不同走向的圆弧时，处理方法有所不同。当采用软件实现时，如果所有参与运算的寄存器全部采用绝对值数据，则所有 DDA 插补过程中累加方式是相同的（$J_R+J_V \to J_R$），而不同的只是进给脉冲的分配方向及圆弧插补时对动点坐标的修正方法。现将各种 DDA 插补情况总结在表 5-3 中。

表 5-3 不同象限 DDA 插补的脉冲分配和坐标修正

内容		L1	L2	L3	L4	NR1	NR2	NR3	NR4	SR1	SR2	SR3	SR4
动点修正	J_{VX}					+1	−1	+1	−1	−1	+1	−1	+1
	J_{VY}					−1	+1	−1	+1	+1	−1	+1	−1
进给方向	X	+	−	−	−	−	−	+	+	+	+	−	−
	Y	+	+	−	+	+	−	−	+	−	+	+	−

5.2.3 数据采样法

数控系统中计算机的引入，大大缓解了插补运算时间和计算复杂性之间的矛盾，特别是高性能交、直流伺服系统的广泛使用，为提高现代数控系统的综合性能奠定了物质基础。

数据采样法实质上就是使用一系列首尾相连的微小直线段来逼近给定曲线。由于这些微小线段是按加工时间进行分割的，所以又称为"时间分割法"。一般来讲，分割后得到的这些小线段相对于给定轮廓来讲误差仍是比较大的。为此，必须进一步进行数据点的密化工作。所以，也称微小直线段的分割过程是粗插补，后续进一步的密化过程是精插补。通过两者的紧密结合即可实现高性能的轮廓插补。

一般情况下，数据采样插补法中的粗插补是由软件实现的，并且由于其算法中涉及一些三角函数和复杂的算术运算，所以大多采用高级语言完成。而精插补算法大多采用前面介绍的脉冲增量法，它既可以由硬件实现，也可以由软件实现并且由于相应算术运算较简单，所以插补软件实现时大多采用汇编语言完成。

1. 插补周期与位置控制周期

插补周期是相邻两个微小直线段之间的插补时间间隔。位置控制周期是数控系统中伺服位置环的采样控制周期。对于某个给定的数控系统而言，插补周期和位置控制周期是两个固定不变的时间参数。

插补周期与位置控制周期可以相同，也可以不同。若不相同，一般取插补周期为位置控制周期的整数倍。

2. 插补周期与精度、速度之间的关系

数据采样插补法的核心问题是如何计算各坐标轴的增量值（而不是单个脉冲），有了前

一个周期末的动点坐标值和本次插补周期内的坐标增长值，就很容易计算出本插补周期末的动点命令位置坐标值。对于直线插补来讲，插补分割后的轮廓步长小直线段与给定直线重合，不会造成插补误差；而在圆弧插补过程中，一般采用切线或内接弦线来逼近圆弧，从而造成了轮廓插补误差。

3. 数据采样法直线插补

（1）数据采样直线插补原理

设刀具在 XY 平面内做直线运动，起点在原点，终点为 $E(X_e, Y_e)$，刀具移动速度为 F。设插补周期为 T，则每个插补周期的进给步长为

$$\Delta L = FT \tag{5-30}$$

各坐标轴的位移量为

$$\Delta X = \frac{\Delta L}{L} X_e = K X_e \tag{5-31}$$

$$\Delta Y = \frac{\Delta L}{L} Y_e = K Y_e \tag{5-32}$$

式中：L——直线段长度；

K——系数，$K = \frac{\Delta L}{L}$。

插补动点 i 的坐标

$$X_i = X_{i-1} + \Delta X_i = X_{i-1} + K X_e \tag{5-33}$$

$$Y_i = Y_{i-1} + \Delta Y_i == Y_{i-1} + K Y_e \tag{5-34}$$

（2）数据采样直线插补算法

CNC 装置的插补算法计算一般分两步完成。第一步是插补准备，完成一些如 $K = \frac{\Delta L}{L}$ 的常数值计算，每个程序段中通常只需计算一次；第二步是插补计算，每个插补周期中进行一次，每次算出一个插补坐标 (X_i, Y_i)，常用算法如下。

① 进给率数法

插补准备

$$K = \frac{\Delta L}{L} \quad (\text{进给率数})$$

插补计算

$$\Delta X_i = K X_e$$
$$\Delta Y_i = K Y_e \tag{5-35}$$
$$X_i = X_{i-1} + \Delta X_i$$
$$Y_i = Y_{i-1} + \Delta Y_i \tag{5-36}$$

② 方向余弦法

插补准备

$$\cos\alpha = \frac{X_e}{L}$$

$$\cos\beta = \frac{Y_e}{L} \tag{5-37}$$

插补计算

$$\Delta X_i = \Delta L \cos\alpha$$
$$\Delta Y_i = \Delta L \cos\beta \tag{5-38}$$

$$X_i = X_{i-1} + \Delta X_i$$
$$Y_i = Y_{i-1} + \Delta Y_i \tag{5-39}$$

③ 直接函数法

插补准备

$$\Delta X_i = \frac{X_e}{L}\Delta L$$

$$\Delta Y_i = \frac{Y_e}{L}\Delta L \tag{5-40}$$

插补计算

$$X_i = X_{i-1} + \Delta X_i$$
$$Y_i = Y_{i-1} + \Delta Y_i \tag{5-41}$$

4. 数据采样法圆弧插补

圆弧插补的基本思想是在满足精度要求的前提下，用弦进给代替弧进给，即用直线逼近圆弧。

一逆时针走向圆弧，圆心在坐标原点，起点 $A(x_a, y_a)$，终点 $E(x_e, y_e)$，圆弧插补的要求是在已知刀具移动速度 F 的条件下，计算出圆弧段上的若干插补点，并使每对插补点之间的弧长 ΔL 满足下式

$$\Delta L = FT$$

由于圆弧是二次曲线，计算复杂程度较直线高得多。圆弧插补算法的主要要求是使圆弧插补计算快捷准确。下面介绍其中的一种双 DDA 插补算法，是一种扩展 DDA 插补算法。

一般的 DDA 圆弧插补，在求某一动点 (x_i, y_i) 处的增量 Δx_i、Δy_i 时，以该点坐标值作为被积函数，并以该点增量值 Δx_i 和 Δy_i 去修正该点的坐标，得到下一点 (x_{i+1}, y_{i+1})，即下一步圆弧插补的被积函数。

双 DDA 圆弧插补采用两组公式，第一组公式先求 Δy_i，用 $Y_{i+1} = Y_i + \Delta Y_i$ 去求 Δx_i，即用下一采样周期坐标点的 Y 值 Y_{i+1} 求当前动点的 Δx_i 值；第二组先求 Δx_i，然后用修正的 $\Delta X_{i+1} = X_i + \Delta X_i$ 求当前点的 Δy_i 值，公式如下。

第一组：

第一步

$$\Delta Y_{01} = \frac{V}{R} X_{01} \qquad Y_{11} = Y_{01} + \Delta Y_{01}$$

$$\Delta Y_{01} = -\frac{V}{R} Y_{11} \qquad X_{11} = X_{01} + \Delta X_{01} \tag{5-42}$$

第二步

$$\Delta Y_{11} = \frac{V}{R} X_{11} \qquad Y_{21} = Y_{11} + \Delta Y_{11}$$

$$\Delta X_{11} = -\frac{V}{R} Y_{12} \qquad X_{21} = X_{11} + \Delta X_{11} \tag{5-43}$$

第二组：
第一步

$$\Delta X_{02} = -\frac{V}{R} Y_{02} \qquad X_{12} = X_{02} + \Delta X_{02}$$

$$\Delta Y_{02} = \frac{V}{R} X_{12} \qquad Y_{12} = Y_{02} + \Delta Y_{02} \tag{5-44}$$

第二步

$$\Delta X_{12} = -\frac{V}{R} Y_{12} \qquad X_{22} = X_{12} + \Delta X_{12}$$

$$\Delta Y_{12} = \frac{V}{R} X_{22} \qquad Y_{22} = Y_{12} + \Delta Y_{12} \tag{5-45}$$

每次取两组计算出的平均值作为本次采样周期的数字增量值。
第一步

$$\Delta X_0 = \frac{\Delta X_{01} + \Delta X_{02}}{2}$$

$$\Delta Y_0 = \frac{\Delta Y_{01} + \Delta Y_{02}}{2} \tag{5-46}$$

第二步

$$\Delta X_1 = \frac{\Delta X_{11} + \Delta X_{12}}{2}$$

$$\Delta Y_1 = \frac{\Delta Y_{11} + \Delta Y_{12}}{2} \tag{5-47}$$

第三步

$$\Delta X_i = \frac{\Delta X_{i1} + \Delta X_{i2}}{2}$$

$$\Delta Y_i = \frac{\Delta Y_{i1} + \Delta Y_{i2}}{2} \tag{5-48}$$

式 5-48 中，坐标值下标中的第一个数字表示动点，第二个数字表示组号。

取两组计算结果的平均值作为采样周期的数字增量值。经过这样处理后，一组坐标点在圆内，另一组坐标点在圆外，取平均值后误差大为减小。设圆弧起点为 P_0，先求出 $B(X_{11}, Y_{11})$ 点和 $C(X_{12}, Y_{12})$ 点，取 B 和 C 点的中值的实际插补点 $P1(X1, Y1)$。然后以 B 点为基点求出 $F(X_{21}, Y_{21})$，以 C 点为基点求出 $G(X_{22}, Y_{22})$，取 F 和 G 点的中值得实际的第二插补点 P_2。以此类推，可以求出一系列插补点 $P1, P2, \cdots, Pi, \cdots Pn$。

5.2.4 其他插补方法

1. 比较积分法

前面已经讲过，逐点比较法速度比较平稳，调整方便，但不易实现多坐标轴的联动。数字积分法便于坐标轴的扩展，但速度控制不方便。为此，将两者结合在一起的比较积分法能够集两者的优点于一身，实现各种函数和多坐标轴联动插补，且插补精度较高，运算简单，易于调整，是一种较理想的脉冲增量式插补方法。

（1）比较积分法直线插补

已知一条直线的起点在原点 $O(0, 0)$，终点 $E(x_e, y_e)$，则直线上的动点 $P(x_i, y_i)$ 必然满足方程

$$y_i = \frac{y_e}{x_e} x_i \tag{5-49}$$

对上式求微分得

$$\frac{\mathrm{d}y_i}{\mathrm{d}x_i} = \frac{y_e}{x_e} \tag{5-50}$$

如果引入时间变量 t，分别对被积函数 x_e 和 y_e 进行积分就得到数字积分法的直线插补。现在不这样做，而是设法用比较判别的方法来建立两个积分的联系。现将上式改写为

$$y_e \mathrm{d}x_i = x_e \mathrm{d}y_i \tag{5-51}$$

用矩形公式来求积就得到：

$$y_e + y_e + y_e \cdots = X_e + X_e + X_e \cdots$$

需要指出，上式等号两边求和的项数不一定相等，等式左边是 x 项，而等式右边是 y 项。同时也表明，每当 x 方向发出一个进给脉冲，相当于积分值增加了 y_e；而每当 y 方向发出一个进给脉冲，相当于积分值增加了 x_e。因此，为了得到所要求的插补直线，必须协调控制两个方向发出的脉冲数目，即 x 方向发出 x_i 个进给脉冲，y 方向发出 y_i 个进给脉冲，从而保证两边和式相等，也只有这样才能说明动点 P 处于该直线上；反之，若等号两边和式不等，则说明动点 P 不处于该直线上。

要实现直线插补，必须始终保持上述两个积分相等。为此，仿照逐点比较法的思路引

入一个判别函数 F，所不同的是，这个判别函数定义为 x 轴脉冲总时间间隔与 y 轴脉冲总时间间隔之差，即令

$$F_i=(y_e+y_e+y_e\cdots)-(x_e+x_e+x_e\cdots) \tag{5-52}$$

然后根据各动点处 F 之值来决定下一步的进给方向。现假设向+x 轴方向进给一步，则有

$$F_{i+1}=F_i+y_e \tag{5-53}$$

若向+y 方向进给一步，则有

$$F_{i+1}=F_i+y_e \tag{5-54}$$

若向+x 和+y 方向同时进给一步，则有

$$F_{i+1}=F_i+y_e-x_e \tag{5-55}$$

在具体实现时，可用一个脉冲源控制运算速度，从起点开始，每发出一个脉冲就计算一次 F 值，根据 F 的正负决定刀具的进给方向。当 $F>0$ 时，说明 x 轴输出脉冲时间超前，这时应使 y 轴进行 x_e 的累加；当 $F<0$ 时，则说明 y 轴输出脉冲时间超前，这时应使 x 轴进行 y_e 的累加；依次循环进行下去即可实现直线插补。

由于上述过程是通过将两个积分式相比较的办法来实现插补，故称之为比较积分法。同时，又由于在插补过程中是比较各坐标轴脉冲间隔的大小进行脉冲分配，故又称之为脉冲间隔法。

比较积分法同逐点比较法相似，每发出一个脉冲也同样需要做偏差判别、坐标进给、新偏差计算和终点比较等节拍的工作。现将比较积分法直线插补的实现步骤归纳如下。

① 确定基准轴。在插补时取脉冲间隔小的轴作为基准轴，即该轴对应的脉冲密度较高，这样每次判别时，基准轴均发出一个脉冲，而另一个非基准轴是否发出脉冲要根据判别函数 F 的正负值来确定。也就是说，当 $x_e>y_e$ 时，取 x 轴为基准轴；反之，当 $x_e<y_e$ 时，取 y 轴为基准轴。

② 坐标进给。脉冲源发出一个脉冲，则依 F 的符号确定进给坐标轴。规则是：当 x 轴作为基准轴时，若 $F>=0$，则同时进给+Δx 和+Δy；若 $F<0$，则只进给+Δx。当 y 轴为基准轴时，若 $F>0$，则只进给+Δy；若 $F<0$，则同时进给+Δx 和+Δy。

③ 新偏差计算。根据进给情况计算新偏差值。

④ 终点比较。当 $x=x_e$、$y=y_e$ 时，插补结束，否则继续重复上述步骤。

（2）比较积分法圆弧插补

已知第一象限顺圆弧 AB，其圆心为原点，起点为 $A(x_0, y_0)$，终点为 $B(x_e, y_e)$，半径为 R，则圆弧上的动点 $P(x_i, y_i)$，满足方程

$$x^2+y^2=R^2 \tag{5-56}$$

对上式两边微分得

$$\frac{dy}{dx}=-\frac{x}{y}=\frac{v_y}{v_x}$$

亦即有

$$ydy = -xdx \tag{5-57}$$

对上式用矩形公式求积得到

$$-\sum_{y_0}^{y_e} y_i \Delta y_i = \sum_{x_0}^{x_e} x_i \Delta x_i \tag{5-58}$$

现令

$$\Delta x_i = \Delta y_i = 1$$
$$x_e = x_0 + m,\ y_e = y_0 + m$$

经变量替换，上面的积分求和公式变为

$$\sum_{i=0}^{m}(x_0 + i) = \sum_{j=0}^{n}(y_0 - j) \tag{5-59}$$

上式表示：若用进给脉冲的时间间隔来描述圆的动点变化规律，则圆函数的脉冲时间间隔在插补过程中是变化的。进一步可见，等式两边是两组等差数列，等式右边数列公差为-1，左边数列公差为+1。这说明在插补过程中，x 轴和 y 轴每发出一个进给脉冲之后，被积函数 x 或 y 进行加 1 或减 1 修正，也正是这种加 1、减 1 修正的等差数列才得以控制插补出圆弧轨迹。

上式表示的和式适用于 SR1、SR3、NR2、NR4。同理可得适用于 SR2、SR4、NR1、NR3 的矩形求和公式为

$$\sum_{i=0}^{m}(x_0 - i) = \sum_{j=0}^{n}(y_0 + j) \tag{5-60}$$

为了实现圆弧插补运算，也须引入偏差函数 F 来控制进给方向。所不同的是，除偏差运算外，在 x 轴或 y 轴每发出一个进给脉冲后，还要对被积函数作加 1 或减 1 修正，同时还要根据动点坐标来更换基准轴和实现过象限的处理。

5.3 数控技术补偿原理与实现

在轨迹控制中，为了保证一定的精度和编程方便，通常需有刀具位置补偿和半径补偿功能。

5.3.1 刀具半径补偿原理与实现

在轮廓加工过程中，为了编程和加工的方便，零件加工程序是按零件的实际轮廓编制的。但实际切削加工时，数控系统是按刀具中心轨迹控制刀具与工件的相对运动。由于刀具总有一定的半径，刀具切削运动实际形成的轨迹就不是零件轮廓线，而是相对于编程轨

迹偏移了一个半径值。因此，数控系统需要能够根据零件轮廓信息和刀具半径自动地计算出刀具中心轨迹，使其自动偏移编程轨迹一个半径值。此功能称为刀具半径补偿功能。

刀具半径补偿功能是数控加工中的一个重要功能。刀具半径补偿有两种方法，一种是采用圆弧过渡的方法，在两段轮廓交接处采用圆弧过渡。过渡圆弧段由编程人员事先计算出来，插入原来相邻的直线或圆弧程序段之间。这种方法的刀补运算简单，但不易加工出两直线相交的尖角。另一种是 C 功能刀具半径补偿方法，在两段轮廓转接处采用直线过渡。在 C 刀补中，考虑到下一段程序对本段加工轨迹的影响，在计算本程序段的刀具中心轨迹时，提前将下一程序段读入，根据它们之间转换的具体情况，做出适当的处理。采用 C 刀补方法分析相邻两程序段轮廓轨迹的转接情况，导出计算刀具中心轨迹的交点坐标的公式。

对于一般的数控系统，所能实现的轮廓控制仅限于直线和圆弧。所以前后两程序段轮廓轨迹转接情况一般有四种：直线与直线转接、直线与圆弧转接、圆弧与直线转接、圆弧与圆弧转接。根据两程序段轨迹矢量之间的夹角和刀具补偿类型的不同，可以将轨迹间的转接型式分为三类：缩短型、伸长型和插入型。经过对各种转接类型刀具补偿情况的分析计算，可对其分类总结如表 5-4 所示。

表 5-4　各种情况下转接形式分类

刀补方向	$\sin\alpha$	$\cos\alpha$	α 所在象限	转接类型
左刀补（G41）	正	正	I	缩短型
	正	负	II	缩短型
	负	负	III	插入型
	负	正	IV	伸长型
右刀补（G42）	正	正	I	伸长型
	正	负	II	插入型
	负	负	III	缩短型
	负	正	IV	缩短型

（1）直线与直线转接

图 5-16 为直线与直线的各种转接进行左刀补的情况。编程轨迹为 $OA \rightarrow AF$，α_1、α_2 是矢量 OA、AF 与 X 轴正向的夹角，夹角 $\alpha = \alpha_2 - \alpha_1$。刀具半径值为 $AB = AD = r$。图 5-16（a）、（b）、（d）中，刀具中心轨迹为 $JC \rightarrow CK$，而图 5-16（c）中，刀具中心轨迹为 $JC \rightarrow CC' \rightarrow C'K$。其中，求交点 C 和 C' 的坐标值是 C 刀补算法的关键问题。刀具中心轨迹交点 C 的坐标值的通用表达式为：

$$\begin{cases} X_C = X_A + \overrightarrow{AC}_X \\ Y_C = Y_A + \overrightarrow{AC}_Y \end{cases} \tag{5-61}$$

式中：$\overrightarrow{AC}_X$ 为转接矢量 $\overrightarrow{AC}$ 的 X 分量，$\overrightarrow{AC}_Y$ 为转接矢量 $\overrightarrow{AC}$ 的 Y 分量。

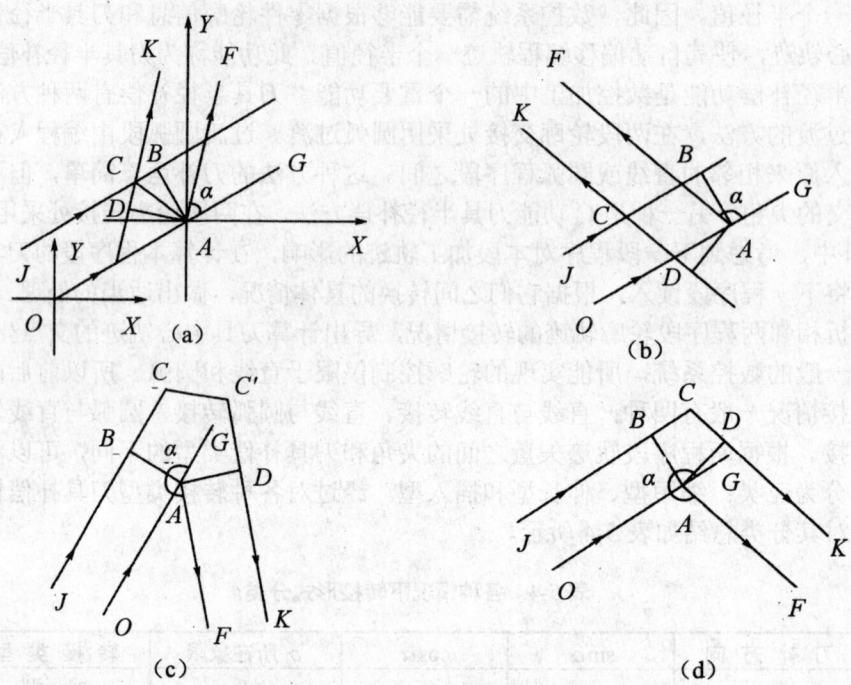

(a)、(b) 缩短型转接；(c) 插入型转接；(d) 伸长型转接

图 5-16　直线与直线的转接情况（左补偿）

通过分析计算可知，缩短型和伸长型交点 C 的计算公式一样，为

$$\begin{cases} X_C = X_A - kr(\sin\alpha_1 + \sin\alpha_2)/[1 + \cos(\alpha_2 - \alpha_1)] \\ Y_C = Y_A + kr(\cos\alpha_1 + \cos\alpha_2)/[1 + \cos(\alpha_2 - \alpha_1)] \end{cases} \tag{5-62}$$

式中：k 为刀具补偿系数，左刀补时，$k=1$；右刀补时，$k=-1$；以下同。

对于插入型转接，可求得公式：

$$\begin{cases} X_C = X_A + r(\cos\alpha_1 - k\sin\alpha_1) \\ Y_C = Y_A + r(\sin\alpha_1 + k\cos\alpha_1) \end{cases}$$
$$\begin{cases} X_{C'} = X_A + r(-k\sin\alpha_2 - \cos\alpha_2) \\ Y_{C'} = Y_A + r(k\cos\alpha_2 - \sin\alpha_2) \end{cases} \tag{5-63}$$

经过分析计算，直线与圆弧、圆弧与直线以及圆弧与圆弧转接的伸长型和插入型交点 C 的计算同直线与直线转接的计算公式相同，因此以下只需讨论缩短型交点 C 的计算公式。

（2）直线与圆弧转接

图 5-17 为直线与圆弧的缩短型转接进行左刀补的情况。编程轨迹为 $OA \to AF$，α_1 是矢

量 OA 与 X 轴正向的夹角，α_2 是圆弧在 A 点处的切线与 X 轴正向的夹角，夹角 $\alpha = \alpha_2 - \alpha_1$。圆弧半径值为 R。

总结各种情况下直线与圆弧的缩短型转接计算公式：

$$\begin{cases} X_C = X_{O'} + kf\cos\alpha_1 \sqrt{(R-fr)^2 - |CM|^2} + f|CM|\sin\alpha_1 \\ Y_C = Y_{O'} + kf\sin\alpha_1 \sqrt{(R-fr)^2 - |CM|^2} - f|CM|\cos\alpha_1 \end{cases} \tag{5-64}$$

式中：$|CM| = R\cos\alpha - fr$。f 为圆弧方向系数，逆时针时，$f=1$；顺时针时，$f=-1$；以下同。

（3）圆弧与直线转接

图 5-18 为圆弧与直线的缩短型转接进行左刀补的情况。编程轨迹为 $OA \to AF$，α_1 是圆弧在 OA 点处的切线与 X 轴正向的夹角，α_2 是矢量 AF 与 X 轴正向的夹角，夹角 $\alpha = \alpha_2 - \alpha_1$。圆弧半径值为 R。

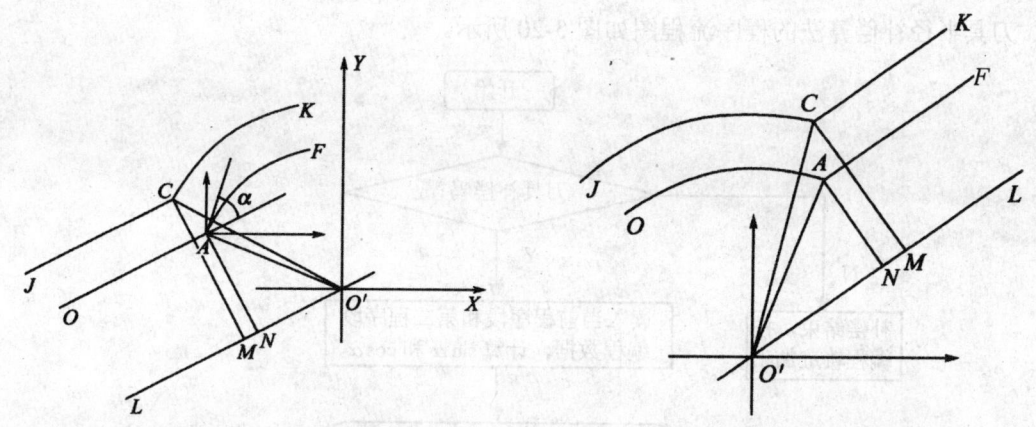

图 5-17 直线与圆弧转接　　图 5-18 圆弧与直线转接

总结各种情况下圆弧与直线的缩短型转接计算公式：

$$\begin{cases} X_C = X_{O'} - kf\cos\alpha_2 \sqrt{(R-fr)^2 - |CM|^2} - f|CM|\sin\alpha_2 \\ Y_C = Y_{O'} - kf\sin\alpha_2 \sqrt{(R-fr)^2 - |CM|^2} + f|CM|\cos\alpha_2 \end{cases} \tag{5-65}$$

式中：$|CM| = R\cos\alpha + fr$。

（4）圆弧与圆弧转接

图 5-19 为圆弧与圆弧的缩短型转接进行左刀补的情况。编程轨迹为 $OA \to AF$，α_1、α_2 是圆弧 OA、AF 在 A 点处的切线与 X 轴正向的夹角，夹角 $\alpha = \alpha_2 - \alpha_1$。圆弧半径值分别为 R_1 和 R_2。

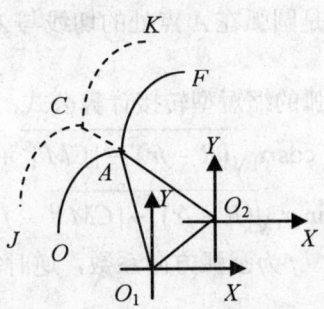

图 5-19 圆弧与圆弧转接

总结各种情况下圆弧与圆弧的缩短型转接计算公式：

$$\begin{cases} X_C = X_A + |O_1C|(\cos\angle XO_1O_2 \cos\angle CO_1O_2 + \sin\angle XO_1O_2 \sin\angle CO_1O_2) - R_1\sin\alpha_1 \\ Y_C = Y_A + |O_1C|(\sin\angle XO_1O_2 \cos\angle CO_1O_2 - \cos\angle XO_1O_2 \sin\angle CO_1O_2) - R_1\cos\alpha_1 \end{cases} \quad (5\text{-}66)$$

刀具半径补偿算法的程序流程图如图 5-20 所示。

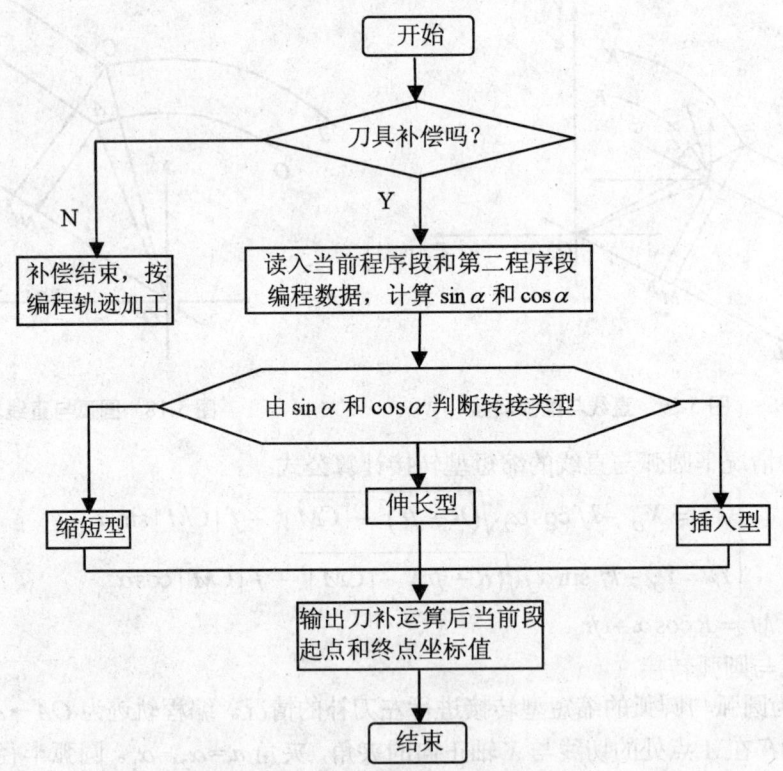

图 5-20 刀具半径补偿程序流程图

本小节介绍了 CNC 系统中刀具半径 C 补偿的原理和实现方法，算法综合了刀具补偿中所有可能出现的情况，经实践证明，本算法计算简单，可应用于各种数控系统中，具有很强的实用性。

5.3.2 刀具长度补偿原理与实现

当采用不同尺寸的刀具加工同一轮廓尺寸的零件，或同一名义尺寸的刀具因换刀重调或磨损而引起尺寸变化时，为了编程方便和不改变已制备好的穿孔带（或程序），数控装置常备有刀具位置补偿机能，将变化的尺寸通过拨码开关或键盘进行手动输入，便能自动进行补偿。

（1）刀具位置补偿计算

图 5-21 为数控车床的装有不同尺寸刀具的四方刀架。设图示刀架中心位置为各刀具的换刀点，并以 1 号刀具刀尖 B 点为所有刀具的编程起点。当 1 号刀从 B→A 时，其增量值（编程值）为：

$$U_{BA} = X_A - X_1 \tag{5-67}$$
$$W_{BA} = Z_A - Z_1 \tag{5-68}$$

当换 2 号刀加工时，2 号刀刀尖处在 C 点位置，要想运用 A、B 两点坐标值以实现 C→A，就必须知道 B 点与 C 点的坐标位置的差值。用这个差值对 B→A 的位移量进行修正、补偿就能实现 C→A。为此，把 B 点（作为基准刀尖位置）对 C 点的位置差值用以 C 点为坐标原点的 I、K 直角坐标系（据 GB/T12204－90）表示（见图 5-21）。

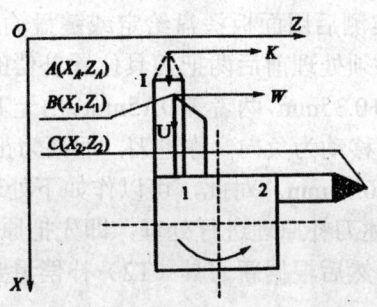

图 5-21 换刀后刀补示意图

当 C→A 时：

$$U_{CA} = (X_A - X_1) + I_{补} \tag{5-69}$$
$$W_{CA} = (Z_A - X_1) + K_{补} \tag{5-70}$$

式中：$I_{补}$、$K_{补}$ 为刀补量，可用拨码开关或键盘输入。

在一般数控车床中，X、Z 两轴（据 GB／T12204—90）向通常设有八组这种刀补开关，使用时将所选用的组号编入程序，机器便可自动地按该组预置的位置差值对所选用的刀具位置进行补偿。考虑到位置差值的最大值，一般用四位数，即最大补偿值为 99.99mm。

前述解决了 2 号刀从 C 点移到 A 点的位置补偿问题，但当它从 A 点回到 C 点时，如果还是简单地输入 B 点坐标，则必然会出现刀具回不到换刀原点位置（即 2 号刀尖回到 1 号刀尖的位置）。

由图 5-21 可见，2 号刀尖从 A 点回到 C 点与 1 号刀尖从 A 点回到 B 点相差一个刀补值，即

$$U_{AC} = (X_1 - X_A) - I_{补}, \quad W_{AC} = (Z_1 - Z_A) - K_{补} \tag{5-71}$$

把等式变换一下：

$$U_{AC} = -[(X_A - X_1) + I_{补}] \tag{5-72}$$

$$W_{AC} = -[(Z_A - Z_1) + K_{补}] \tag{5-73}$$

这与 UCA、WCA 比较，正好是符号相反、绝对值相等，而该补偿量寄存在拨码开关上（或存在机器中的存储器内）。因此，在刀具复位过程中，只需将此补偿量的正、负号取反，而数值不变。我们把这种补偿一个反量的过程称为刀具位置补偿撤销。

有了刀具位置补偿及撤销机能，给编制程序、换刀、磨损的修正带来了很大的方便。对于使用不同的刀具，只要进行一次刀具位置补偿，即在换刀以前把原刀具的补偿量撤销，再用新换的刀具进行补偿。补偿量（相对基准刀）可通过实测获得。

(2) 刀具位置补偿的处理方法

从上述刀补原理中可以知道，刀具位置补偿的最终实现反映在刀架移动上。各把刀具位置的补偿量和方向可通过实测后用面板拨盘给定或键盘输入存放在机器中，并在刀具更换时读入。而机器在补偿前必须处理前后两把刀具位置补偿的差别。例如，T1 刀具补偿量为 +0.50mm，T2 刀具补偿量为 +0.35mm，两者差 0.15mm。由于 T2-T1=+0.35-0.50=-0.15mm（车床坐标系规定：向床头箱移动为负向，称进刀，远离为正，称退刀），也就是说，在 T1 更换为 T2 时，要求刀架前进 0.15mm。对此，可以作如下处理。

① 在更换刀具时，按上述刀补原理进行处理，即先把原来刀具（T1）补偿量撤销（根据上例，刀架前进 0.50mm），然后根据新刀具（T2）补偿量要求退回 0.35mm，这样，刀架实际上前进了差值 0.15mm。

② 在更换刀具时，立即进行新换刀具的补偿量和原来刀具补偿量（老刀具补偿量）的差值运算，并根据这个差值进行刀具补偿，这种方法称差值补偿法。这个方法实际上是把原刀具补偿量的撤销和新刀具补偿量的读入进行复合。剖析上面所举例子，就可以清楚地看出：设 T1 刀补量为 0.50mm，T2 刀补量为 0.35mm，现要求由 T1 更换为 T2。这时，按第一种方法：先把 T1 补偿量撤销，即输入一个 T1 补偿量的反量 -0.50mm，使刀架前进

0.50mm，并输入 T2 补偿量 0.35mm，又使刀架退出 0.35mm。而刀架两次移动的结果，刀架总的前进了 0.15mm。第二种方法则是这两者的复合，即刀架开始保持原位，先求两者代数和：-(+0.5)+(0.35) = -0.15mm，此式可变为 T2-T1 = +0.35 -0.50 = -0.15mm，然后，刀架按这个差值移动。两种方法运算结果相同，但逻辑设计思路不同。差值补偿法不仅简化可编程，而且减少了刀架的移动次数。

5.4 习 题

1. 何谓插补？有哪两类插补算法？
2. 试述逐点比较法的四个节拍，它的合成速度与脉冲源频率有何关系？
3. 逐点比较法直线插补和圆弧插补的偏差判别函数各是什么？与动点位置有何关系？
4. 数据采样插补是如何实现的？
5. 数字积分法直线插补和圆弧插补的被积函数各是什么？如何判断直线插补和圆弧插补的终点？
6. 简述 DDA 插补的原理。
7. 数据采样插补法与基准脉冲插补法的区别是什么？各有何特点？
8. 简述比较积分的插补原理。
9. 何谓刀具半径补偿？其执行过程如何？
10. C 功能刀具半径补偿程序段间转接的形式有几种？

第 6 章 数控系统的硬件和软件结构

数控系统必须在硬件与软件的密切配合下才能实现各种功能。根据数控系统的需要，存在着多种硬件和软件结构。

6.1 系统的硬件和软件结构

计算机数控系统是由硬件和软件两部分组成的。计算机数控系统本体称为硬件，而与之相对应的数控系统控制程序称为控制软件。

硬件和软件的关系是非常密切的，两者缺一不可。没有硬件，软件就不能成立；没有软件，硬件便无法工作。高性能的数控系统必须要具备高性能的硬件和高性能的软件。

6.1.1 CNC 系统的组成

计算机数控系统（简称 CNC 系统）是在硬件数控的基础上发展起来的，它用一台计算机代替先前的数控装置所完成的功能。所以，它是一种包含有计算机在内的数字控制系统，按照计算机存储的控制程序执行部分或全部数控功能。

按照 EIA 所属的数控标准化委员会的定义，CNC 是用一个存储程序的计算机，按照存储在计算机内的读写存储器中的控制程序去执行数控装置的部分或全部功能，在计算机之外的唯一装置是接口。

CNC 数控系统由程序、输入/输出设备、计算机数字控制装置、可编程控制器（PLC）、主轴驱动装置和进给驱动装置组成。图 6-1 为 CNC 系统框图。

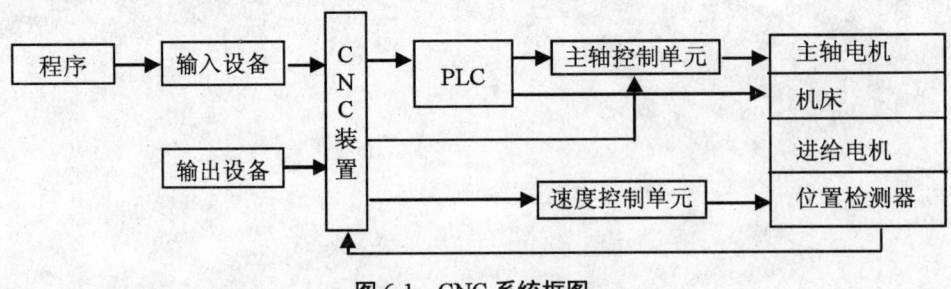

图 6-1 CNC 系统框图

数控系统的核心是计算机数字控制装置。随着半导体技术、计算机技术和计算技术的发展,现代数控装置以微型计算机数控装置(MNC)为主体,统称为 CNC 数控装置。使用微处理机和微型计算机后,CNC 数控装置的性能和可靠性不断提高,成本不断下降,其优越的性能价格比,推动了数控机床的发展。

6.1.2 CNC 装置的工作过程

CNC 装置以存储程序方式工作,它的工作是在硬件支持下,执行软件的全过程。以下从几个方面简要说明 CNC 装置的工作情况。

(1) 输入。输入的 CNC 装置有零件程序、控制参数和补偿数据。输入的方式有阅读机纸带输入、键盘手动输入、光盘输入、通信接口输入(串口)以及连接上级计算机的 DNC(直接数控)接口输入。CNC 装置在输入过程中还要完成校验和代码转换等工作。输入的全部信息都存放在 CNC 装置的内部存储器中。

(2) 译码。在输入的零件加工程序中,含有零件的轮廓信息(线型、起终点坐标)、加工速度(F 代码)和其他辅助信息(M、S、T 代码等)。CNC 装置以一个程序段为单位,根据一定的语言规则解释成计算机能够识别的数据形式,并以一定的数据格式存放在指定的内存专用区间。在译码过程中,还要完成对程序段的语法检查等工作,发现错误立即报警。

(3) 数据处理。数据处理包括刀具补偿、速度计算以及辅助功能的处理等。

刀具补偿分刀具长度补偿和刀具半径补偿两种。通常 CNC 装置的零件以零件轮廓轨迹来编程。刀具补偿的作用是把零件轮廓轨迹转换成刀具中心轨迹。现代的 CNC 装置中,刀具补偿工作还包括程序段之间的自动转接和过切削判断。

速度计算是按编程所给的合成进给速度计算出各坐标轴运动方向的分速度,另外对机床允许的最低速度和最高速度的限制进行判别并处理。在有些 CNC 装置中,软件的自动加减速也在这里处理。

辅助功能如换刀、主轴启停、冷却液开停等大部分都是些开关量信号,这里的主要工作是识别、存储和设标志,在程序执行时发出信号,让机床相应部件执行这些动作。

(4) 插补。插补的任务是通过插补计算程序,在一条已知起点和终点的曲线上进行"数据点的密化"。插补程序在每个插补周期运行一次,在每个插补周期内,根据指令进给速度计算出一个微小的直线数据段。通常经过若干个插补周期后,插补加工完一个程序段,即完成从程序段起点到终点的"数据密化"工作。具体方法是:在一个插补周期内,计算出一个微小数据段的各坐标分量,经过若干个插补周期,可以计算出从起点到终点之间的若干微小直线数据段。每个插补周期所计算出的微小直线段都应足够小,以保证轨迹精度。

目前一般 CNC 装置中,仅能对直线、圆弧和螺旋线进行插补计算。在一些专用的或高档的 CNC 装置中还能完成对椭圆、抛物线、正弦线和一些专用曲线的插补计算。

插补计算实时性很强,要尽量缩短一次插补运算的时间,以便更好地处理其他工作,并使进给的最大速度得以提高。

(5) 位置控制。位置控制可以由软件来实现,也可以由硬件来完成。它的主要任务是在每个采样周期内,将插补计算的理论位置与实际反馈位置相比较,用差值去控制进给电机。在位置控制中,还要完成位置回路的增益调整、各坐标方向的螺距误差补偿和反向间隙补偿,以提高机床的定位精度。

(6) I/O 处理。I/O 处理主要是处理 CNC 装置与机床之间强电信号的输入、输出和控制。

(7) 显示。CNC 装置的显示主要是为操作者提供方便,通常有:零件程序的显示、参数显示、刀具位置显示、机床状态显示、报警显示等。高档 CNC 装置中还有刀具加工轨迹的静、动态图形显示,以及在线编程时的图形显示等。

(8) 诊断。现代 CNC 装置都具有联机和脱机诊断能力。联机诊断是指 CNC 装置中的自诊断程序,这种自诊断程序融合于各个部分,随时检查不正常的事件。脱机诊断是指系统不工作,但是在运转条件下的诊断。一般 CNC 装置配备有各种脱机诊断程序纸带,以检查存储器、外围设备、I/O 接口等。脱机诊断还可以采用远程通讯方式进行,即把用户的 CNC 装置通过电话线与远程通讯诊断中心的计算机相连,由诊断中心的计算机对 CNC 装置进行诊断、故障定位和修复。

6.2 CNC 系统的硬件体系结构

如上所述,CNC 装置由软件和硬件两大部分组成。CNC 装置的硬件按其结构的不同通常分为单微处理器结构和多微处理器结构两种。单微处理器结构多用于早期的 CNC 装置中或现有的经济型 CNC 装置中;而多微处理器结构则多用于高档的、全功能型的 CNC 装置中,可实现数控机床的高进给速度、高加工精度和复杂功能的要求。本节主要讲述 CNC 装置的这两种硬件结构的特点和组成。

6.2.1 单微处理器 CNC 装置的结构

单微处理器 CNC 装置内一般只有一个中央处理器(CPU),有的 CNC 装置内虽然有多个 CPU,但只以一个 CPU 为核心,由它控制总线和访问主存储器,其他 CPU 只是辅助的专用智能部件。因此,这种 CNC 装置也被归为单微处理器结构这一类。

所谓单微处理器结构,即采用一个微处理器来集中控制,分时处理数控的各个任务。

单微处理器的 CNC 装置可由计算机部分、位置控制部分、数据输入/输出等各种接口及外围设备组成。

计算机部分由微处理器及存储器等组成。微处理器执行系统程序,首先读取加工程序,对加工程序段进行译码的预处理计算等,然后根据处理后得到的指令,进行对该程序段的实时插补和机床的位置伺服控制;它还将辅助动作指令通过可编程控制器 PLC 发给机床,同时接收由 PLC 返回的机床各部分信息并予以处理,以决定下一步的操作。

位置控制部分又分为位置控制和速度控制两个单元。位置控制单元接收经插补运算得到的每一个坐标轴在单位时间间隔内的位移量,并产生伺服电动机速度指令发往速度控制单元。速度控制单元还接收速度反馈信号,用速度指令与反馈信号的差值来控制伺服电动机,使其以恒定速度运转;位置控制单元根据接收到的实际位置反馈信号,修正速度指令,实现机床运动的准确控制。

数据输入/输出接口与外围设备是数控系统与操作者之间信息交换的桥梁。

CNC 装置的单微处理器结构一般具有以下几点。

(1) CNC 装置内只有一个微处理器或只以一个微处理器为中心,对存储、插补运算、输入/输出控制、CRT 显示等功能均由它集中控制分时处理;

(2) 微处理机通过总线与存储器、输入/输出控制等各种接口相连,构成 CNC 装置;

(3) 结构简单,容易实现。

单微处理器结构的 CNC 装置中,不仅包括微型计算机系统的基本结构:微处理器和总线、I/O 接口、存储器、串行接口和 CRT/MDI 接口等,还包括数控技术中的控制单元部件和接口电路,如位置控制单元、可编程控制器 PLC、主轴控制单元、手动输入接口、穿孔机和纸带阅读机接口,以及其他选件接口等,如图 6-2 所示。

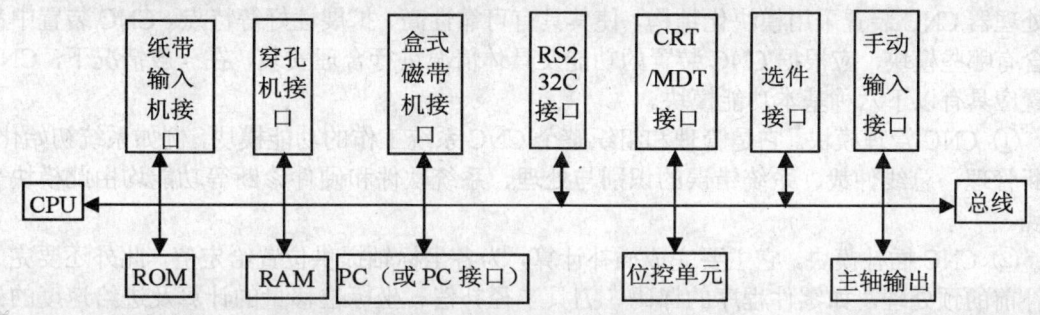

图 6-2 单微处理器结构图

6.2.2 多微处理器结构

随着数控系统功能的增加,机床切削速度的提高,单微处理器结构已不能满足要求,因此许多 CNC 采用了多微处理器结构,以适应机床向高精度、高速度和智能化方向的发展,以及适应并入计算机网络、形成 FMS 和 CIMS 的更高要求,使数控系统向更高层次发展。

在多微处理器结构中，由两个或两个以上的微处理器来构成处理部件。各处理部件之间通过一组公用地址和数据总线进行连接，每个微处理器共享系统公用存储器或 I/O 接口，每个微处理器分担系统的一部分工作，从而将在单微处理器的 CNC 装置中顺序完成的工作转变为多微处理器的并行、同时完成的工作，因而大大提高了整个系统的处理速度。

因此，多微处理器 CNC 装置与单微处理器结构相比，具有如下特点。

（1）性能价格比高。多微处理器 CNC 装置中的每一个 CPU 都可以独立执行程序，完成系统中指定的一部分功能，且具有较高的计算处理速度。因此在多轴控制、高进给速度、高精度、高效率的数控机床中应用较多。又由于系统可以共享资源，因此多微处理器 CNC 装置比单微处理器结构具有更高的性能价格比。

（2）良好的适应性和扩展性。多微处理器 CNC 装置大多采用模块化结构，硬件模块和软件模块形成一个个特定的功能单元，称为功能模块。功能模块间有明确定义的接口，这些接口是固定的，可以作为工厂标准或工业标准，彼此之间还可以进行信息交换。因此这种积木式的 CNC 装置比单微处理器 CNC 装置具有设计简单、适应性和扩展性好、试制周期短、调整维护方便等特点。

（3）可靠性高。多微处理器 CNC 装置采用模块化结构，如果某个功能模块出现故障，其他模块仍可照常工作，而且排除故障及更换模块方便迅速。又由于硬件模块在一般情况下都是通用的，开发不同的软件就可构成不同的 CNC 装置，对其硬件组织规模生产可使产品的质量大大提高。因此，多微处理器 CNC 装置比单微处理器结构具有更高的可靠性。多微处理器 CNC 装置采用模块化结构，使其具有可靠性高、扩展性好等特点。CNC 装置中都包含有哪些模块，应根据 CNC 装置的功能及具体情况进行合理安装，在一般情况下，CNC 装置应具有以下六种基本功能模块。

① CNC 管理模块。它是管理和组织整个 CNC 系统工作的功能模块，例如系统初始化、中断管理、总线仲裁、系统错误的识别与处理、系统软件和硬件诊断等功能均由此模块来实现。

② CNC 插补模块。它主要完成插补计算，为各坐标轴提供位置给定值，此外还要完成插补前的预处理，如零件程序的译码、刀具半径补偿、坐标位移量的计算及进给速度的处理等。

③ PC 模块。它完成对某些输入输出信号的逻辑处理，来实现各功能和操作方式之间的连锁，以及机床电气设备的启停、刀具交换、转台分度、工件数量及运转时间的计数等。

④ 位置控制模块。它要完成以下工作：首先将插补后的坐标位置给定值与检测装置得到的位置实际值进行比较，然后进行自动加减速、回基准点、伺服系统滞后量的监视和漂移补偿，最后得到速度控制的模拟电压，去驱动进给电机。

⑤ 输入输出显示模块。它通常由零件程序、参数和数据、各种操作命令的输入和输出，以及显示所需要的各种接口电路组成。

⑥ 存储器模块。它是存放程序和数据的主存储器，也是各功能模块间数据传送的共享

存储器。由于 CNC 装置的功能和结构的不同，功能模块的划分和多少也不同。如果要扩充功能，可再增加相应的模块。图 6-3 所示为多 CPU 共享总线结构框图。

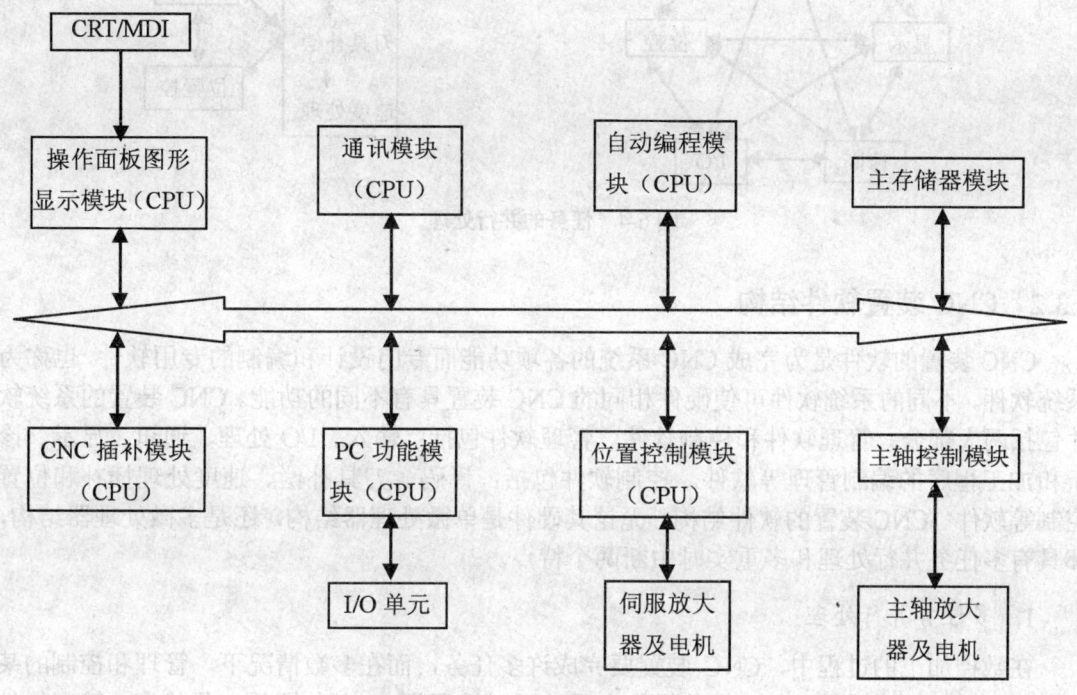

图 6-3 多 CPU 共享总线结构框图

6.3 CNC 系统的软件结构

6.3.1 概述

CNC 系统是一个多任务的实时控制系统，即应能对信息做出快速处理和响应。一个实时系统包括受控系统和控制系统两大部分。受控系统由硬件设备组成，如电动机及其驱动；控制系统（这里为 CNC 装置）由软件及其支持的硬件组成，共同完成数控功能。

在 CNC 装置中，数控的基本功能由多个功能模块执行。在许多情况下，某些功能模块必须同时运行，这是由具体的加工控制要求决定的。如前所述，CNC 系统软件分为管理软件和控制软件两大部分，这两大部分经常是同时工作的。

图 6-4 表示 CNC 装置各个功能模块之间的并行处理关系，具有并行处理的两个模块之间用双向箭头表示。

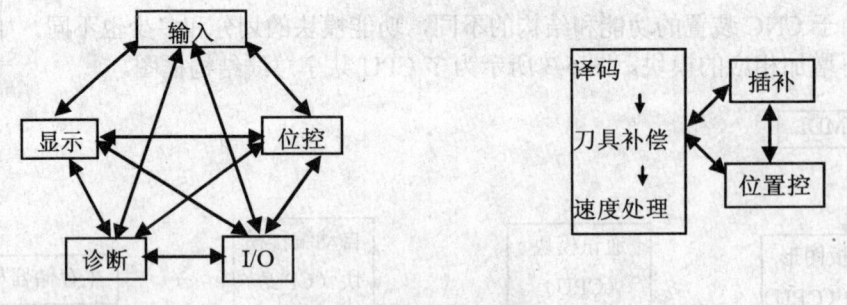

图 6-4 任务的并行处理

6.3.2 CNC 装置软件结构

CNC 装置的软件是为完成 CNC 系统的各项功能而专门设计和编制的专用软件，也称为系统软件。不同的系统软件可使硬件相同的 CNC 装置具有不同的功能。CNC 装置的系统软件包括两大部分：管理软件和控制软件。管理软件包括：输入、I/O 处理、通讯、显示、诊断和加工程序的编制管理等软件。控制软件包括：译码、刀具补偿、速度处理插补和位置控制等软件。CNC 装置的软件结构，无论其硬件是单微处理器结构，还是多微处理器结构，都具有多任务并行处理和多重实时中断两个特点。

1. 多任务并行处理

在数控加工的过程中，CNC 装置要完成许多任务，而在多数情况下，管理和控制的某些工作又必须同时进行，如：为使操作人员能及时地了解 CNC 装置的工作状态，管理软件中的显示模块必须与控制软件同时运行；在插补加工运行时，管理软件中的零件程序输入模块必须与控制软件同时运行；当控制软件运行时，自身中的一些处理模块也必须同时运行。图 6-5 表示出了软件任务分解图，反映了 CNC 装置的多任务性。

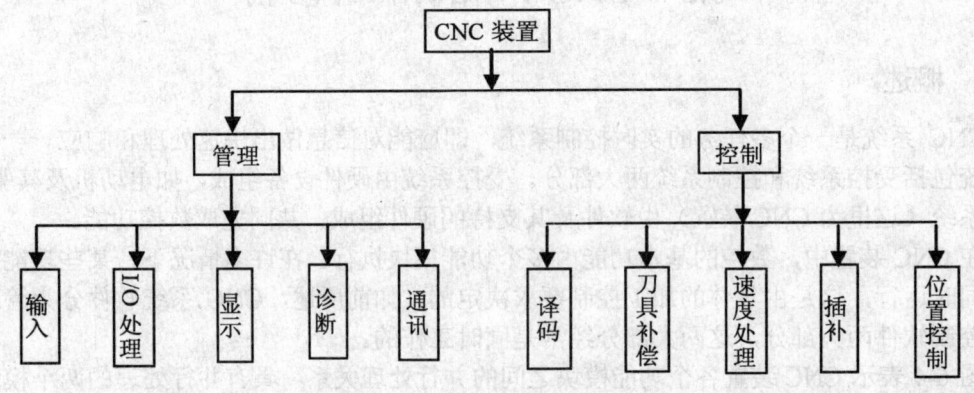

图 6-5 CNC 装置任务分解

所谓并行处理是指计算机在同一时刻或同一时间间隔内完成两种或两种以上性质相同或不同的工作。并行处理的最大优点是提高了运算速度。在 CNC 装置的软件结构中，主要采用两种并行处理方法："资源分时共享"和"资源重叠的流水处理"。"资源分时共享"是使多个用户按时间顺序使用同一套设备；"资源重叠的流水处理"是使多个处理过程在时间上互相错开，轮流使用同一套设备的几个部分。下面具体介绍这两种并行处理方法。

（1）资源分时共享并行处理

在单微处理器 CNC 装置中，其资源分时共享主要采用 CPU 分时共享的原则来实现多任务的并行处理。CNC 装置的各任务何时占用 CPU 及占用 CPU 时间的长短，是首先要解决的时间分配问题。

在 CNC 装置中，各任务何时占用 CPU 是通过循环轮流与中断优先相结合的办法来解决的。如图 6-6 所示的是一个典型的 CNC 装置多任务分时共享 CPU 的时间分配图，系统在完成初始化任务后自动地进入时间分配循环中，在环中依次轮流处理各任务，面对系统中某些实时性强的任务则按优先级排队，分别处在不同中断优先级上作为环外任务，环外任务可以随时中断环内各任务的执行。

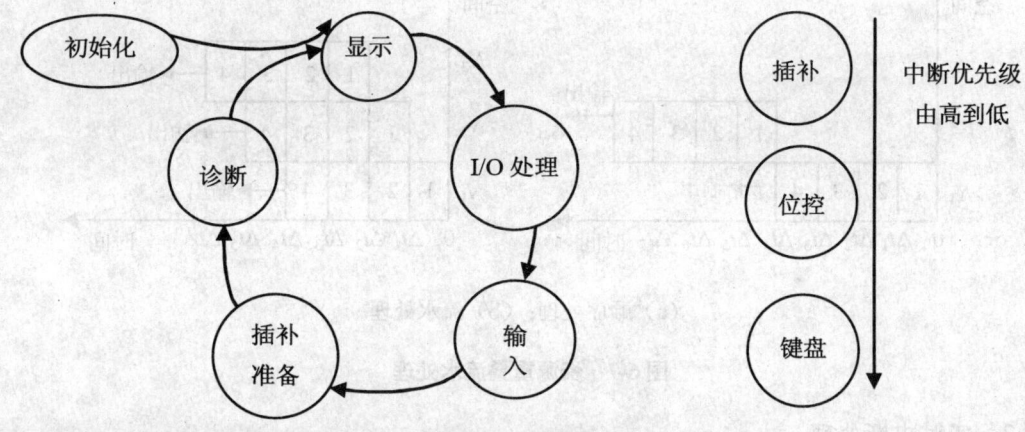

图 6-6　CPU 分时共享和中断优先

在 CNC 装置中，各任务占用 CPU 时间的长短受到一定的限制，可以通过设置断点的方法来解决，如对于占有 CPU 时间较多的插补准备等任务，就可以在其中的某些地方设置断点，当程序运行到断点处时，自动让出 CPU，等到下一个运行时间里自动跳到断点处继续执行。

（2）资源重叠流水并行处理

CNC 装置软件结构中采用并行处理的另一种即是资源重叠流水并行处理。例如当 CNC 装置处在 NC 工作方式时，其数据的转换过程将由四个子过程组成：零件程序输入、插补准备、插补和位置控制。设每个子过程的处理时间分别为 $\triangle t1$、$\triangle t2$、$\triangle t3$、$\triangle t4$，则一个零件程序段的数据转换时间将是 $t = \triangle t1 + \triangle t2 + \triangle t3 + \triangle t4$，以顺序方式来处理每个零件程序段，即第一个零件程序段处理完以后再处理第二个程序段，以此类推。图 6-7（a）表示出了这种顺序处理的时间空间关系，由图可知，两个程序段的输出之间有一个时间间隔。这种时间间隔反映在电机上就是电机的时转时停，反映在刀具上就是刀具的时走时停，这在工艺上是不允许的。消除这种间隔的有效方法就是用流水处理技术，采用流水处理后的时间空间关系如图 6-7（b）所示。流水处理的关键是时间重叠，即在一段时间间隔内不是处理一个子程序，而是处理两个或更多个子程序。由图 6-7（b）可知，经流水处理后，从时间 $\triangle t4$ 开始，每个程序段的输出之间不再有间隔，从而保证了电机运转和刀具移动的连续性。此外，流水处理要求处理每个子过程所用时间应该相等，但实际 CNC 装置中每个子过程的处理时间各不相等，解决的办法是取最长的子过程处理时间作为流水处理时间间隔。这样在处理时间较短的子过程时，当处理完成后就进入等待状态。

在单 CPU 的 CNC 装置中，流水处理的时间重叠只有宏观的意义，即在一段时间内，CPU 处理多个子过程，但从微观上看，各子过程是分时占用 CPU 的时间。

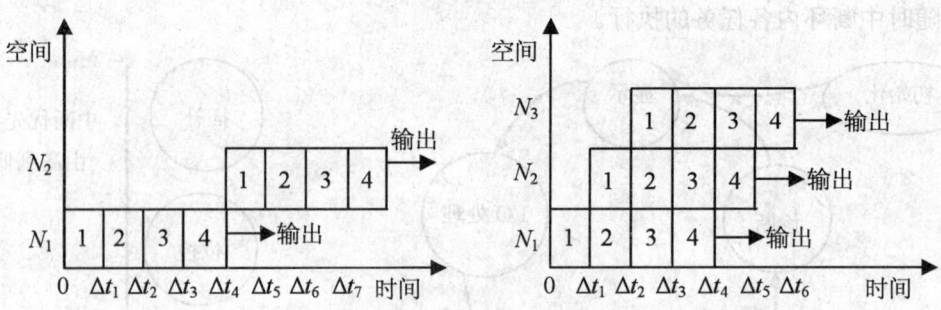

（a）顺序处理；（b）流水处理

图 6-7　资源重叠流水处理

2. 实时中断处理

CNC 装置软件结构的另一特点是实时中断处理。CNC 装置的多任务性和实时性决定了中断成为整个 CNC 系统不可缺少的重要组成部分。CNC 系统的中断管理主要靠硬件完成，而系统的中断结构决定了软件结构。下面简要介绍 CNC 系统的中断类型和中断结构模式。

（1）CNC 系统的中断类型

CNC 系统的中断类型共有四种：外部中断、内部定时中断、硬件故障中断和程序性中断。

① 外部中断。外部中断主要有三种：纸带光电阅读机中断、外部监控中断（如：紧急停、量仪到位等）和键盘操作面板输入中断。前两种中断的实时性要求较高，所以将它们设置在较高的中断优先级上。第三种中断的实时性要求较低，因此可将它放在较低的中断优先级上，也可以用查询的方式来处理它。

② 内部定时中断。内部定时中断主要有两种：插补周期定时中断和位置采样定时中断，也可以将这两种中断合二为一，但在处理时，总是先处理位置控制，再处理插补运算。

③ 硬件故障中断。硬件故障中断是各硬件故障检测装置发出的中断，硬件故障有存储器出错、定时器出错、插补运算超时等。

④ 程序性中断。程序性中断是程序中出现异常情况的报警中断，异常情况有各种溢出、除零等。

（2）CNC 系统的中断结构模式

CNC 系统的中断结构模式有两种：前后台软件结构中的中断模式和中断型软件结构中的中断模式。

① 前后台软件结构中的中断模式

前后台软件结构的特点是前台程序是一个中断服务程序，用以完成全部的实时功能。后台程序是一个循环运行程序，管理软件和插补准备在这里完成。后台程序运行时，实时中断程序不断插入，前后台程序相配合，共同完成零件的加工任务。图 6-8 表示出了实时中断程序与背景程序的关系。

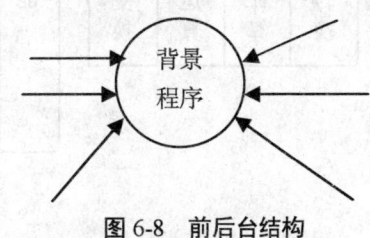

图 6-8　前后台结构

② 中断型软件结构中的中断模式

中断型软件结构的特点是整个系统软件，除初始化程序外，各任务模块分别安排在不同级别的中断服务程序中，即整个软件就是一个庞大的中断系统，其管理功能主要是通过各级中断服务程序之间的相互通信来完成的。

3. 经济型数控系统软件结构

在经济型数控系统中，尽可能用软件来实现大部分数控功能，一方面可以降低系统的研制成本，另一方面也可以提高系统的可靠性。经济型数控系统多以步进电动机为驱动装置的开环系统。一个开环 CNC 系统软件可分为三大类，如图 6-9 所示。

（1）监控程序。监控程序包括操作程序和编译程序。操作程序有键盘程序、指令的输入输出程序、显示程序、面板控制程序及应急处理程序。编译程序的任务是解释零件加工程序并给以适当的处理，例如：将零件加工程序转换成机器码存放到内存中，把键定义合并组成指令，对零件加工程序进行编辑等。

（2）数据处理程序。数据处理程序的功能是进行数制和数学运算。

（3）加工程序。加工程序是 CNC 软件的关键程序，包括本系统所能实现的全部 G 功能和 M 功能，具体有各坐标轴的驱动控制程序、插补和速度控制程序、刀具补偿程序及传动间隙补偿程序。其中插补程序是核心。

经济型数控软件结构常见的有两种。第一种是中断式结构，把插补安排在中断服务程序中，将准备工作放在后台程序中处理。第二种是流水式结构，按加工顺序安排软件流程。

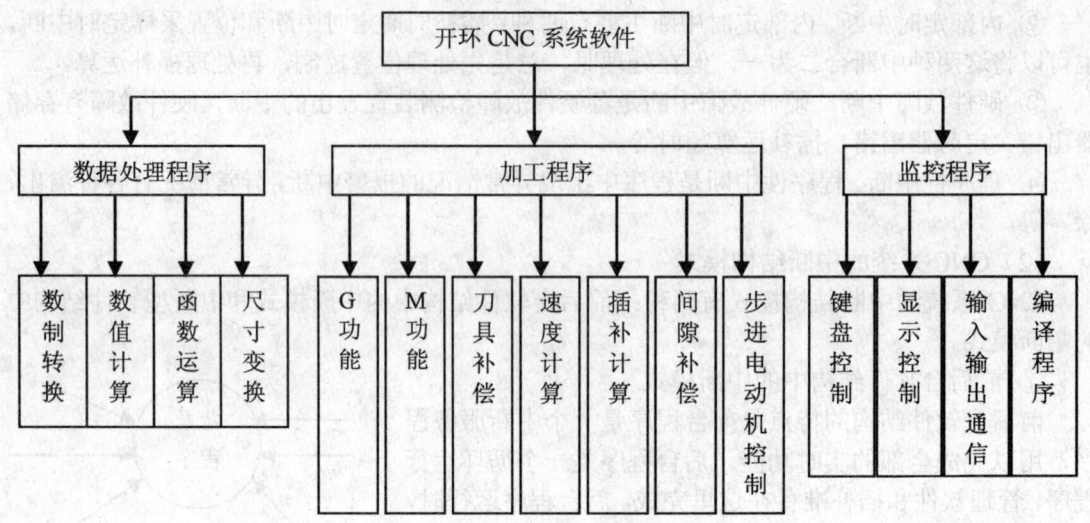

图 6-9 开环数控系统软件组成

中断式结构,整个程序以加工子程序为中心。主程序的主要任务是在执行了初始化程序之后调用加工子程序。在加工子程序中将插补分为直线、圆弧等处理模块,根据程序段的内容判别加工性质并分别处理。中断服务程序安排在插补程序中,中断一次输出一个脉冲,使步进电动机运行一步,因此中断周期决定了进给速度。

流水式结构软件的特点是按照加工流程安排软件的先后顺序。整个程序由系统初始化、显示、对步进电动机进给方向的判定、对步进电动机的速度的判定、进给量变换为脉冲个数的换算、各种加工类型的判别与处理等程序组成。

6.4 计算和加减速控制

6.4.1 进给速度计算

进给速度的计算因系统不同,方法有很大差别。在开环系统中,坐标轴运动速度是通过控制向步进电机输出脉冲的频率来实现的,速度计算的方法是根据编程的 F 值来确定该频率值。在半闭环和闭环系统中,采用数据采样方法进行插补加工,速度计算是根据编程的 F 值,将轮廓曲线分割为采样周期的轮廓步长。

1. 开环系统进给速度的计算

在开环系统中,每输出一个脉冲,步进电机就转过一定的角度,驱动坐标轴进给一个脉冲对应的距离（称为脉冲当量），插补程序根据零件轮廓尺寸和编程进给速度的要求，向各个坐标轴分配脉冲，脉冲的频率决定了进给速度。进给速度 F（mm/min）与进给脉冲频率 f 的关系

$$F = \delta f \times 60 \tag{6-1}$$

式中：δ——脉冲当量（mm）。

则

$$f = \frac{F}{60\delta}$$

两轴联动时，各坐标轴速度为

$$u_x = 60 f_x \delta \tag{6-2}$$
$$u_y = 60 f_y \delta \tag{6-3}$$

式中：u_x、u_y——x 轴、y 轴方向的进给速度；
　　　f_x、f_y——x 方向、y 方向的进给脉冲频率。

合成速度（即进给速度）v 为

$$v = \sqrt{v_x^2 + v_y^2} = F \tag{6-4}$$

进给速度要求稳定，故要选择合适的插补算法（原理）以及采取稳速措施。

2. 半闭环和闭环系统进给速度的计算

在半闭环和闭环系统中，速度计算的任务是一个采样周期的轮廓步长和各坐标轴的进给步长。

（1）直线插补。首先要求刀补后一个直线段（程序段）在 x 和 y 坐标上的投影 L_x 和 L_y（见图 6-10）。

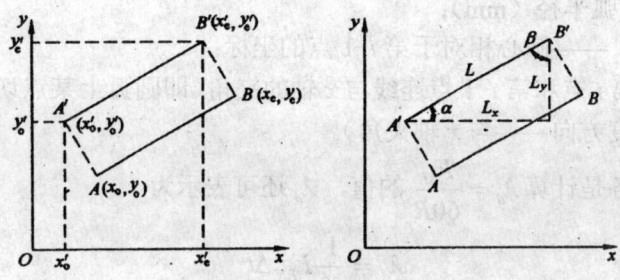

图 6-10　速度处理

$$L_x = x'_e - x'_0 \tag{6-5}$$
$$L_y = y'_e - y'_0 \tag{6-6}$$

式中：x'_e、y'_e——刀补后直线段终点坐标值；

x'_0、y'_0——刀补后直线段起点坐标值。

接着计算直线段的方向余弦:

$$\cos\alpha = \frac{L_x}{L} \qquad (6-7)$$

$$\cos\beta = \frac{L_y}{L} \qquad (6-8)$$

一个插补周期的步长为

$$\Delta L = \frac{1}{60}F\Delta t \qquad (6-9)$$

式中:F——编程给出的合成速度(mm/min);

Δt——插补周期(ms);

ΔL——每个插补周期小直线段的长度(μm)。

各坐标轴在一个采样周期中的运动步长:

$$\Delta x = \Delta L\cos\alpha = F\cos\alpha\Delta t/60 \qquad (6-10)$$

$$\Delta y = \Delta L\sin\alpha = F\sin\alpha\Delta t/60 \qquad (6-11)$$

$$\Delta y = \Delta L\cos\beta = F\cos\beta\Delta t/60 \qquad (6-12)$$

(2)圆弧插补 由于采用插补原理不同,插补算法不同,将算法步骤分配在速度计算中还是插补计算中也不相同。图 6-11 中,坐标轴在一个采样周期内的步长为

$$\Delta x_i = F\cos\alpha_i\Delta t/60 = \frac{F\Delta t I_{i-1}}{60R} = \lambda_d I_{i-1} \qquad (6-13)$$

$$\Delta y_i = F\sin\alpha_i\Delta t/60 = \frac{F\Delta t J_{i-1}}{60R} = \lambda_d J_{i-1} \qquad (6-14)$$

式中:R——圆弧半径(mm);

I_{i-1}、J_{i-1}——圆心相对于第 $i-1$ 点的坐标;

α_i——第 i 点和第 $i-1$ 点连线与 x 轴的夹角(即圆弧上某点切线方向——进给速度方向——与 x 轴夹角)。

速度计算的任务是计算 $\lambda_d = \dfrac{F\Delta t}{60R}$ 的值,λ_d 还可表示为

$$\lambda_d = \frac{1}{60}F_{RN}\Delta t \qquad (6-15)$$

式中:$F_{RN} = \dfrac{F}{R}$——进给速率表示的速度代码,直线插补时,$F_{RN} = \dfrac{F}{L}$;

λ_d——步长分配系数(也叫速度系数),它与圆弧上一点的 I、J 值的乘积,可以确定下一插补周期的进给步长。

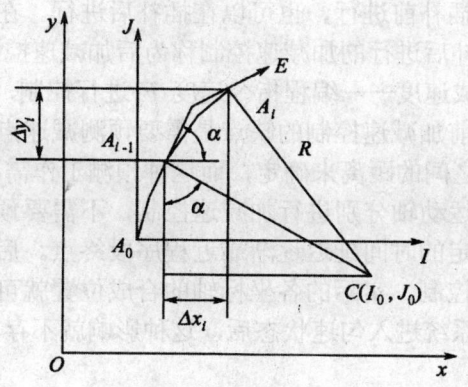

图 6-11 速度计算图

6.4.2 进给速度控制

进给速度与加工精度、表面粗糙度和生产率有密切关系。要求进给速度稳定，有一定的调速范围。在 CNC 装置中，可用软件或软件与接口硬件配合实现进给速度控制。常用的方法有计时法、时钟中断法等。

1. 程序延时法

程序延时法又称为程序计时法。这种方法先根据系统要求的进给频率，计算出两次插补运算之间的时间间隔，用 CPU 执行延时子程序的方法控制两次插补之间的时间。改变延时子程序的循环次数，即可改变进给速度。

2. 中断方法

中断方法，或称为时钟中断法，是指每隔规定的时间向 CPU 发出中断请求，在中断服务程序中进行一次插补运算并发出一个进给脉冲。因此，改变中断请求信号的频率，就等于改变了进给速度。中断请求信号可通过 F 指令设定的脉冲信号产生，也可通过可编程计数器/定时器产生。如采用 Z80CTC 作定时器，由程序设置时间常数，每定时到，就向 CPU 发中断请求信号，改变时间常数 T，就可以改变中断请求脉冲信号的频率。所以，进给速度计算与控制的关键就是如何给定 CTC 的时间常数 T。

6.4.3 数据采样系统的 CNC 装置加减速控制

在 CNC 装置中，为了保证机床在启动或停止时不产生冲击、失步、超程或振荡，必须对进给电机进行加减速控制。加减速控制多数采用软件来实现，这样给系统带来很大的灵活性。加减速控制可以在插补前进行,也可以在插补后进行。在插补前进行的加减速控制称为前加减速控制;在插补后进行的加减速控制称为后加减速控制。

前加减速控制是对合成速度——编程指令速度 F 进行控制,所以它的优点是不影响实际插补输出的位置精度。前加减速控制的缺点是需要预测减速点,而这个减速点要根据实际刀具位置与程序段终点之间的距离来确定,而这种预测工作需要完成的计算量较大。

后加减速控制是对各运动轴分别进行加减速控制,不需要预测减速点,在插补输出为零时开始减速,并通过一定的时间延迟逐渐靠近程序段终点。后加减速的缺点是,由于它对各运动坐标轴分别进行控制,实际的各坐标轴的合成位置就可能不准确。但这种影响仅在加减速过程中才会有,系统进入匀速状态后,这种影响就不存在了。

1. 前加减速控制

进行加减速控制,首先要计算出稳定速度和瞬时速度。所谓稳定速度,就是系统处于稳定进给状态时,每插补一次(一个插补周期)的进给量。在数据采样系统中,零件程序段中速度命令(或快速进给)的 F 值(mm/min),需要转换成每个插补周期的进给量。另外,为了调速方便,设置了快速和切削进给两种倍率开关。稳定速度的计算公式如下。

$$v_g = \frac{TKF}{60 \times 100} \tag{6-16}$$

式中:v_g——稳定速度(mm/min);
　　　T——插补周期(ms);
　　　F——编程指令速度(mm/min);
　　　K——速度系数,它包括快速倍率、切削进给倍率等。

稳定速度计算完之后,进行速度限制检查,如果稳定速度超过由参数设定的最高速度,则取限制的最高速度为稳定速度。

所谓瞬时速度,即系统在每个插补周期的进给量。当系统处于稳定进给状态时,瞬时速度 $v_i = v_g$;当系统处于加速(或减速)状态时,$v_i < v_g$(或 $v_i > v_g$)。

(1)线性加减速处理。当机床启动、停止或在切削加工中改变进给速度时,系统自动进行加减速处理,常用的有指数加减速、线性加减速和钟形加减速等。现以线性加减速说明其计算方法。

加减速率分为快速进给和切削进给两种,它们必须通过机床参数预先设定好。设进给速度为 F(mm/min),加速到 F 所需要的时间为 t(ms),则加/减速度 $a[\mu m/(ms)^2]$ 可按下式计算:

$$a = 1.67 \times 10^{-2} \frac{F}{t} \tag{6-17}$$

加速时,系统每插补一次都要进行稳定速度、瞬时速度和加/减速处理。当计算出的稳定速度 v_g 大于原来的稳定速度 v_g' 时,则要加速。每加速一次,瞬时速率为

$$v_{i+1} = v_i + aT \tag{6-18}$$

新的瞬时速度 v_{i+1} 参加插补计算，对各坐标轴进行分配。图 6-12 是加速处理框图。

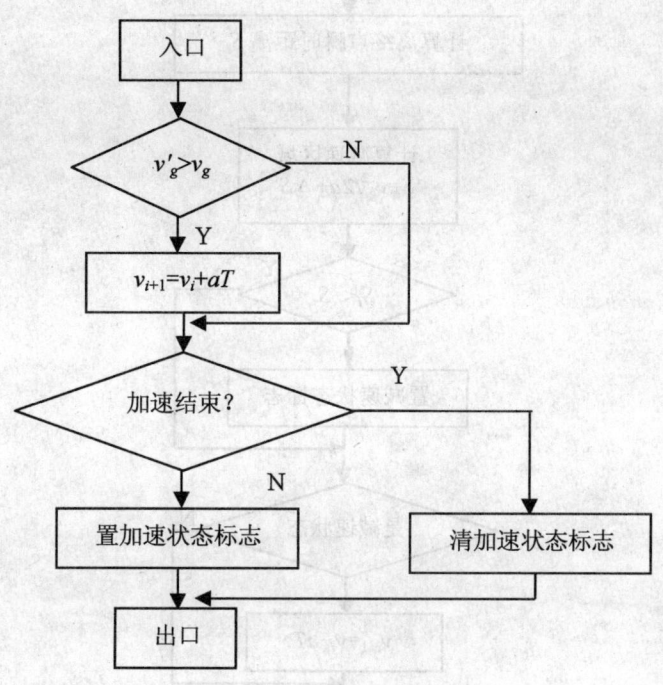

图 6-12　加速处理框图

减速时，系统每进行一次插补计算，都要进行终点判别，计算出离终点的瞬时距离 S_i，并根据本程序的减速标志，检查是否已到达减速区域 S，若已到达，则开始减速。当稳定速度 v_g 和设定的加/减速度 a 确定后，减速区域 S 可由下式求得：

$$S = \frac{v_g^2}{2a} \tag{6-19}$$

若本程序段要减速，其 $S_i \leqslant S$，则设置减速状态标志，开始减速处理。每减速一次，瞬时速度为

$$v_{i+1} = v_i - aT \tag{6-20}$$

新的瞬时速度 v_{i+1} 参加插补运算，对各坐标轴进行分配，一直减速到新的稳定速度或减速到 0。若要提前一段距离开始减速，将提前量 ΔS 作为参数预先设置好，由下式计算：

$$S = \frac{v_g^2}{2a} + \Delta S \tag{6-21}$$

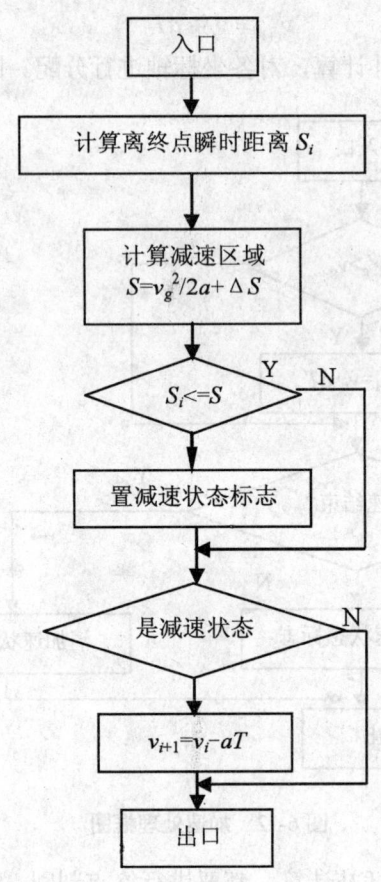

图 6-13　减速处理框图

（2）终点判别处理。在每次插补运算结束后，系统都要根据求出的各轴的插补进给量，来计算刀具中心离本程序段终点的距离 S_i，然后进行终点判别。在即将到达终点时，设置相应的标志。若本程序段要减速，则还需要检查是否已到达减速区域并开始减速。直线插补时 S_i 的计算应用公式如下。

$$\begin{cases} x_i = x_{i-1} + \Delta x \\ y_i = y_{i-1} + \Delta y \end{cases} \quad (6\text{-}22) \\ (6\text{-}23)$$

计算其各坐标分量值，取其长轴（如 x 轴），则瞬时点 A 离终点 P 的距离 S_i 为

$$S_i = |x - x_i| \frac{1}{\cos \alpha} \quad (6\text{-}24)$$

式中：α——x 轴（长轴）与直线的夹角，如图 6-14 所示。

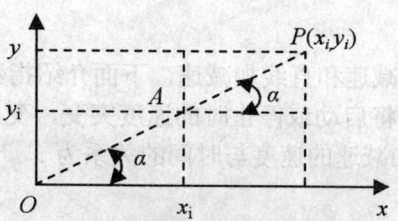

图 6-14 直线插补终点判别

圆弧插补时 S_i 的计算分为圆弧所对应圆心角小于 π 和大于 π 两种情况。小于 π 时，瞬时点离圆弧终点的直线距离越来越小，如图 6-15（a）所示。$A(x, y)$ 为顺圆插补时圆弧上某一瞬时点，$P(x, y)$ 为圆弧的终点；AM 为 A 点在 x 方向上离终点的距离，$|AM|=|x-x_i|$；MP 为 A 点在 y 方向上离终点的距离，$|MP|=|y-y_i|$，$AP=S_i$。以 MP 为基准，则 A 点离终点的距离为

$$S_i = |MP| \frac{1}{\cos\alpha} = |y - y_i| \frac{1}{\cos\alpha}。$$

大于 π 时，设 A 点为圆弧 AD 的起点，B 点为离终点的弧长所对应的圆心角等于 π 时的分界点，C 点为插补到离终点的弧长所对应的圆心角小于 π 的某一瞬时点，如图 6-15（b）所示。显然，此时瞬时点离圆弧终点的距离 S_i 的变化规律是：当从圆弧起点 A 开始插补到 B 点时，S_i 越来越大，直到 S_i 等于直径；当插补越过分界点 B 后，S_i 越来越小，与图 6-15（a）的情况相同。为此，计算 S 时首先要判别 S_i 的变化趋势。S_i 若是变大，则不进行终点判别处理，直到越过分界点；若 S_i 变小，再进行终点判别处理。

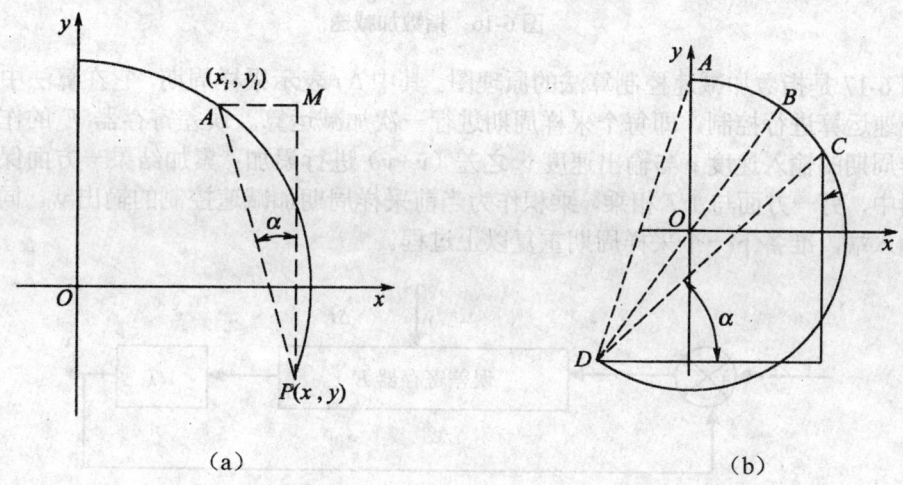

图 6-15 圆弧插补终点判别

2. 后加减速控制

后加减速常用的有指数加减速和直线加减速，下面介绍指数加减速控制算法。

指数加减速控制的目的是将启动或停止时的速度突变，变成随时间按指数规律上升或下降，如图 6-16 所示。指数加减速的速度与时间的关系为

加速时：
$$v(t) = v_c(1 - e^{\frac{-1}{T}}) \tag{6-25}$$

匀速时：
$$v(t) = v_c \tag{6-26}$$

减速时：
$$v(t) = v_c e^{\frac{-1}{T}} \tag{6-27}$$

式中：T——时间常数；
v_c——稳定速度。

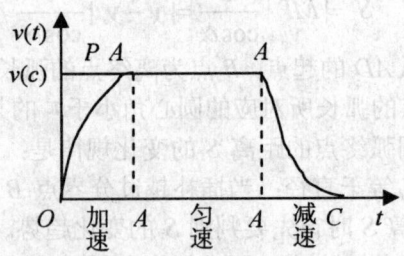

图 6-16 指数加减速

图 6-17 是指数加减速控制算法的原理图。其中 Δt 表示采样周期，它在算法中的作用是对加减速运算进行控制，即每个采样周期进行一次加减运算。误差寄存器 E 的作用是对每个采样周期的输入速度 v 与输出速度 v_c 之差（$v_c - v$）进行累加；累加结果一方面保存在误差寄存器中，另一方面与 $1/T$ 相乘，乘积作为当前采样周期加减速控制的输出 v_0。同时 v 又反馈到输入端，准备下一个采样周期重复以上过程。

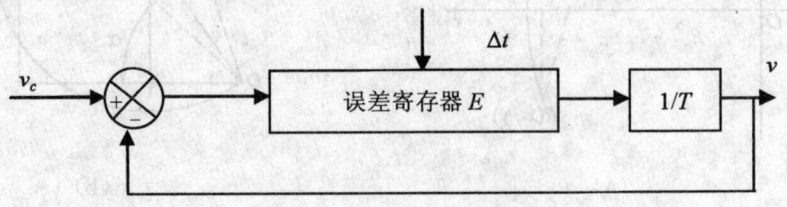

图 6-17 指数加减速控制

上述过程可以用迭代公式来实现：

$$E_i = \sum_{k=0}^{i-1}(v_c - v_k)\Delta t \tag{6-28}$$

$$v_i = E_i \frac{1}{T} \tag{6-29}$$

式中：E_i、v_i——分别为第 i 个采样周期误差寄存器中的值和输出速度值，且迭代初值 v_0、E_0 为零。

6.5 插补程序、位置控制和故障诊断

6.5.1 插补程序

插补计算程序是实时性很强的程序，它的任务是在轮廓轨迹经过刀补处理，得到已知起点和终点的刀具中心轨迹曲线上进行"数据点的密化"。插补程序在每个插补周期运行一次，在每个插补周期内，根据进给速度计算的微小直线段，算出一个微小直线的各坐标分量 Δx 和 Δy。经过若干个插补周期，可以计算出从起点到终点之间的若干个微小直线数据段（Δx_1，Δy_1），（Δx_2，Δy_2），……，（Δx_n，Δy_n），每个插补周期所计算出的微小直线数据段都足够小，与逼近轮廓的误差在允许范围内，以保证轨迹的精度。

由于插补原理的不同，插补算法也不同，即计算 Δx 和 Δy 的方法不同。好的插补算法应该具有逼近精度高和计算速度快两个特点。目前，CNC 装置以软件的数据采样插补为主要方法，随着计算机技术和数控技术的发展，插补方法会在软硬件结合上得到更大的发展。

6.5.2 位置控制

位置控制是处在伺服系统的位置环上，如图 6-18 所示。这部分工作可以由软件来做，也可以由硬件完成。位置控制软件的主要任务是在每个采样周期内，将插补计算出的理论位置与实际反馈位置相比较，用其差值去控制电机。在位置控制中，通常还要完成位置回路的增益调整、各坐标方向的螺距误差补偿和反向间隙补偿，以提高机床的定位精度。

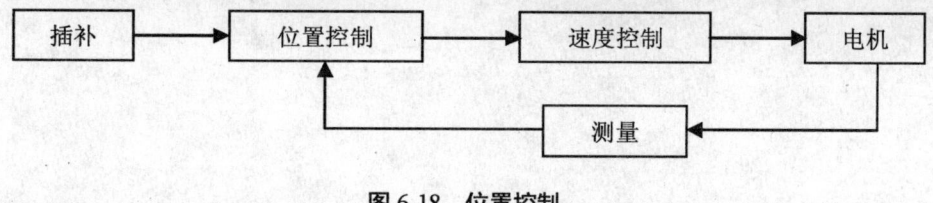

图 6-18　位置控制

6.5.3 故障诊断

完善的诊断程序是现代 CNC 装置的特点之一。为了保证系统有较高的利用率，除了重视提高系统的可靠性外，还要有良好的维修功能，即故障诊断能力。随着 CNC 装置的发展，诊断功能越来越强，诊断软件越来越完善，形成了一套完整的诊断系统。

CNC 装置的故障诊断利用装置中的计算机进行，通过软件来实现。诊断程序可包含在系统程序中，在系统运行过程中进行检查和诊断。也可以作为服务性程序，在系统运行前或故障停机后进行诊断，查找故障部位。还可以通信诊断，由通信诊断中心运行诊断程序，指示操作者进行某些试运行从而进行诊断。

6.6 习 题

1. CNC 控制系统的主要特点是什么？它的主要控制任务是什么？
2. CNC 装置的主要功能有哪些？
3. 开放式结构数控系统的主要特点是什么？
4. 单微处理器结构和多微处理器结构各有何特点？

第 7 章 数控机床的伺服驱动系统

7.1 概　述

本章主要讲述步进电动机构成的开环伺服系统、以直流伺服电动机或交流伺服电动机为控制对象的闭环伺服系统以及构成反馈控制的核心器件——检测装置等内容。

7.1.1 伺服系统的组成

如果说 CNC 装置是数控机床的"大脑",发布"命令"的指挥机构,那么伺服系统就是数控机床的"四肢",是一种执行机构,它忠实而准确地执行由 CNC 装置发来的运动命令。

伺服系统完成机床移动部件(如工作台、主轴或刀具进给等)的位置和速度控制。它接收 CNC 装置的插补命令,将插补脉冲转换为机械位移。伺服系统是数控机床的重要组成部分。伺服系统的性能直接影响数控机床的精度和工作台的速度等技术指标。

伺服系统通常可分为开环系统和闭环系统。开环系统通常使用步进电动机,而闭环系统通常使用直流伺服电动机或交流伺服电动机。在开环系统中,插补脉冲经功率放大后直接控制步进电动机,在步进电动机轴上或工作台上没有速度或位置反馈信号,由输出脉冲的频率控制步进电动机的速度;由输出脉冲的数量控制工作台的位置。在闭环伺服系统中,由速度检测元件来测量工作台速度;由位置检测元件来测量工作台的位置;由速度和位置反馈信号来调节伺服电动机的速度和位置。

7.1.2 数控机床对伺服系统的基本要求

随着数控技术的发展,数控机床对伺服系统提出了很高的要求。这些要求如下。

(1) 高精度。伺服系统的精度是指输出量能够复现输入量的精确程度。由于数控机床的动作是由伺服电动机直接驱动的,为了保证移动部件的定位精度和轮廓加工精度,要求它有足够高的定位精度和联动坐标的协调一致精度。一般要求定位精度为 0.001~0.01 mm;高档设备的定位精度要求达到 0.1 μm 以上。速度控制要求在负载变化时有较强的抗扰动能力,以保证速度的恒定,这样才能在轮廓加工中保证有较好的加工精度。

(2) 动态响应快。动态响应是伺服系统的动态性能,反映了系统的跟踪精度,它要求很小的超调量。目前数控机床的插补时间都在 20 ms 以下,在这么短时间内指令变化一次,要求伺服电动机迅速加减速度，以实现执行部件的加减速控制。

（3）良好的稳定性。稳定性是指系统在给定输入下，经过短时间的调节后达到新的平衡状态的能力；或在外界干扰作用下，经过短时间的调节后重新恢复到原有平衡状态的能力。稳定性直接影响数控加工的精度和表面粗糙度，为了保证切削的稳定均匀，数控机床的伺服系统应具有良好的抗干扰能力，以保证进给速度的均匀、平稳。

（4）调速范围宽。目前数控机床一般要求进给伺服系统的调速范围是 0～30 m/min，有的已达到 240 m/min。除去滚珠丝杠和降速齿轮的降速作用，伺服电动机要有更宽的调速范围。对于主轴电动机，应使用无级调速，要求有（1∶100）～（1∶1000）范围内的恒转矩调速以及 1∶10 以上的恒功率调速。

（5）低速大转矩。机床在低速切削时，切深和进给都较大，要求主轴电动机输出的转矩较大。现代的数控机床，通常是伺服电动机与丝杠直连，没有降速齿轮，这就要求进给电动机能输出较大的转矩。对于数控机床进给伺服系统主要是速度和位置控制。

（6）惯量匹配。移动部件加速和降速时都有较大的惯量，由于要求系统的快速响应性能好，因而电动机的惯量要与移动部件的惯量匹配。通常要求电动机的惯量不小于移动部件的惯量。

（7）较强的过载能力。由于电动机加减速时要求有很快的响应速度，因而使电动机可能在过载的条件下工作。这就要求电动机有较强的抗过载能力，通常要求在数分钟内过载 4～6 倍而不损坏。

7.1.3 伺服系统分类

1. 按照调节理论分类

（1）开环伺服系统

开环伺服系统（图 7-1）的驱动元件主要是功率步进电动机或电液脉冲马达，通过驱动元件实现数字脉冲到角位移的转换，无位置反馈系统，不用位置检测元件实现定位，而是靠驱动装置本身，转过的角度正比于指令脉冲的个数，运动速度由进给脉冲的频率决定。

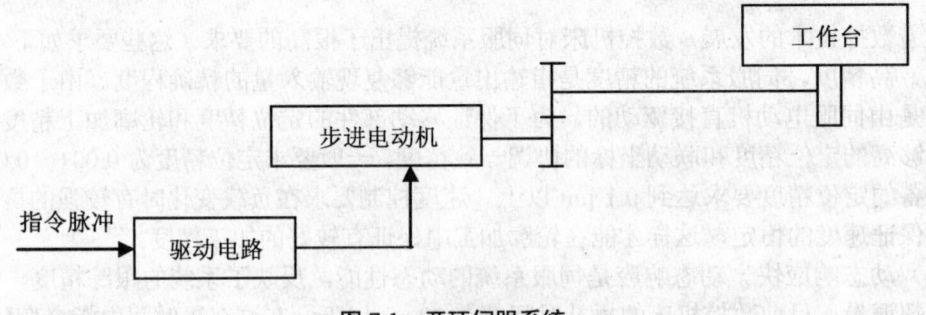

图 7-1 开环伺服系统

开环伺服系统的结构简单,易于控制;但精度差,低速不稳定,高速扭矩小。一般用于轻载或经济型数控机床。

(2) 闭环伺服系统

闭环系统是误差控制随动系统(图 7-2)。数控机床进给系统的误差是 CNC 输出的位置指令和机床工作台(或刀架)实际位置的差值。闭环系统有位置检测装置,通过位置检测装置测出实际位移量或者实际所处位置,并将测量值反馈给 CNC 装置,与指令进行比较,求得误差,依次构成闭环位置控制。

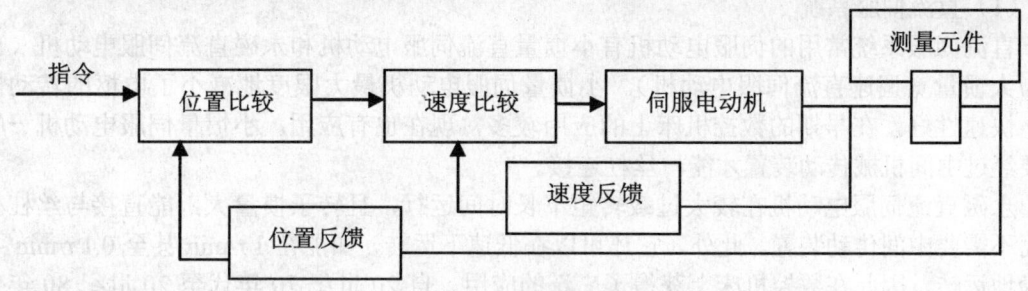

图 7-2 闭环伺服系统

由于闭环伺服系统是反馈控制,如果反馈测量装置精度高,那么系统传动链的误差、环内各元件的误差以及运动中造成的误差都可以得到补偿,从而大大提高了跟随精度和定位精度。目前闭环系统的分辨率多为 1 μm,定位精度可达+0.01~+0.05 mm,高精度系统分辨率可达 0.1 μm。系统精度只取决于测量装置的制造精度和安装精度。

(3) 半闭环伺服系统

位置检测元件没有直接安装在进给坐标的最终运动部件上(图 7-3),而是经过中间机械传动部件的位置转换,亦即坐标运动的传动链有一部分在位置闭环以外;在环外的传动误差没有得到系统的补偿,因而伺服系统的精度低于闭环系统。

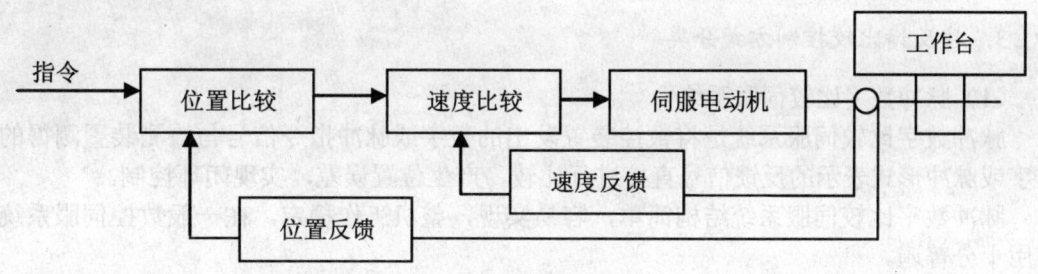

图 7-3 半闭环伺服系统

半闭环系统和闭环系统的控制结构是一致的,不同点只是闭环系统环内包括较多的机械传动部件，传动误差均可被补偿，理论上精度可以达到很高。但由于受机械变形、温度变化、振动以及其他因素的影响，系统稳定性难以调整。此外，机床运行一段时间后，由于机械传动部件的磨损、变形及其他因素的改变，容易使系统稳定性改变，精度发生变化。因此，目前大多使用半闭环系统。只有具备传动部件精密度高、性能稳定、使用过程温度变化不大等特点的高精度数控机床上才使用全闭环伺服系统。

2. 按使用的驱动元件分类

（1）直流伺服系统

直流伺服系统常用的伺服电动机有小惯量直流伺服电动机和永磁直流伺服电动机（也称为大惯量宽调速直流伺服电动机）。小惯量伺服电动机最大限度地减小了电枢的转动惯量，快速性好，在早期的数控机床上的应用较多，现在也有应用。小惯量伺服电动机一般都要经过中间机械传动装置才能与丝杠连接。

永磁直流伺服电动机在较大过载转矩下长时间运行，且转子惯量大，能直接与丝杠相连而不需要中间传动装置。此外，它还可以在低速下运转，如能在 1 r/min 甚至 0.1 r/min 下平稳地运转，因此在数控机床上获得了广泛的应用。自 20 世纪 70 年代至 20 世纪 80 年代中期，其在数控机床应用上占绝对统治地位，至今，许多数控机床上仍使用这种电动机的直流伺服系统。永磁直流伺服电动机的缺点是有电刷，限制了转速的提高，一般额定转速为 1000～1500 r/min。而且结构复杂，价格较贵。

（2）交流伺服系统

交流伺服系统使用交流异步伺服电动机（一般用于主轴伺服电动机）和永磁同步伺服电动机（一般用于进给伺服电动机）。由于交流伺服电动机克服了直流伺服电动机的固有缺点，且转子惯量也较直流电动机小，因此动态响应快。另外在同样体积下，交流电动机的输出功率可比直流电动机高 10%～70%。此外交流电动机的容量可以比直流电动机制造得大，可达到更高的电压和转速。因此交流伺服系统得到了迅速发展，已经形成潮流，从 20 世纪 80 年代后期开始大量使用交流伺服系统。

3. 按反馈比较控制方式分类

（1）脉冲数字比较伺服系统

脉冲数字比较伺服系统是将数控装置发出的数字或脉冲指令信号与检测装置测得的以数字或脉冲形式表示的反馈信号直接进行比较，产生位置误差，实现闭环控制。

脉冲数字比较伺服系统结构简单，容易实现，整机工作稳定，在一般数控伺服系统中应用十分普遍。

（2）相位比较伺服系统

在相位比较伺服系统中，位置检测装置采取相位工作方式，指令信号与反馈信号都转换成某个载波的相位，然后通过两者相位的比较，获得实际位置与指令位置的偏差，实现闭环控制。

相位伺服系统适用于感应式检测元件（如旋转变压器、感应同步器）的工作状态，可得到满意的精度。此外由于载波频率高，响应快，抗干扰能力强，很适合连续控制的伺服系统。

（3）幅值比较伺服系统

幅值比较伺服系统是以位置检测信号的幅值大小来反映机械位置的数值，并以此信号作为位置反馈信号，一般还要将信号转换成数字信号才与指令数字信号比较，从而获得位置偏差信号构成闭环控制系统。

在以上三种伺服系统中，相位比较伺服系统和幅值比较伺服系统从结构上和安装维护上都比脉冲数字比较伺服系统复杂、要求高，所以一般情况下脉冲数字比较伺服系统应用最为广泛，而相位比较伺服系统要比幅值比较伺服系统应用普遍。

（4）全数字伺服系统

随着微电子技术、计算机技术和伺服控制技术的发展，数控机床的伺服系统已开始采用高速、高精度的全数字伺服系统，使伺服技术从模拟方式、混合方式走向全数字方式。由位置、速度和电流构成的三环反馈全部数字化，用软件处理数字 PID，使用灵活，柔性好，数字伺服系统还采用了许多新的控制技术和改进伺服性能的措施，使控制精度和品质大大提高。

7.2 步进电动机伺服系统

7.2.1 开环伺服控制原理

步进电动机伺服系统是典型的开环系统。其基本结构如图 7-4 所示。

图 7-4 步进电动机开环伺服系统结构

这种开环伺服系统采用功率步进电动机作为执行元件，实现进给运动。与闭环系统相比，没有位置反馈回路和速度反馈回路，所以也就没有位置和速度检测装置以及复杂的控制调节电路，使得系统结构简单可靠、成本低，与机床配接容易、控制使用方便，在对速度和精度要求不高的中小型机床上得到了广泛的应用。图 7-5 为采用功率步进电动机的开环系统示意图。

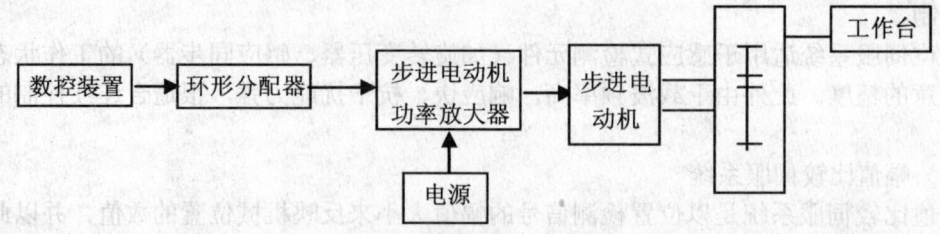

图 7-5　开环步进伺服系统结构示意图

1. 步进电动机的主要特性

（1）步距角。步进电动机的步距角是反映步进电动机定子绕组的通电状态每改变一次，转子转过的角度，它是决定步进伺服系统脉冲当量的重要参数。数控机床中常见的反应式步进电动机的步距角一般为 0.5°～3°。步距角越小，数控机床的控制精度越高。

（2）矩角特性、最大静态转矩和启动转矩。矩角特性是步进电动机的一个重要特性，它是指步进电动机产生的静态转矩 M 与失调角的变化规律。最大静态转矩表示步进电动机承受负载的能力，最大静态转矩 M 愈大，电动机带负载的能力愈强，运行的快速性和稳定性愈好。

（3）启动频率。空载时，步进电动机由静止突然启动，并进入不丢步的正常运行所允许的最高频率，称为启动频率。

（4）连续运行的最高频率。步进电动机连续运行时，它所能接受的，即保证不丢步运行的极限频率 f_{max}，称为最高工作频率。它是决定定子绕组通电状态最高变化频率的参数，它决定了步进电动机的最高转速。

（5）矩频特性与动态转矩。矩频特性所描述的是步进电动机连续稳定运行时输出转矩与连续运行频率之间的关系。动态转矩的基本趋势是随连续运行频率的增大而降低。

（6）加减速特性。步进电动机的加减速特性是描述步进电动机由静止到工作频率和由工作频率到静止的加减速过程中，定子绕组通电状态的变化频率与时间的关系。

除了以上介绍的几种特性，惯频特性和动态特性等也都是步进电动机很重要的特性，其中惯频特性所描述的是步进电动机带动纯惯性负载时启动频率和负载转动惯量之间的关系；动态特性所描述的是步进电动机各相定子绕组通断电时的动态过程，它决定了步进电动机的动态精度。

2. 步进电动机的控制

（1）工作台位移量的控制

数控装置发出 N 个进给脉冲，经驱动线路放大后，变换成步进电动机定子绕组通、断电的次数 N，使步进电动机定子绕组的通电状态改变 N 次，因而也就决定了步进电动机的角位移。该角位移再经减速齿轮、丝杠、螺母之后转变为工作台的位移量 L。可见。这种对应关系可表示为：进给脉冲的数量 $N \to$ 定子绕组通电状态变化次数 $N \to$ 步进电动机转子角位移 $\to$ 机床工作台位移量 L。据此可得开环系统的脉冲当量 δ 为

$$\delta = \frac{\theta h}{360 i} \quad (7-1)$$

式中：θ ——步进电动机步距角；
    h ——滚珠丝杠螺距（mm）；
    i ——减速齿轮的减速比。

需要指出的是，增设减速齿轮一方面可以调整速度，另一方面可以增大扭矩，降低电动机功率。

（2）工作台进给速度的控制

系统中进给脉冲频率 f 经驱动放大后，就转化为步进电动机定子绕组通、断电状态变化的频率，因而就决定了步进电动机的转速 w，该 w 经减速齿轮、丝杠、螺母之后，转化为工作台的进给速度 v。可见，这种对应关系可表示为：进给脉冲频率 $f \to$ 定子绕组通、断电状态的变化频率 $f \to$ 步进电动机转速 $w \to$ 工作台的进给速度 v。据此可得开环系统进给速度 v 为

$$v = 60 f \delta \quad (7-2)$$

式中：f ——输入到步进电动机的脉冲频率（Hz）。

（3）工作台运动方向的控制

改变步进电动机输入脉冲信号的循环顺序方向，就可以改变步进电动机定子绕组中电流的通断循环顺序，从而使步进电动机实现正转和反转，相应的工作台的进给方向就被改变。

综上所述，在步进电动机驱动的开环数控系统中，输入的进给脉冲数量、频率、方向经驱动控制线路和步进电动机后，可以转化为工作台的位移量、进给速度和进给方向，从而满足了数控系统对位移控制的要求。

7.2.2 步进电动机的选择

1. 步进电动机的特点

步进电动机是一种将电脉冲信号转换成相应角位移或线位移的控制电动机。利用它可以组成一个简单实用的全数字化伺服系统，并且不需要反馈环节，所以在开环数控系统中获得极其成功的应用。概括起来它具有以下特点。

（1）送给步进电动机定子绕组一个电流脉冲，其转子就转过一个步距角。
（2）有脉冲就走，无脉冲则停。
（3）脉冲数增加，角位移随之增加。
（4）脉冲频率越高，电动机转速越高，反之则低。

（5）改变分配脉冲的相序就可以改变电动机旋转方向。

（6）脉冲频率变化太快，会引起失步或过冲。

（7）输出转角精度较高，一般只有相邻误差，无积累误差。

2. 步进电动机的分类

步进电动机种类繁多，其分类方式也很多。如：按其力矩产生的原理可分为反应式、永磁式、永磁感应式（混合式）步进电动机；按其输出力矩大小可分为伺服式和功率式步进电动机；按其结构可分为单段式（径向式）、多段式（轴向式）和印刷绕组式步进电动机；按其相数可分为两相、三相、四相、五相、六相等步进电动机等。下面主要简单介绍一下反应式步进电动机、永磁式步进电动机和混合式步进电动机。

（1）反应式步进电动机

由于反应式步进电动机制造简单，价格便宜，在我国的应用相当广泛，这些系列主要有：110BG02、110BF03、130BF5、150BF5、160BF5 等。

反应式步进电动机在结构上分为定子和转子两部分，其中定子又由定子铁心和定子绕组组成。定子铁心由电工硅钢片叠压而成，定子绕组是绕在定子铁心上均匀分布的齿上线圈，并且将直径方向上相对的两个齿上的线圈串联在一起，构成一相控制绕组。这样，当某一绕组通入励磁电流时，就在这对齿上形成 NS 磁极，根据电磁作用原理，这对磁极下定子和转子的小齿一一对齐，而其他磁极下定子和转子的小齿却要分别错开一定的角度。接着当该相绕组断电，并让相邻相绕组通电励磁后，通过磁场的作用使转子转过一定角度，这样通电相对应的定子磁极与转子的齿对齐。然后周而复始一直进行下去，就会获得一个旋转磁场，电动机的转子转动带动负载运行起来。

（2）永磁式步进电动机

永磁式步进电动机的转子或定子的某一方具有永久磁钢，另一方用软磁材料制成，有三对绕组，在定子绕组中轮流通电时形成的电磁场与永久磁钢的恒定磁场相互作用而产生转矩，带动转子旋转起来。

（3）混合式步进电动机

混合式步进电动机是反应式步进电动机和永磁式步进电动机两者的结合。

从性能方面看，混合式步进电动机综合了反应式步进电动机和永磁式步进电动机的优点，更适用于数控系统中。因此，近年来国内外在这方面发展很快，大有取代反应式步进电动机的趋势。

3. 步进电动机的选择

步进电动机是开环进给伺服系统的主要元件，其性能直接影响数控系统的性能。因此在设计和制造步进系统时对步进电动机的特性要充分重视，合理地选择步进电动机。

步进电动机选用的基本原则如下。

(1) 确定步进电动机的类型

数控机床上大多数使用反应式步进电动机,其价格低于永磁反应式步进电动机,但在需要大扭矩驱动时则选择永磁反应式步进电动机。

(2) 确定脉冲当量。根据机床的加工精度要求,选择进给坐标的脉冲当量。

(3) 确定减速齿轮速比

(4) 最大静态转矩的选择

(5) 启动频率的选择

(6) 最高连续运行频率的选择。根据机床工作台的最高运行速度选取。

7.2.3 步进电动机驱动控制电路

步进电动机的运行性能不仅与步进电动机本身的特性和所带的负载有关,而且与其配套使用的驱动电源有着密切的关系。所以步进电动机的运行性能是步进电动机和驱动电源的综合结果,选择性能优良的驱动电源对于发挥步进电动机的性能尤为重要。步进电动机的驱动电源由环形脉冲分配器和功率放大器两部分组成。控制结构如图7-6所示。

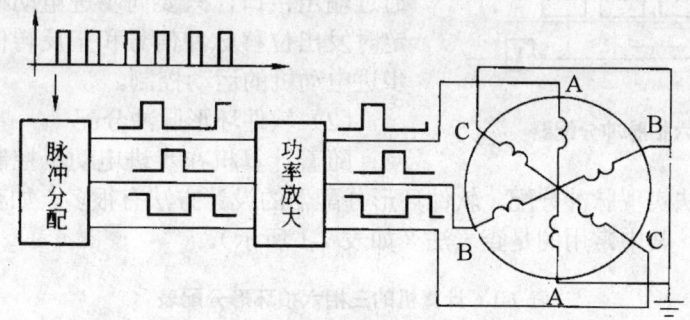

图 7-6 步进电动机控制电路

1. 环形脉冲分配器

环形分配器是用于控制步进电动机通电运行方式的,其作用是将数控装置的插补脉冲按步进电动机所要求的规律分配给步进电动机驱动电路的各相输入端,以控制励磁绕组中电流的开通和关断。同时由于电动机有正、反转要求,所以环形脉冲分配器的输出不仅是周期性的,而且是可逆的,因此称之为环形分配器。按是由硬件还是软件来完成环形脉冲分配功能,可将其分为硬件环形分配器和软件分配器两类,下面分别加以介绍。

(1) 硬件环形脉冲分配

早期设计硬件环形脉冲分配器电路时,都是根据步进电动机通电方式真值表或逻辑关系式采用逻辑门电路和触发器来实现的。如图 7-7 所示,当 X=1 时,每来一个脉冲(CP)则电动机正转一步;当 X=0 时,每来一个脉冲(CP)则电动机反转一步。其逻辑关系式如下:

$$Q_A=XQ_B+\overline{X}Q_C$$
$$Q_B=XQ_C+\overline{X}Q_A \tag{7-3}$$

硬件脉冲分配器比较常用的是采用专用集成芯片进行环分。CH250 是三相反应式步进电动机工作于单三拍、双三拍、三相六拍等方式。如图 7-7 所示为三相六拍的接线图。步进电动机的初始励磁相为 A、B 相,进给脉冲 CP 的上升沿有效,方向信号为 1 则正转,为 0 则反转。

当各个引脚连接好后,主要通过一个脉冲输入端控制步进的速度;一个输入端控制电动机的转向;并有与步进电动机相数同数目的输出端分别控制电动机的各相。这种硬件脉冲分配器通常直接包含在步进电动机驱动控制电源内。数控系统通过插补运算,得出每个坐标轴的位移信号,通过输出接口,只要向步进电动机驱动控制电源定时发出位移脉冲信号和正反转信号,就可实现步进电动机的运动控制。

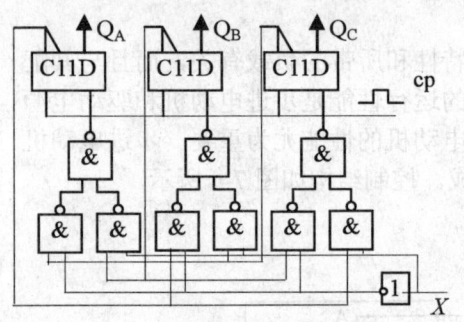

图 7-7 三相六拍脉冲分配器

(2)软件环形脉冲分配

随着计算机在步进电动机控制方面的应用,可以使用软件方法实现脉冲分配。软件环形分配器的设计方法有很多,如查表法、比较法、移位寄存器法等,其中常用的是查表法(如表 7-1 所示)。

表 7-1 计算机的三相六拍环形分配表

步 序	导电相	工作状态	数值(十六进制)	程序的数据表
正转、反转		C B A		TAB
	A	0 0 1	01H	TAB0 DB 01H
	AB	0 1 1	03H	TAB1 DB 03H
	B	0 1 0	02H	TAB2 DB 02H
	BC	1 1 0	06H	TAB3 DB 06H
	C	1 0 0	04H	TAB4 DB 04H
	CA	1 0 1	05H	TAB5 DB 05H

采用软件进行脉冲分配虽然增加了软件编程的复杂程度,但它省去了硬件环形脉冲分

配器，系统减少了器件，降低了成本，也提高了系统的可靠性。

2. 功率放大电路

功率放大电路，也称功率驱动器。由于从环形分配器来的进给脉冲信号的电流只有几毫安，而步进电动机的定子绕组需要 1～13A 的电流才能驱动步进电动机旋转，因此需要对从环形分配器来的信号进行功率放大。功率放大电路一般由两部分组成，即前置放大和功率放大。

（1）单电压功率驱动电路

图 7-8 所示为一单电压功率驱动电路原理图。图中 L 为步进电动机励磁绕组的电感，R_a 为绕组电阻，R_c 为串接的限流电阻。当输入端接收到环形分配器输出的脉冲信号后，经前置放大使 VT 导通，这样 L 上有电流流过，电动机转动一步。由于步进电动机每相都有一个放大器，当三相放大器轮流工作时，三相绕组分别有电流通过，使三相步进电动机一步步转动。

由于步进电动机绕组的电感作用，当绕组通电时，绕组电流不能迅速上升到额定值。电动机的转动比通电时间滞后，所以当绕组脉冲频率过高时，转子跟不上电流的变化就会失步，由此限制了步进电动机绕组的最高速度。如果在 R_c 上并联一个电容 C，当脉冲到来时，电阻 R_c 相当于短接，这样改善了注入电动机绕组电流的脉冲前沿，使电流前沿变陡，从而提高了步进电动机的高频性能。另外，当晶体管 VT 关断时，由于绕组电感 L 的作用将会在晶体管的集成极产生高压，有可能击穿晶体管 VT，为了避免这种情况的发生，电路中加装续流二极管 VD，给感应电流提供回路，以保护晶体管。

单电压驱动电路的特点是线路简单，但绕组电流上升不够快，高频时带负载能力差，而且由于限流电阻的作用，使其功耗大，所以这种电路常用于功率较小并且要求不高的场合。

（2）高低压驱动电路

高低压驱动电路的特点是供给步进电动机励磁绕组的电压有两种：一种是高电压 U_1，由电机参数和晶体管特性决定，一般在 80V 至更高范围；另一种是低电压 U_2，即步进电机绕组额定电压，一般为几伏，最高不超过 20V。

图 7-9 所示为高低压驱动电路原理图。在相序输入信号 I_H、I_L 到来时，VT_1、VT_2 同时导通，高压 U_1 给绕组供电，绕组电流很快上升，当电流达到规定值时，VT_1 关断，而 VT_2 继续导通（t_H 脉宽小于 t_L），自动切换到由低压 U_2 给绕组供电。由于采用高压驱动，电流增长加快，绕组电流脉冲前沿变陡，使电动机的输出转矩和启动、运行频率得以提高，而且额定电流是由低压维持，只需阻值较小的限流电阻，因此功放效率有所提高。这种高低压驱动电路能在较宽的频率范围有较大的平均电流，能产生较大且稳定的平均转矩，但提供的绕组电流波顶有凹陷，电路也较复杂。

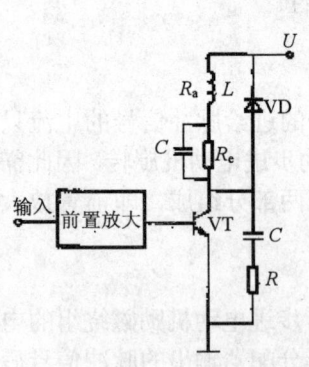
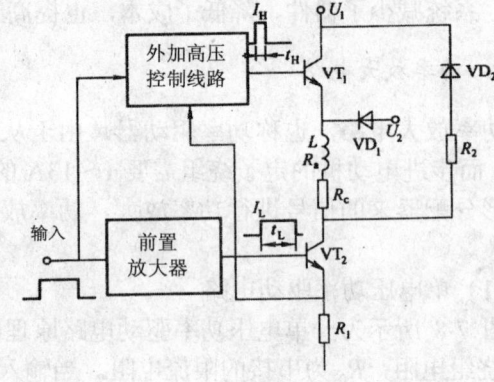

图 7-8　单电压驱动电路原理图　　　　图 7-9　高低压驱动电路原理图

(3) 恒流斩波驱动电路

高低压驱动电路的电流波形的波顶会出现凹陷，将造成高频输出转矩下降。为了使励磁绕组中的电流维持在额定值附近，需采用斩波驱动电路。

恒流斩波驱动电路原理如图 7-10。它的工作原理是：环形脉冲分配器输出的脉冲作为输入信号，若输入信号为正脉冲，则 VT_1、VT_2 同时到导通，由高压 U_1 经 VT_1、VT_2 给绕组供电。由于 U_1 较高，绕组回路又没有串电阻，所以绕组中的电流迅速上升，当绕组中的电流上升到额定值以上某个数值时，由于采样电阻的反馈作用，经整形、放大后送至 VT_1 的基极，使 VT_1 截止。接着由低压 U_2 给绕组供电，绕组中的电流立即下降，但刚降至额定值以下时，由于采样电阻的反馈作用，使整形电路无信号输出，此时高压前置放大电路又使 VT_1 导通，电流又上升。如此反复进行，形成一个在额定电流值上下波动呈锯齿状的绕组电流波形，近似恒流，所以称这种电路为恒流斩波驱动电路，锯齿波的频率可通过调整采样电阻 R 和整形电路的参数改变。

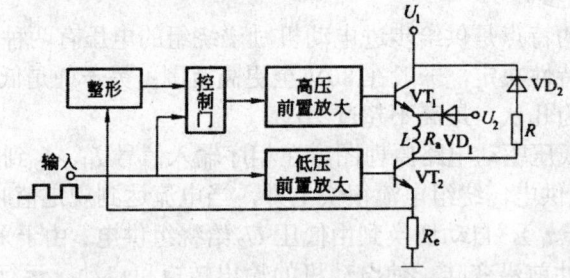

图 7-10　恒流斩波驱动电路原理图

恒流斩波驱动电路虽然复杂，但它使数控系统与步进电动机的运行矩频特性、启动转矩频特性都有明显改善；绕组的电流脉冲边沿陡，快速响应好；该电路无外接电阻 R_c，而

采样电阻 R_e 又很小（一般为 0.2Ω 左右），所以整个系统的功耗低，效率高。由于采样电阻 R_e 的反馈作用，使绕组中的电流可以恒定在额定的数值上，而且不随步进电动机的转速而变化，从而保证在很大的频率范围内，步进电动机都输出恒定的转矩。

（4）细分驱动电路

步进电动机励磁绕组中的电流为矩形波时，其步距角因通电控制方式不同不是整步就是半步。而步距角是由步进电动机结构确定的，故可以用控制的方法来进行细分。为此，绕组电流由矩形波供电改为梯形波供电。

矩形波供电时，绕组中的电流基本上是从零值跃到额定值，或从额定值降至零值。而梯形波供电时，绕组中的电流经若干个阶梯上升到额定值，或经若干个阶梯下降到零值，在每次输入脉冲换相时，不是将绕组电流全部通入或切除，而是改变相应绕组中额定电流的一部分。电流分成多少个台阶，转子就以同样的步数转一个步距角。这种将一个步距角细分成若干个的驱动方法称为细分驱动。电流的大小用脉冲宽度来控制。

细分驱动电路的特点是使步距角减小，提高了匀速性和控制精度，并能减弱或消除振荡。

7.2.4 步进电动机的微机控制

利用微机对步进电动机进行控制，有串行和并行两种方式。

1. 串行控制

在这种方式中，单片机通过 I/O 接口将控制信号输入至步进电动机驱动电源的环形脉冲分配器，所以在这种系统中驱动电源内部必须含有环形分配器。这种控制方式如图 7-11（a）所示。CP 脉冲用来控制步进电动机转动的角度，每输入一个脉冲，步进电动机转动一个步距角。方向信号 CW 为电平输入信号，用来控制电动机转动的方向。当 CW 为高电平时，步进电动机在 CP 端输入脉冲时顺时针转动；而当 CW 为低电平时，步进电动机在 CP 端输入脉冲时逆时针转动。

为了减轻 CPU 的负担，可改为由 8255A 并行口产生方向信号 CW，CP 脉冲信号由 8253 计数器/定时器产生。8255A 的工作方式选择为方式 0，基本输入/输出方式。8253 的 2 口工作方式选择为方式 0，1 口选择为方式 3，如图 7-11（b）所示。

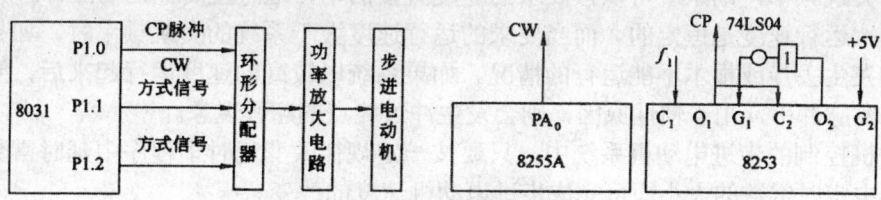

图 7-11 步进电动机的串行控制

2. 并行控制

用微机系统的数条端口线直接控制步进电动机各相驱动电路的方法称为并行控制。在步进电动机驱动电源内部不含环形脉冲分配器,脉冲环分功能由微机系统实现,并且有两种方法:一种是纯软件方法,即完全用软件来实现相序的分配,直接输出各自导通或截止的脉冲信号,主要有寄存器移位法和查表法;第二种是软、硬件相结合的方法,有专门设计的一种编码器接口,单片机向接口输出简单形式的代码数据,而接口输出的是步进电动机各自导通或截止的信号。并行控制方案如图 7-12 所示。

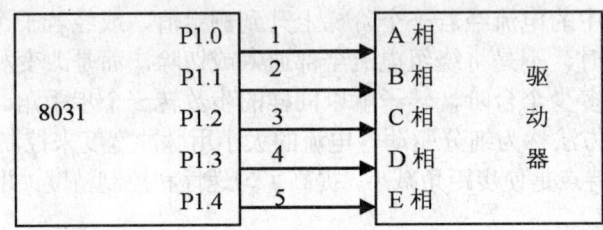

图 7-12 步进电动机的并行控制

3. 步进电动机速度控制

由步进电动机驱动的开环系统工作原理可知,通过控制步进电动机相邻两种励磁状态的时间间隔即可实现步进电动机速度的控制。对于硬件环分来说,只要控制 CP 脉冲的频率就可控制步进电动机的速度。对于软件环分来讲,只要控制相邻两次软件环分输出状态之间的时间间隔,也就是控制如下循环流程中延时时间的长短,即可控制步进电动机的速度。

其中,实现延时的方法又分为两种,一种是纯软件延时;另一种是定时中断延时。显然,从充分利用时间资源来看,后者更理想一些。

4. 步进电动机的加减速控制

在机床加工过程中,由于进给状态的变化,要求步进电动机能够实现启动、停止或改变运行速度,这也就要求输入步进电动机的脉冲频率做相应变化。如果要求运行的速度小于系统的突跳频率,则系统可以按要求的速度直接启动,运行至终点后可立即停发脉冲串令其停止;运行速度是恒定的。而当要求的运行速度大于系统的突跳频率时,如果直接启动,可能发生丢步或根本不能运行的情况。如果系统以较高的速度运行起来后,到达终点时突然停发脉冲串,由于惯性原因,则会发生冲过终点的超程现象。

在微机控制的步进电动机系统中,只要按一定规律改变延时子程序中延时常数的大小或定时器中定时常数的大小即可完成步进电动机速度的改变。

7.3 数控机床的位置检测装置

7.3.1 检测装置的功用

检测装置是把位移和速度测量信号作为反馈信号,并将反馈信号换成数字送回计算机和脉冲指令信号进行比较,以控制驱动元件正确运动。检测装置是数控闭环伺服系统的重要组成部分。检测装置的精度直接影响数控机床的定位精度和加工精度。

将位移检测系统所能测量的最小位移量作为分辨率。分辨率的高低不仅取决于检测元件本身,也取决于检测线路。在设计高精度或大中型数控机床时必须认真选取检测元件。数控机床对检测元件的主要要求是:

(1) 高可靠性和高抗干扰能力。
(2) 满足机床加工精度和加工速度的要求。
(3) 使用维护方便。
(4) 成本低。

7.3.2 检测装置的分类

本节就目前在数控机床上经常使用的位置检测装置中常用的几种加以介绍。

1. 旋转变压器

旋转变压器是一种旋转型的增量式角位移检测元件。它是一种小型交流电动机。旋转变压器的结构和两相绕线式异步电机的结构相似,可分为定子和转子两大部分。定子和转子的铁心由铁镍软磁合金或硅钢薄板冲成的槽状芯片叠成,它们的绕组分别嵌入各自的槽状铁芯内,定子绕组通过固定在壳体上的接线柱直接引出,转子绕组有两种不同的引出方式。根据转子绕组两种不同的引出方式,旋转变压器分为有刷式和无刷式两种结构形式。

(1) 有刷式旋转变压器

有刷式旋转变压器定子和转子均为两相交流分布绕组。绕组的轴线相互垂直,定子和转子铁心间有均匀的间隙,转子绕组的端点通过电刷和滑环引出。其特点是结构简单,体积小,但因电刷与滑环是机械滑动接触的,所以可靠性差,寿命也较短。

(2) 无刷式旋转变压器

无刷式旋转变压器没有电刷和滑环,由分解器和变压器两部分组成,分解器结构与有刷旋转变压器相同。变压器的一次绕组绕在与分解器转子固定在一起的线轴上,加在分解器定子绕组上的励磁电压信号,通过转子线圈传到变压器的一次绕组,从变压器的二次绕组输出最后信号。这种结构避免了电刷与滑环之间的不良接触造成的影响,提高了旋转变压器的可取性及使用寿命,但体积、质量、成本均有所增加。

旋转变压器是根据互感原理工作的。它的结构保证了其定子和转子之间的磁通呈正（余）弦规律。定子绕组加上励磁电压，通过电磁耦合，转子绕组产生感应电动势。感应电动势随着转子的偏转的角度呈正（余）弦规律变化。

2. 感应同步器

感应同步器是一种电磁式的高精度位移检测元件，按其结构方式的不同可分为直线式和旋转式两种，前者用于长度测量，后者用于角度测量。

直线式感应同步器由做相对平行移动的定尺和滑尺组成，定尺和滑尺之间保持一定量的均匀间隙，约 0.25 mm，定尺表面制有连续绕组，滑尺上有两组分段励磁绕组，定尺固定不动，滑尺可随运动部件移动。使用时，给滑尺绕组通以交流电压，由于电磁感应在定尺绕组中产生感应电动势，其幅值和相位随滑尺和定尺之间相对位置的变化而变化，感应同步器就是利用这个感应电动势的变化进行测量。

感应同步器的测量精度主要取决于定尺绕组沿长度方向的尺寸精度。使用感应同步器构成的闭环伺服系统能够使数控机床获得较高的加工精度，但要得到理想的测量效果，对机械部件及安装调试要求很高。为了防止油污和铁屑侵入划伤定尺和滑尺的绕组，造成短路，致使感应同步器损坏，对尺子的保护罩要求很高。

感应同步器的特点是：精度高，工作可靠，抗干扰能力强，维护简单，寿命长，可测量长距离位置，成本低，易于成批生产，广泛应用于数控机床及各类机床数显改造。

3. 光栅

在高精度的数控机床上，目前大量使用光栅作为反馈检测元件。光栅与前面讲的旋转变压器、感应同步器不同，它不是依靠电磁学原理进行工作的，不需要励磁电压，而是利用光学原理进行工作，因而不需要复杂的电子系统。常见的光栅从形状上可分为圆光栅和长光栅。圆光栅用于角位移的检测，长光栅用于直线位移的检测。光栅的检测精度较高，长光栅可达 1 μm，圆光栅可达 3″。

光栅由标尺光栅和光栅读数头组成。标尺光栅一般固定在机床活动部件上（如工作台），光栅读数头装在机床固定部件上，指示光栅装在光栅读数头中。当工作台运动时，标尺光栅就在指示光栅后无接触地相对滑动。

（1）光栅尺的构造和种类

光栅尺包括标尺光栅和指示光栅，它是用真空镀膜方法光刻上均匀密集线纹的透明玻璃片或长条形金属镜面。对于长光栅，这些线纹相互平行，各线纹之间的距离相等，我们称此距离为栅距。对于圆光栅，这些线纹是等栅距角的向心条纹。栅距和栅距角是决定光栅光学性质的基本参数。常见的长光栅的线纹密度为 25、50、100、125、250 条/mm。对于圆光栅，若直径为 70 mm，一周内刻线 100~768 条。若直径为 110 mm，一周内刻线达 600~1024 条，甚至更高。同一个光栅元件，其标尺光栅和指示光栅的线纹密度必须相同。

(2) 光栅读数头

光栅读数头（图 7-13）由光源、透镜、指示光栅、光敏元件和驱动线路组成。读数头的光源一般采用白炽灯泡发出的辐射光线，经过透镜后变成平行光束，照射在光栅尺上。光敏元件是一种将光强信号转换为电信号的光电转换元件，它接收透过光栅尺的光强信号，并将其转换成与之成比例的电压信号。由于光敏元件产生的电压信号一般比较微弱，在长距离传递上时很容易被各种干扰信号所淹没、覆盖，造成传送失真。为了保证光敏元件输出的信号在传送中不失真，应首先将电压信号进行功率和电压放大，然后再进行传送。驱动线路就是实现对光敏元件输出信号进行功率和电压放大的线路。

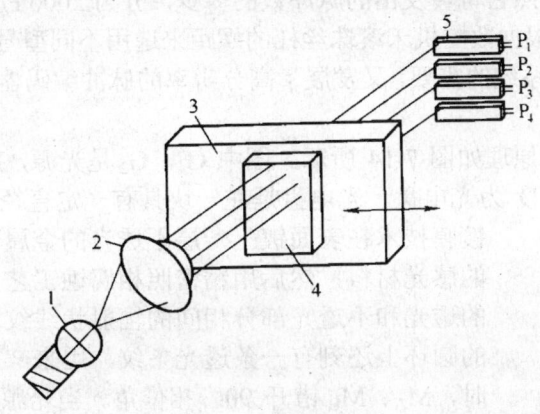

图 7-13　光栅读数头

1—光源 Q　2—聚光镜 L　3—标尺光栅 G_1　4—指示光栅 G_2　5—硅光电池

(3) 工作原理

当使指示光栅上的线纹与标尺光栅上的线纹成一角度来放置两光栅尺时，必然会造成两光栅尺上的线纹互相交叉。在光源的照射下，交叉点近旁的小区域内由于黑色线纹重叠，因而遮光面积最小，挡光效应最弱，光的累积作用使得这个区域出现亮带。相反，距交叉点较远的区域，因两光栅尺不透明的黑色线纹的重叠部分变得越来越小，不透明区域面积逐渐变大，即遮光面积逐渐变大，使得挡光效应变强，只有较少的光线能通过这个区域透过光栅，使这个区域出现暗带。这些与光栅线纹几乎垂直，相间出现的亮、暗带就是莫尔条纹。

莫尔条纹具有以下特性。

① 当用平行光束照射光栅时，透过莫尔条纹的光强度分布近似于余弦函数。

② 可把光栅距变换成放大若干倍的莫尔条纹宽度。

③ 由于莫尔条纹是由若干条光栅线纹共同干涉形成的，所以莫尔条纹对光栅个别线纹

之间的栅距误差具有平均效应,能消除光栅栅距不均匀所造成的影响。

④ 莫尔条纹的移动与两光栅尺之间的相对移动相对应,两光栅尺相对移动一个栅距 d,莫尔条纹便相应移动一个莫尔条纹宽度 W,其方向与两光栅尺相对移动的方向垂直,且两光栅尺相对移动的方向改变时,莫尔条纹移动的方向也随之改变。

4. 脉冲编码器

脉冲编码器是把机械转角转化为电脉冲的一种常用角位移传感器。脉冲编码器有光电式、接触式、电磁感应式三种。光电式的精度与可靠性优于其他两种,故数控机床上采用光电式脉冲编码器。按照它每转发出的脉冲数的多少,分为 2000 P/r、2500 P/r、3000 P/r、4000 P/r 等多种型号。根据数控机床滚珠丝杠的螺距来选用不同型号的脉冲编码器。为适应高速、高精度数字伺服系统的需要,又发展了高分辨率的脉冲编码器,每转脉冲数为 20000、25000、30000。

脉冲编码器的工作原理如图 7-14 所示。图中 G_1, G_2 是光源,M_A、M_B、M_Z 为光电元件,如光敏二极管等,D 为光电盘。光电盘是在一块具有一定直径的玻璃圆盘上,用真空镀膜技术在表面镀上一层不透光的金属薄膜,再涂上一层均匀的感光材料,然后用精密照相腐蚀工艺,制成沿圆周方向等距的透光和不透光部分相间的辐射状线纹,在圆盘的里圈不透光的圆环上还刻有一条透光条纹,用来产生基准脉冲信号。安装时,M_A、M_B 错开 90°相位角。当光源发光,光线透过光电盘的条纹,在光电元件 M_A、M_B 上形成明暗交替变换的条纹,产生两组近似于正弦波的电流信号 A 和 B,两者的相位相差 90°,经放大整形后可以得到方波。若 B 相超前于 A 相,则对应的电动机做反向旋转。利用 A、B 之间的相位关系可以鉴别编码器的旋转方向。Z 相是一基准脉冲,轴每转一转时固定位置产生一个脉冲,它是用来产生机床基准点的。

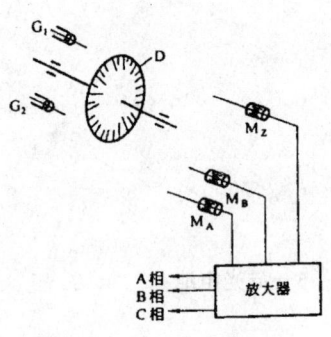

图 7-14 脉冲编码器原理图

接收电路将 M_A、M_B、M_Z 产生的信号进行电平转换,经处理后将得到的位置反馈值与插补器输出的指令进行比较,然后进行位置控制。

7.4 直流电动机伺服系统

伺服电动机是转速及方向都受控制电压信号控制的一类电动机,常在自动控制系统中用作执行元件。伺服电动机分为直流、交流两大类。

直流伺服电动机在电枢控制时具有良好的机械特性和调节特性,机电时间常数小,启动电压低。其缺点是由于具有电刷和换向器,造成的摩擦转矩比较大,有火花干扰及维护不便。

7.4.1 直流伺服电动机的结构和工作原理

直流伺服电动机的结构与一般的电动机结构相似,也是由定子、转子和电刷等部分组成,在定子上有励磁绕组和补偿绕组,转子绕组通过电刷供电。由于转子磁场和定子磁场始终正交,因而产生转矩使转子转动。由图 7-15 可知,定子励磁电流产生定子电势 E_s,转子电枢电流 i_a 产生转子磁势为 E_r,E_s 和 E_r 垂直正交,补偿磁组与电枢绕组串联,电流 i_a 又产生转子磁势 E_c,E_c 与 E_r 方向相反,它的作用是抵消电枢磁场对定子磁场的扭斜,使电动机有良好的调速特性。

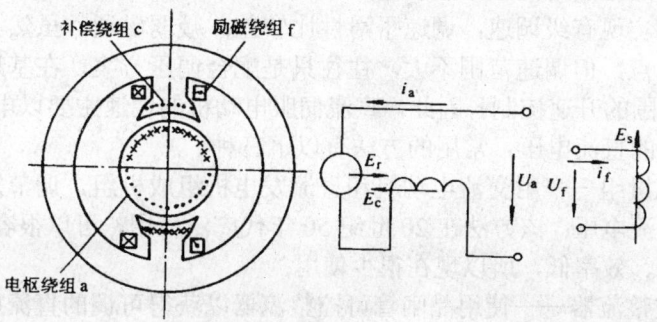

图 7-15 直流伺服电动机的结构和工作原理

永磁直流伺服电动机的转子绕组是通过电刷供电,并在转子的尾部装有测速发电机和旋转变压器,它的定子磁极是永久磁铁。永磁式直流伺服电动机与普通直流电动机相比有更高的过载能力、更大的转矩转动惯量比、调速范围大等优点。因此,永磁式直流伺服电动机曾广泛应用于数控机床进给伺服系统。由于近年来出现了性能更好的转子永磁铁的交流伺服电动机,永磁直流电动机在数控机床上的应用才越来越少。

7.4.2 直流伺服电动机的调速原理和常用的调速方法

由电工学的知识可知:在转子磁场不饱和的情况下,改变电枢电压即可改变转子转速。直流电动机的转速和其他参量的关系可用式 7-4 表示。

$$n = \frac{U - IR}{KH} \tag{7-4}$$

式中:n——转速(r/min)
$\qquad U$——电枢电压(V);
$\qquad I$——电枢电流(A);

R——电枢回路总电阻（Ω）；
H——励磁磁通（Wb）（韦伯）；
K——由电动机结构决定的电动势常数。

根据上述关系式，实现电动机调速是主要有三种方法。

（1）调节电枢供电电压 U。电动机加以恒定励磁，用改变电枢两端电压 U 的方式来实现调速控制，这种方法也称为电枢控制。

（2）减弱励磁磁通 H。电枢加以恒定电压，用改变励磁磁通的方法来实现调速控制，这种方法也称为磁场控制。

（3）改变电枢回路电阻 R 来实现调速控制。

对于要求在一定范围内无级平滑调速的系统来说，以改变电枢电压的方式最好；改变电枢回路电阻只能实现有级调速，调速平滑性比较差；减弱磁通，虽然具有控制功率小和能够平滑调速等优点，但调速范围不大，往往只是配合调压方案，在基速（即电动机额定转速）以上做小范围的升速控制。因此，直流伺服电动机的调速主要以电枢电压调速为主。

要得到可调节的直流电压，常用的方法有以下三种。

（1）旋转变流机组——用交流电动机和直流发电机组成机组，调节发电机的励磁电流以获得可调节的直流电压；该方法在 20 世纪 50 年代广泛应用，可以很容易实现可逆运行，但体积大、费用高、效率低，所以现在很少使用；

（2）静止可控整流器——使用晶闸管可控整流器以获得可调的直流电压；该方法出现在 20 世纪 60 年代，具有良好的动态性能，但由于晶闸管只有单向导电性，所以不易实现可逆运行，且容易产生"电力公害"；

（3）直流斩波器和脉宽调制变换器——用恒定直流电源或不控整流电源供电，利用直流斩波器或脉宽调制变换器产生可变的平均电压；该方法是利用晶闸管来控制直流电压，形成直流斩波器或称直流调压器。

数控机床伺服系统中，速度控制已经成为一个独立、完整的模块，称为速度控制模块或速度控制单元。现在直流调速单元较多采用晶闸管调速系统和晶体管脉宽调制调速系统。这两种调速都是改变电动机的电枢电压，其中以晶体管脉宽调速 PWM 系统应用最为广泛，因此本节主要介绍晶体管脉宽调速系统。

7.4.3 晶体管脉宽调制器速度控制单元

1. PWM 系统的主回路

由于功率晶体管比晶闸管更具有优良的特性，因此在中、小功率驱动系统中，功率晶体管已逐步取代晶闸管，并采用了目前广泛的脉宽调制进行驱动。

开关型功率放大器的驱动回路有两种结构形式，一种是 H 型（也称桥式），另一种是 T

型，这里介绍常用的 H 型，其电路原理如图 7-16 所示。图 7-16 中，$VD_1 \sim VD_4$ 为续流二极管，用于保护功率晶体管 $VT_1 \sim VT_4$，M 是直流伺服电动机。

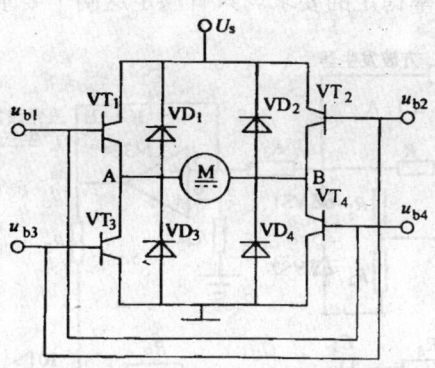

图 7-16　H 型双极模式 PWM 功率转换电路

　　H 型电路按控制方式可分为双极型和单极型，下面介绍双极型功率驱动电路的原理。四个功率晶体管分为两组，VT_1 和 VT_4 是一组，VT_2 和 VT_3 是另一组，同一组的两个晶体管同时导通或同时关断。一组导通则另一组关断，两组交替导通和关断，不能同时导通。将一组控制方波加到一组大功率晶体管的基极，同时将反向后该组的方波加到另一组的基极上就可实现上述目的。若加在 u_{b1} 和 u_{b4} 上的方波正半周比负半周宽，则加到电动机电枢两端的平均电压为正，电动机正转。反之，则电动机反转。若方波电压的正负宽度相等，加在电枢的平均电压等于零，电动机不转，这时电枢回路中的电流没有续断，而是一个突变的电流，这个电流使电动机发生高频颤动，有利于减少静摩擦。

2. 脉宽调制器

　　脉宽调制的任务是将连续控制信号变成方波脉冲信号，作为功率转换电路的基极输入信号，改变直流伺服电动机电枢两端的平均电压，从而控制直流电动机的转速和转矩。方波脉冲信号可由脉宽调制器生成，也可由全数字软件生成。

　　脉宽调制器是一个电压-脉冲变换装置，由控制器输出的控制电压 U_C 进行控制，为 PWM 装置提供所需的脉冲信号，其脉冲宽度与 U_C 成正比。常用的脉宽调节器可分为模拟式脉宽调节器和数字式脉宽调节器，模拟式是用锯齿波、三角波作为调制信号的脉宽调节器，或用多谐振荡器和单稳态触发器组成的脉宽调节器。数字式脉宽调节器是用数字信号作为控制信号，从而改变输出脉冲序列的占空比。下面就以三角波脉宽调制器和数字式脉宽调制器为例，说明脉宽调制器的原理。

　　（1）三角波脉宽调制器

　　脉宽调节器通常由三角波（或锯齿波）发生器和比较器组成，如图 7-17 所示。图中的三角波发生器由两个运算放大器构成，IC1-A是多谐振荡器，产生频率恒定且正负对称的方波信号；IC1-B是积分器，把输入的方波变成三角波信号U_t输出。三角波发生器输出的三角波应满足线性度高和频率稳定的要求。只有满足这两个要求才能满足调速要求。

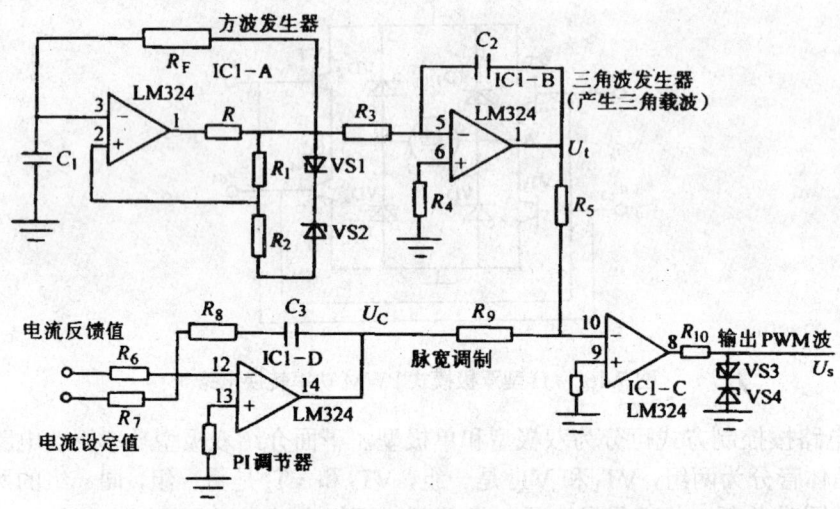

图 7-17　三角波发生器及 PWM 脉宽调制原理图

　　三角波的频率对伺服电动机的运行有很大的影响。由于 PWM 功率放大器输出给直流电动机的电压是一个脉冲信号，有交流成分，这些不做功的交流成分会在电动机内引起功耗和发热，为减小这部分的损失，应提高脉冲频率，但脉冲频率又受功率元件开关频率的限制。

　　比较器 IC1-C 的作用是把输入的三角波信号 U_t 和控制信号 U_C 相加输出脉宽调制方波。当外部控制信号 $U_C=0$ 时，比较器输出为正负对称的方波，直流分量为零。当 $U_C>0$ 时，U_C+U_t 对接地端是一个不对称三角波，平均值高于接地端，因此输出方波的正半周较宽，负半周较窄；U_C 越大，正半周的宽度越大，直流分量也越大，所以电动机正向旋转越快。反之，当控制信号 $U_C<0$ 时，U_C+U_t 的平均值低于接地端，IC1-C 输出的方波正半周较窄，负半周较宽；U_C 的绝对值越大，负半周的宽度越宽，因此电动机反转越快。

　　这样改变了控制电压 U_C 的极性，也就改变了 PWM 变换器的输出平均电压的极性，从而改变了电动机的转向。改变 U_C 的大小，则调节了输出脉冲电压的宽度，进而调节电动机的转速。

　　该方法是一种模拟式控制，其他模拟式脉宽调节器的原理与此基本相仿。

　　（2）数字式脉宽调制器

　　在数字脉宽调制器中，控制信号是数字，其值可确定脉冲的宽度。只要维持调制脉冲序列的周期不变，就可以达到改变占空比的目的。用微处理器实现数字脉宽调节器可分为软件和硬件两种方法，软件法占用较多的计算机机时，于控制不利，但柔性好，投资少；目前被广泛推广的是硬件法。

在全数字数控系统中，可用定时器生成可控方波；有些新型的单片机内部设置了可产生 PWM 控制方波的定时器，用程序控制脉冲宽度的变化。如图 7-18 所示是用单片机 8031 控制的全数字系统，其中用 8031 的 P0 口向定时器 1 和 2 送数据。当指令速度改变时，由 P0 口向定时器送入新的的计数值，用来改变定时器输出的脉冲宽度。速度环和电流环的检测值经模数转换后的数字量也由 P0 口读入，经计算机处理后，再由 P0 口送给定时器，及时改变脉冲宽度，从而控制电动机的转速和转矩。

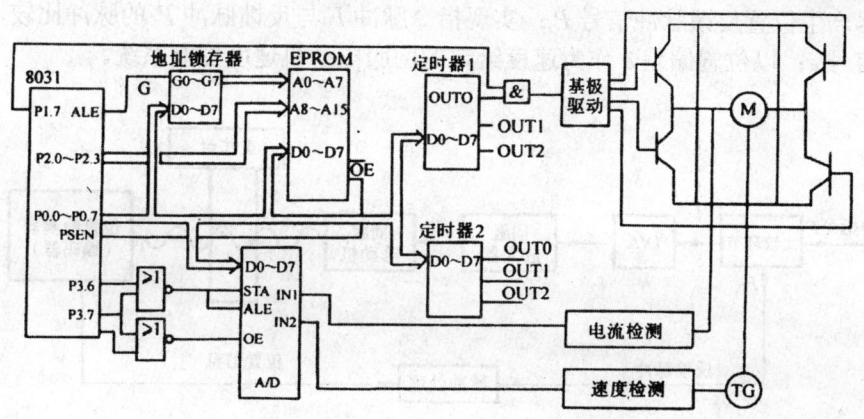

图 7-18 数字 PWM 控制系统

7.4.4 直流伺服系统的位置控制

位置控制与速度控制是紧密相连的，速度环的给定值就是来自位置控制环。在数控机床中，位置控制环的输入数据来自轮廓插补运算，在每个插补周期内 CNC 装置运算输出一组数据给位置环，位置环根据速度指令中的要求及各环节的放大倍数（或称为增益）对位置数据进行处理，再把处理的结果送给速度环，作为速度环的给定值。

在模拟量控制系统中，位置控制环把位置数据经 D/A 转换变成模拟量送给速度环。现代的全数字伺服系统中，不进行 D/A 转换，全部用计算机软件进行数字处理，输出的结果也是数字量。在全数字系统中，各种增益常数可根据外界条件的变化而自动更改，保证在各种条件下都是最优值，因而控制精度高，稳定性好。全数字系统对提高速度环、电流环的增益，实现前馈控制、自适应控制等都是十分有利的。

位置控制伺服系统可分为开环、半闭环和闭环三种，其中本节主要介绍闭环位置控制系统。闭环位置控制系统常用的有以下三种：数字比较伺服系统、相位比较伺服系统和幅值比较伺服系统。

1. 数字比较伺服系统

数字脉冲比较伺服系统结构简单，可构成半闭环和闭环控制系统。在半闭环控制中，多采用光电编码器作为检测元件；在闭环控制中，多采用光栅作为检测元件。通过检测元件进行位置检测和反馈，实现脉冲比较。以半闭环的控制结构形式构成的数字脉冲比较伺服系统应用较为普遍。

数字脉冲比较伺服系统的特点是：指令位置信号与位置反馈信号在位置控制单元中是以脉冲、数字的形式进行比较的，比较后得到位置偏差值。

数字比较伺服系统的半闭环的结构框图如图 7-19 所示。整个系统由三部分组成：采用光电编码器产生位置反馈脉冲信号 P_f；实现指令脉冲 F 与反馈脉冲 P_f 的脉冲比较，以取得位置偏差信号 e；以位置偏差 e 作为速度给定的伺服电动机速度控制系统。

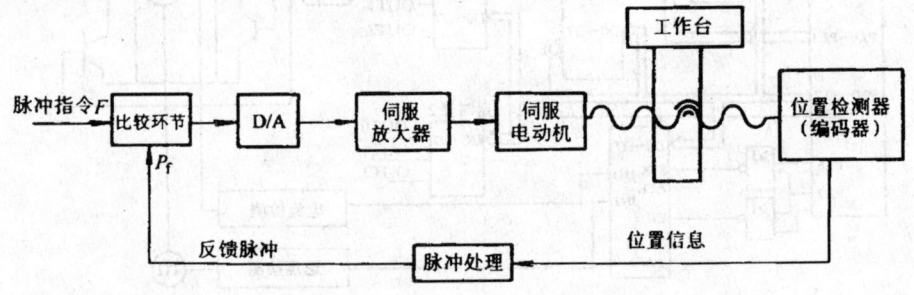

图 7-19 半闭环数字比较系统结构框图

数字比较伺服系统的优点是结构比较简单，易于实现数字化控制。在控制性能方面数字比较伺服系统要优于模拟方式、混合方式的伺服系统。

2. 相位比较伺服系统

相位比较伺服系统是数控机床常用的一种位置控制系统，其结构形式与所使用的位置检测元件有关，常用的位置检测元件是旋转变压器和感应同步器，并工作于相位工作状态。

图 7-20 为闭环相位比较伺服系统的结构框图。相位比较伺服系统也可以构成半闭环系统，其与闭环相位比较伺服系统的差别是所用的检测元件和在机床上的安装位置不同。其主要组成部分有：基准信号发生器、脉冲调相器、鉴相器、伺服放大器、伺服电动机等。

脉冲调相器也称为数字相位变换器，其作用是将来自数控装置的进给脉冲信号转换为相位变化信号。该相位变化信号可用正弦信号或方波信号表示。若没有进给脉冲输出，则脉冲调相器的输出与基准信号同相位，无相位差。若输出一个正向或反向进给脉冲，则脉冲调相器就输出超前或滞后基准信号一个相应的相位角。

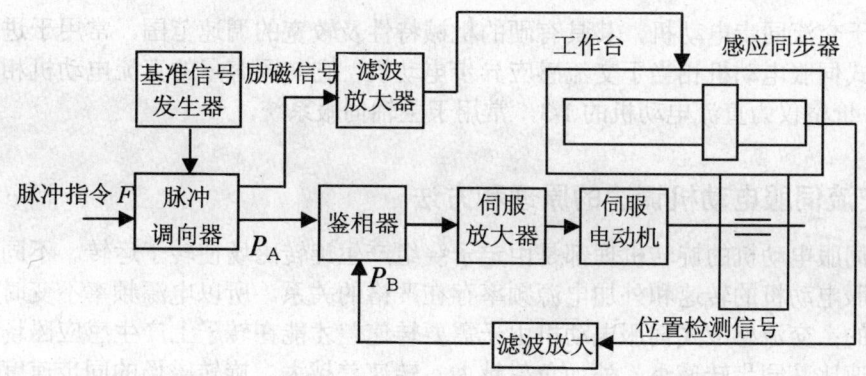

图 7-20　闭环相位比较伺服系统框图

鉴相器有两个输入信号,这两个输入信号同频,其相位均以与基准信号的相位差表示。鉴相器的作用是鉴别这两个输入信号的相位差,其输出为正比于这个相位差的电压信号。

相位比较伺服系统中,检测元件工作于相位工作状态。检测信号经整形放大后的 P_B 作为位置反馈信号。进给脉冲(指令脉冲)F 经脉冲调相后,变成频率为 F_0 的脉冲信号 P_A。P_A、P_B 为鉴相器的输入,鉴相器的输出信号就反映了指令位置与实际位置的偏差,经伺服放大器和伺服电动机构成的调速系统,驱动工作台,实现位置跟踪。

3. 幅值比较伺服系统

幅值比较伺服系统中以检测信号的幅值大小来反映机械位移的数值,并依此作为反馈信号。检测元件工作于幅值状态,常用的检测元件有旋转变压器和感应同步器。

工作原理基本类似于闭环相位比较伺服系统,只是比较的量是幅值,而不是相位。

7.5　交流电动机伺服系统

由于直流伺服电动机具有良好的调速性能,因此长期以来,在要求调速性能较高的场合,直流电动机调速系统一直占据主导地位。但由于电刷和换向器易磨损,需要经常维护;并且有时换向器换向时产生火花,电动机的最高速度受到限制;且直流伺服电动机结构复杂,制造困难,所用铜铁材料消耗大,成本高,所以在使用上受到一定的限制。由于交流伺服电动机无电刷,结构简单,转子的转动惯量较直流电动机小,使得动态响应好,且输出功率较大(较直流电动机提高 60%~70%),因此在有些场合,交流伺服电动机已经取代了直流伺服电动机,并且在数控机床上得到了广泛的应用。

交流伺服电动机分为交流永磁式伺服电动机和交流感应式伺服电动机。交流永磁式电动机相当于交流同步电动机，其具有硬的机械特性及较宽的调速范围，常用于进给系统；交流感应式伺服电动机相当于交流感应异步电动机，它与同容量的直流电动机相比，重量可轻 1/2，价格仅为直流电动机的 1/3，常用于主轴伺服系统。

7.5.1 交流伺服电动机调速的原理和方法

交流伺服电动机的旋转机理都是由定子绕组产生旋转磁场使转子运转。不同点是交流永磁式伺服电动机的转速和外加电源频率存在严格的关系，所以电源频率不变时，它的转速是不变的；交流感应式伺服电动机由于需要转速差才能在转子上产生感应磁场，所以电动机的转速比其同步转速小，外加负载越大，转速差越大。旋转磁场的同步速度由交流电的频率来决定：频率低，转速低；频率高，转速高。因此这两类交流电动机的调速方法主要用改变供电频率来实现。

交流伺服电动机的速度控制可分为标量控制法和矢量控制法。标量控制法是开环控制，矢量控制法是闭环控制。对于简单的调速系统可使用标量控制法，对于要求较高的系统使用矢量控制法。无论用何种控制法都是改变电动机的供电频率，从而达到调速目的。

矢量控制法也称为场定向控制，它是将交流电动机模拟成直流电动机，用对直流电动机的控制方法来控制交流电动机。其方法是以交流电动机转子磁场定向，把定子电流分解成与转子磁场方向相平行的磁化电流分量 i_d 和相垂直的转矩电流分量 i_q，分别对应直流电动机中的励磁电流 i_f 和电枢电流 i_a。在转子旋转坐标系中，分别对磁化电流分量 i_d 和转矩电流分量 i_q 进行控制，以达到对实际交流电动机的控制目的。用矢量转换方法可实现对交流电动机的转矩和磁链控制的完全解耦。交流电动机矢量控制的提出具有划时代的意义，使得交流传动全球化时代的到来成为可能。

按照对基准旋转坐标系的取法不同，矢量控制可分为两类：按照转子位置定向的矢量控制和按照磁通定向的矢量控制。按转子位置定向的矢量控制系统中基准旋转坐标系水平轴位于电动机的转子轴线上，静止与旋转坐标系之间的夹角就是转子位置角。这个位置角度值可直接从装于电动机轴上的位置检测元件——绝对编码盘来获得。永磁旋转坐标系水平轴位于电动机的磁通磁链轴线上，这时静止和旋转坐标系之间的夹角不能直接测量，需要计算获得。异步电动机的矢量控制属于此类。

按照对电动机的电压或电流控制还可将交流伺服电动机的矢量控制分为电压控制型和电流控制型。由于矢量控制需要较为复杂的数学计算，所以矢量控制是一种基于微处理器的数字控制方案。

7.5.2 交流伺服电动机调速主电路

我国工业用电的频率是固定的 50Hz，有些欧美国家工业用电的固有频率是 60Hz，因此交流伺服电动机的调速系统必须采用变频的方法改变电动机的供电频率。常用的方法有两种：直接的交流-交流变频和间接的交流-直流-交流变频，如图 7-21 所示。交-交变频是用可控硅整流器直接将工频交流电直接变成频率较低的脉动交流电，正组输出正脉冲，反组输出负脉冲，这个脉动交流电的基波就是所需的变频电压。这种方法获得的交流电波动较大。而间接的交流-直流-交流变频是先将交流电整流成直流电，然后将直流电压变成矩形脉冲波动电压，这个脉动交流电的基波就是所需的变频电压。这种方法获得的交流电的波动小，调整范围宽，调节线性度好。数控机床常采用这种方法。

间接的交流-直流-交流变频中根据中间直流电压是否可调，又可分为中间直流电压可调 PWM 逆变器和中间电压不可调 PWM 逆变器；根据中间直流电路上的储能元件是大电容或大电感可将其分为电压型 SPWM 逆变器和电流型 PWM 逆变器。在电压型逆变器中，控制单元的作用是将直流电压切换成一串方波电压，所用器件是大功率晶体管、巨型功率晶体管 GTR（Giant Transistors）或可关断晶闸管 GTO（Gate Turn-off Thyristors）。交流-直流-交流变频中典型的逆变器是固定电流型 SPWM 逆变器。

通常交-直-交型变频器中交流-直流的变换是将交流电变成直流电，而直流-交流变换是将直流变为调频、调压的交流电，采用脉冲宽度调制逆变器来完成。逆变器分为晶闸管和晶体管逆变器，数控机床上的交流伺服系统多采用晶体管逆变器，它克服或改善了晶闸管相位控制中的缺点。

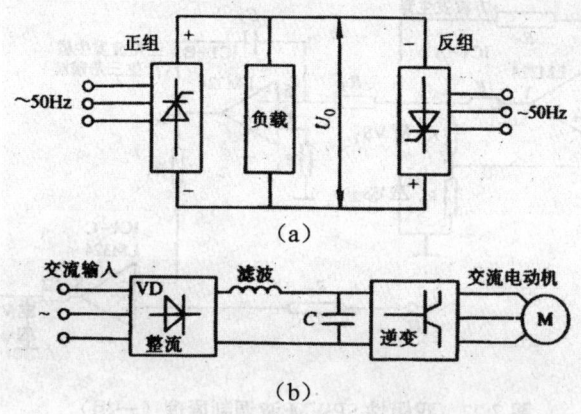

(a) 交-交变频；(b) 交-直-交变频

图 7-21 交流伺服电动机的调速主电路

7.5.3 交流伺服系统的控制回路

如前所述，交流伺服电动机可以利用供电频率的改变来进行调速，因此交流伺服系统的核心是形成供电频率可变的变频器。过去的变频器采用的功率开关元件是晶闸管，利用相位控制原理进行控制，这种方法产生的电压谐波分量比较大，功率因数差，转矩脉动大，动态响应慢。现代的变频调速大量采用 PWM 型变频器，采用脉宽调制原理，克服或改善了相控调速中的一些缺点。常见的 PWM 型变频器有 SPWM、DMPWM、NPWM 矢量角 PWM、最佳开关角 PWM、交流跟踪 PWM 等十几种。

SPWM 波调制也称为正弦波 PWM 调制，是一种 PWM 调制。SPWM 波调制变频器不仅适用于交流永磁式伺服电动机，也适用于感应式伺服电动机。SPWM 采用正弦规律脉宽调制原理，其调制的基本特点是等距、等幅，但不等宽。它的规律总是中间脉冲宽而两边脉冲窄，且各个脉冲面积和正弦波下面积成比例。其脉宽按正弦规律变化，具有功率因数高，输出波形好等优点，因而在交流调速系统中获得广泛应用。

1. 一相 SPWM 波调制原理

在直流电动机 PWM 调速系统中，PWM 输出电压是由三角载波调制电压得到的。同理，在交流 SPWM 中，输出电压是由三角波载波调制的正弦电压得到的，如图 7-22 所示。三角波和正弦波的频率比通常为 15-168 甚至更高。SPWM 的输出电压 U_0 是幅值相等、宽度不等的方波信号。其各脉冲的面积与正弦波下的面积成比例，其脉宽基本上按正弦分布，其基波是等效正弦波。用这个输出脉冲信号就可以改变电动机相电压（电流）的频率，实现调频调速的目的。

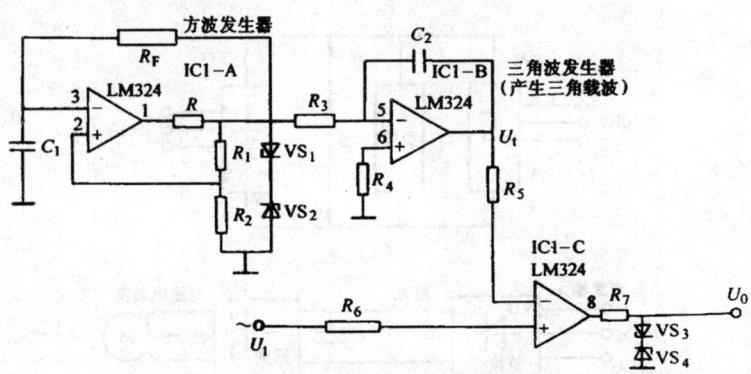

图 7-22 双极性 SPWM 波调制原理（一相）

在调制过程中可以是双极调制（如图 7-22 所示），也可以是单极调制。在双极调制过程中同时得到正负完整的输出 SPWM 波。当控制电压 U_t 高于三角波电压 U_t 时，比较器输出电压为"高"电平，反之输出"低"电平，只要正弦控制波 U_1 的最大值低于三角波的幅值，调制结果必然形成等幅、不等宽的 SPWM 脉宽调制波。双极性调制能同时调制出正半波和负半波。而单极性调制只能调制出正半波或负半波，再将调制波倒相得到另外半波形，然后相加得到一个完整的 SPWM 波。

图 7-22 中,比较器输出 U_0 的"高"电平和"低"电平控制图 7-23 中功率开关管 VT_i 的基极,即控制它的导通和关断两种状态。双极式控制时,功率管同一桥臂上下两个开关器件交替通断,处于互补工作方式。可以证明,由输入正弦控制信号和三角波调制所得脉冲波的基波是和输入正弦波等同的正弦输出信号。这种 SPWM 调制波能够有效地抑制高次谐波电压。

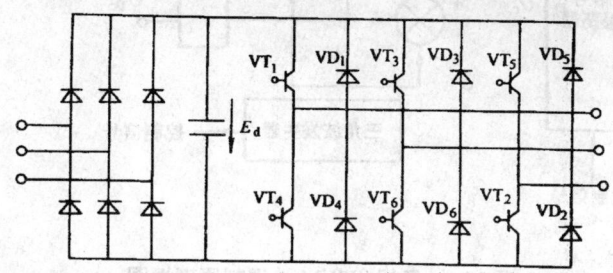

图 7-23 双极性 SPWM 通用型主回路

2. 三相 SPWM 波的调制

在三相 SPWM 调制中三角调制波 U_t 是共用的。而每一相有一个输入正弦波信号和一个 SPWM 调制器。输入的 U_a、U_b、U_c 信号是相位相差 120°的正弦交流信号,其幅值和频率都可调,用来改变输出的等效正弦波的幅值和频率,以实现对电动机的控制。

SPWM 调制波经功率放大后才可驱动电动机。在双极性 SPWM 通用型主回路中,左边是桥式整流电路,其作用是将工频交流电变为直流电;右边是逆变器,用 $VT_1 \sim VT_6$ 六个大功率开关管将直流电变为脉宽按正弦规律变化的等效正弦交流电,用以驱动交流伺服电动机。图 7-24 中输出的 SPWM 调制波 U_{0a}、U_{0b}、U_{0c} 及其方向波来控制图 7-23 中 $VT_1 \sim VT_6$ 的基极,$VD_1 \sim VD_6$ 是续流二极管,用来导通电动机绕组产生的反电动势,功放的输出端接在电动机上。由于电动机绕组电感的滤波作用,其电流变成正弦波。三相输出电压的相位上相差 120°。

由 SPWM 的调制原理可知,调制主回路功率器件在输出电压的半周内要多次开关,而器件本身的开关能力与主回路的结构及其换流能力有关。所以开关频率和调制度对 SPWM 调制有重要的影响。

由于功率器件的开关损耗限制了脉宽频率,且各种功率开关管的频率都有一定的限制,使得所调制的脉冲波有最小脉宽与最小间隙的限制,以保证脉冲宽度小于开关器件的导通时间和关断时间,这就要求输入参考信号的幅值小于三角波峰值。设调制系统为 M,则 $M=U_1/U_t$,其中 U_1 为正弦控制电压的峰值,U_t 为三角载波的峰值电压,理想情况下 M 在 0~1 之间变化,实际上 M 总是小于 1,且不接近 1。这是因为 $M=1$,三角波尖角处调制的方波的时间间隙很小,若小于功率管的最小开关时间,则功率管不能正常工作。

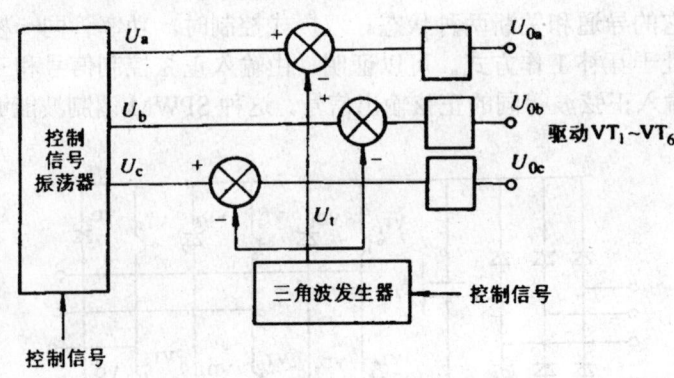

图 7-24 三相 SPWM 波调制原理框图

3. SPWM 的同相调制和异向调制

我们将三角载波频率 f_f 与正弦控制波频率 f_r 之比称为载波比 N，即 $N=f_f/f_r$，N 通常为 3 的整数倍，如 15、18、21、30、36、42、60、72、84、120、168 等，以保证调制波的对称性。

同步调制是 N 为常数，变频时三角波频率和输入正弦波控制信号同步变化，因此在一个正弦控制波周期内输出的矩形脉冲数量是固定的。若 N 为 3 的整数倍，则在同步调制中能够保证逆变器输出波形正负对称，且三相输出波形互差 120°。同步调制的缺点是低频段相邻两脉冲的间距增大，谐波会显著增加，电动机会产生较大的脉动转矩和较大的噪音。

异步调制是 N 为变数，这种情况下只改变正弦控制信号的频率 f_r，保持三角调制波频率 f_f 不变，就可以实现 N 为变数的目的。这样在低频段时 SPWM 输出波在每个正弦控制波周期内有较多的脉冲个数，脉冲频率越低，脉冲个数越多，这样可以减少多次谐波和电动机转矩的波动及噪声。异步调制的优点是改善了低频工作特性，但输出的波形不对称，且有相位的变化，易引起电动机工作不平稳，在正弦控制波频率较高时比较明显，因此异步调制适用于频率较低的条件下。

除了上述两种调制方法外，还有分段同步调制。SWAP 调制的实质是根据三角载波与正弦控制波的交点来确定功率开关管的通断时刻，可以用模拟电子电路、数字电路或专用大规模集成电路等硬件来实现，也可以用计算机或单片机等通过软件方法来调制 SWAP 波形。

数字控制方案中对于 SWAP 波形的生成方法主要有自然采样法、规则采样法、指定谐波消除等方法，有关这部分内容可以参考有关文献。

7.6 习　　题

1. 什么是数控伺服系统？主要有哪些性能指标？什么是开环和闭环伺服系统？各自有哪些特点？闭环和半闭环伺服系统的区别是什么？各自有何特点？
2. 数控机床典型的双闭环伺服系统的基本结构是什么？位置控制系统和速度控制系统的主要技术指标是什么？
3. 步进电动机的工作原理是什么？如何将其分类？步进电动机的主要性能指标是什么？
4. 反应式步进电动机的步距角大小与哪些因素有关？如何控制步进电动机的输出角位移和转速？
5. 步进电动机的基本控制方法是什么？环形分配器有哪些基本形式？各自有何特点？用 MCS-51 指令系统编写一段环形脉冲分配汇编程序。
6. 步进电动机的伺服系统的功率驱动部分有哪些基本形式？各自有何特点？
7. 试述旋转变压器和同步感应器的工作原理。
8. 数控机床常采用的检测装置有哪些？常见的数控机床位移检测有哪些？各自有何特点？常见的数控机床速度检测有哪些？各自有何特点？直线型检测装置有哪几种？各自有何特点？
9. 步进电动机的连续工作频率与它的负载转矩有何关系？为什么？如果负载转矩大于启动转矩，步进电动机还会转动吗？为什么？
10. 直流伺服电动机的工作原理是什么？其调速方法有哪几种？各自有何特点？数控直流伺服系统主要采用哪种调速方法？
11. 脉宽调速（PWM）的基本原理是什么？转速负反馈单闭环无静差调速系统和转速、电流双闭环调速系统各自有何特点？
12. 交流伺服电动机的调速原理是什么？实际应用中是如何实现的？SPWM 型变频器的工作原理是什么？有何特点？

第8章 机床的选购、安装、调试、检验、维护与故障检测

8.1 数控机床的选用

如何从品种繁多、价格昂贵的设备中选择适用的设备是企业十分关心的问题。以下介绍选择数控机床时应考虑的一些问题。

1. 数控机床的投资

目前,按价格和功能比较,数控机床可分为经济型和全功能型两大类。一般经济型数控机床价格为普通机床的2~6倍,而高档的全功能型数控机床要高达十几倍。因此,要考虑合理的投资。

在购置机床前,要考虑如下问题:
(1) 机床的工作空间应当多大?
(2) 机床必须配备哪些装置和应具备的性能。
(3) 每年有多少时间利用这台机床等。

2. 数控机床类型的选择

根据所加工零件的几何形状选用相应的数控机床加工,以发挥数控机床的效率和特点。如加工形状比较复杂的轴类零件和由复杂回转曲线形成的模具内型腔时,应选择数控车床;加工箱体、箱盖、平面凸轮、样板、形状复杂的平面或立体零件,以及模具的内外型腔等,应选择立式镗、铣床和立式加工中心;加工复杂的箱体类零件、泵体、阀体、壳体等,可选择卧式加工中心或卧式镗、铣床;加工各种复杂的曲线、曲面、叶轮、模具等,可选用多坐标联动的卧式加工中心。

3. 数控机床精度的选择

所选择的数控机床应能满足零件的加工精度要求,在满足精度要求的前提下,应尽量选择用一般的数控机床,以降低成本。

4. 数控机床大小的选择

数控机床的加工范围应能满足零件的需要。数控机床的主参数及尺寸参数应能满足加工需要。如最大圆弧直径，各坐标方面的行程距离，工作台面的尺寸等是否满足安放工件和夹具的需要及加工要求。

5. 数控系统的选择

所选择的数控机床的数控系统应能满足加工的需要。一般数控生产厂家对系统的评价往往是具备基本功能的系统很便宜，而用户所特定选择的功能的系统较贵，所以要根据加工要求和机床性能的需要来选择。同时，在选择数控系统时，应尽量选用企业内已有的数控机床中相同类型的数控系统，这将对今后的操作、编程、维修等都带来较大的方便。

8.2 数控机床的安装、调试、验收

数控机床的安装、调试与验收工作是数控机床运输到企业后，安装到车间工作场地，经调试检查直到能正常投入生产的过程。对于小型数控机床，这项工作比较简单；而对于大中型数控机床，这项工作就比较复杂。现以大中型数控机床为例加以介绍。

8.2.1 数控机床的安装

1. 数控机床的拆箱和初始就位

数控机床在运输到达用户以前，用户应根据机床厂提供的基础图做好机床基础，在安装地脚螺栓的部位做好预留孔。机床拆箱后首先找到随机的文件资料，找出机床装箱单，按照装箱单清点包装箱内的零部件、电缆、资料等是否齐全，然后再按机床说明书中的介绍，把组成机床的各大部件分别在地基上就位。就位时，垫铁、调整垫板和地脚螺栓等也应相应对号入座。

2. 机床各部件的组装连接

机床各部件组装连接前，首先做各部件外表清洁工作，并除去各部件安装连接表面、导轨和各运动面上的防锈涂料，然后再把机床各部件组装连接成整机。当组装连接时，需要将立柱、数控装置柜、电器柜等装在床身上，均要使用机床原来的定位销、定位块等定位元件，以便保证调整精度。

根据机床说明书中的电气接线图和气、液管路图，将有关电缆和管道按标记一一对号

接好。连接时特别注意可靠地接触及密封,否则试机时会漏油、漏水,给试机带来麻烦。电缆和管路连接完毕后,做好各管线的固定,安装防护罩,保证整齐的外观。

3. 数控系统的连接和调整

(1) 开箱检查

数控系统开箱后应仔细检查系统本体和与之配套的进给速度控制单元及伺服电动机、主轴控制单元及主轴电动机。检查它们的包装是否完整无损,实物和订单是否相符。此外还必须检查数控柜内插件有无松动,接触是否良好。

(2) 外部电缆连接

外部电缆连接是指数控装置与外部 MDI/CRT 单元、强电柜、机床操作面板、进给伺服电动机动力线与反馈线、主轴电动机动力线与反馈信号线的连接以及与手摇脉冲发生器的连接。

(3) 数控系统电源线的连接

首先切断数控柜的电源开关,再连接数控柜电源变压器一侧的输入电缆。然后检查电源变压器和伺服变压器的绕组抽头连接是否正确。

(4) 输入电源电压、频率及相序的确认

① 检查变压器的容量是否满足控制单元和伺服系统的电能消耗,电压波动是否在数控系统的允许范围内。

② 检查电源相序是否符合要求。

(5) 确认直流电源单元的电压输出端是否对地短路

数控系统内部都有直流稳压电源单元,为系统提供+5V、+15V、+24V 等直流电压。因此,在系统通电前,应检验这些电源的负载是否有对地短路现象。

(6) 接通数控柜电源,检查各输出电压

接通数控柜电源之前,先将电动机动力线断开,这样可使数控系统工作时机床不引起运动。但是,应根据维修说明书对速度控制单元做一些必要的设定,以避免因电动机动力线断开而报警。然后再接通电源,首先检查数控柜各个风扇是否旋转,并借此也确认电源是否接通;再检查各印刷线路板上的电压是否正常,各种直流电压是否在允许的波动范围内。

(7) 确认数控系统各种参数的设定

为保证数控装置与机床相连接时,能使机床具有最佳工作性能,应根据随机附带的参数表逐项予以确定。参数内容应与机床安装调试后的参数表一致。

(8) 确认数控系统与机床侧的接口

数控系统一般都具有自诊断的功能。在 CRT 画面上可以显示数控系统与机床接口以及数控系统内部的状态。当具有可编程控制器(PLC)时,还可以显示出从数字控制(NC)到可编程控制器,再从可编程控制器到机床(MT),以及从机床到可编程控制器,再从可编程控制器到数字控制信号的状态。

完成上述步骤后,已将数控系统调整完毕,已具备与机床通电试车的条件。此时应切断数控系统的电源,连接电动机的动力线,恢复报警的设定。

8.2.2 数控机床的调试

机床调试前,应按说明书要求给机床润滑油油箱、润滑点灌注规定的油液和油脂,用煤油清洗液压油箱及滤油器并灌入规定牌号的液压油,接通外界输入气源。

1. 通电试车

机床通电试车一般采用各部件分别供电试验,然后再做各部件全面供电试验。

在接通电源时,应同时做好按压急停按钮的准备,以便随时准备切断电源。如伺服电动机的反馈信号接反了或断线,均会出现机床"撞车"现象,这时就需要立即切断电源,检查接线是否正确。

2. 机床精度和功能的调试

(1) 使用精密水平仪、标准方尺、平尺和平行光管等检测工具,在已经固化的地基上用地脚螺栓和垫铁精调机床主床身的水平,并且相应调整机床几何精度使之在公差范围内。调整时,主要以调整垫铁为主,必要时可稍微改变导轨上的镶条和预紧滚轮等;

(2) 仔细检查数控系统和 PLC 装置中参数设定值是否符合随机资料中规定的数据,然后试验各主要操作功能、安全措施、常用指令执行情况等。例如,试验各种运动方式、主轴换挡指令、各级转速指令等是否正确无误。

3. 机床试运行

数控机床在带有一定负载条件下,经过较长时间的自动运行,比较全面地检查机床功能及工作可靠性,称为数控机床的试运行。试运行的时间,一般采用每天运行 8 小时,连续运行 2~3 天。

试运行中采用的程序应包括:主要数控系统的功能使用;自动换刀功能;主轴最高、最低转速,快速及常用的进给速度;主要 M 指令。在试运行时间内,除操作失误引起的故障外,不允许机床有其他故障出现,否则表明机床的安装调试存在问题。

8.2.3 数控机床的检测与验收

数控机床的检测、验收工作是一项比较复杂的工作,对试验检测手段及技术要求也比较高。一般需要使用各种高精度仪器,对机床的机、电、液、气等各部分及整机进行综合性能及单相性能的检测，另外还需要对机床进行刚度和热变形等一系列试验，最后得到对该机床的综合评价。一般数控机床的检测、验收工作主要包括以下几个方面。

1. 机床外观的检查

在对数控机床做详细检测、验收以前，应对机床外观进行检查。它包括两个方面：其一是参照通用机床有关标准，对机床各种防护罩、机床油漆质量、照明、切屑处理、电线和气油管走线固定防护等进行检查；其二是对数控柜的外观进行检查，检查时应侧重以下三个方面。

（1）数控柜外表

检查数控柜中的 MDI/CRT 单元、位置显示单元、纸带阅读机、直流稳压单元及各种印刷线路板等是否有破损、污染、连接电缆捆绑处是否有破损。

（2）数控柜内部件紧固情况

① 螺钉紧固检查。
② 连接器紧固检查。
③ 印刷电路板紧固检查。

（3）伺服电动机外表

特别对带有脉冲编码器的伺服电动机的外壳应做认真检查，尤其是后端盖处，如发现有磕碰现象，应将电动机后盖打开，取下脉冲编码器外壳，检查光码盘是否破裂。

2. 机床几何精度的检查

数控机床的几何精度综合反映机床的关键机械零部件及其组装后的几何形状误差。数控机床的几何精度检查和普通机床的几何精度检查基本类似，使用的检测工具和方法基本类似，目前常用的检测工具有：精密水平仪、直角尺、精密方箱、平尺、平行光管、千分表、测微仪、高精度主轴心棒及刚性好的千分表杆等。使用的检测工具的精度等级必须比所测的几何精度要高一个等级。

在几何精度检测中，必须对机床地基严格要求，应当在地基及地脚螺栓的固定混凝土完全固化后再进行。

机床的几何精度的检测必须在机床精调后一次性完成，不允许调整一次检测一次。因为几何精度有些项目相互联系、相互影响，还要注意检测工具和测量方法造成的误差。

普通立式加工中心几何精度检测内容如下。

（1）工作台面的平面度。
（2）各坐标方向移动的相互垂直度。
（3）主轴的轴向窜动。
（4）主轴孔的径向跳动。
（5）X 坐标方向移动时工作台面的平行度。

(6) Y 坐标方向移动时工作台面的平行度。

(7) 主轴箱沿 Z 坐标方向移动时的主轴轴心线的平行度。

(8) 主轴箱在 Z 坐标方向移动时的直线度等。

(9) 主轴回转轴心线对工作台面的垂直度。

3. 机床定位精度的检查

数控机床的定位精度是表明测量的机床各运动部件在数控装置控制下运动所达到的精度。因此，根据实测的定位精度数值，可以判断出机床自动加工过程中能达到的最好的工件加工精度。

机床定位精度主要检测内容如下。

(1) 直线运动定位精度（包括 X、Y、Z、U、V、W）。

(2) 直线运动重复定位精度。

(3) 直线运动轴机械原点的返回精度。

(4) 直线运动失动量的测定。

(5) 回转运动定位精度。

(6) 回转运动重复定位精度。

(7) 回转轴原点的返回精度。

(8) 回转运动失动量的测定。

测量直线运动的检测工具有：测微仪、成组块规、标准长度刻线尺、光学读数显微镜及双频激光干涉仪等。

回转运动检测工具有：360°齿精确分度和定位长度转台或角度多面体、高精度圆光栅及平行光管等。

4. 机床切削精度的检查

机床切削精度的检查实质上是对机床的几何精度和定位精度在切削加工条件下的一项综合检查。机床切削精度检查可以是单项加工，也可以是加工一个标准的综合样件。对于普通立式加工中心，其主要单项加工内容如下。

(1) 镗孔精度。

(2) 端面铣刀铣削平面的精度。

(3) 镗孔的孔距精度和孔分散度。

(4) 直线铣削精度。

(5) 斜线铣削精度。

(6) 圆弧铣削精度。

被切削加工试件的材料除特殊要求外，一般都采用一级铸铁，使用硬质合金刀具，按标准的切削量切削。

5. 机床性能及数控系统性能的检查

以立式加工中心为例，介绍机床性能检查内容如下。

(1) 主轴系统性能。
(2) 进给系统性能。
(3) 自动换刀系统。
(4) 机床噪声。
(5) 电气装置。
(6) 数字控制装置。
(7) 安全装置。
(8) 润滑装置。
(9) 气、液装置。
(10) 附属装置。
(11) 数控功能。
(12) 连续无载荷运转。

让机床长时间连续运行（一般为 8~16 h），是检查整台机床自动实现各种功能可靠性的有效办法。在连续运行中应编制一个功能比较齐全的程序。

8.3 数控机床的维护与故障检测

数控机床具有机、电、液、气集于一身、技术密集和知识密集的特点。所以数控机床的维护人员不仅要有机械、加工工艺以及液压、气动方面的知识，也要具备电子计算机、自动控制、驱动及测量技术等知识，这样才能全面了解、掌握数控机床，及时搞好维护工作。

1. 设备的日常维护

我们日常对机床进行预防性维护保养的宗旨是延长元器件的使用寿命，延长机器部件的磨损周期，防止意外恶性事故的发生，争取机床长时间稳定工作。对每台数控机床的维护保养要求，在该机床说明书上都有具体规定。

2. 常见故障分类

一台数控机床由于自身原因不能正常工作，就是产生了故障。机床故障可分为以下几种类型。

(1) 系统性故障和随机性故障。以故障出现的必然性和偶然性，可分为系统性故障和随机性故障。系统性故障是指机床和系统在某一特定条件必然出现的故障；随机性故障是指偶然出现的故障。因此随机性故障的分析与排除比系统性故障困难得多。通常随机性故障往往由于机械结构局部松动、错位，控制系统中元器件出现工作特性漂移，电器元件工作可靠性下降等原因造成，需经反复实验和综合判断才能排除。

(2) 诊断显示故障和无诊断显示故障。以故障出现时有、无自诊断显示，可分为有诊断显示故障和无诊断显示故障两种。现今的数控系统都有较丰富的自诊断功能，出现故障时会停机、报警并自动显示出相应的报警参数号，使维修人员较容易找到故障原因。而无诊断显示故障，往往机床停在某一位置不能动，甚至手动操作也失灵，维护人员只能根据出现故障前后现象来分析判断，排除故障难度较大。另外，诊断显示也有可能是其他原因引起的，例如因刀库运动误差造成换刀位置不到位、机械手卡在取刀中途位置，而诊断显示为机械手换刀位置开关未压合报警，这时应调整的是刀库定位误差而不是机械手位置开关。

(3) 破坏性故障和非破坏性故障。以故障有、无破坏性，分为破坏性故障和非破坏性故障。对于破坏性故障，如伺服系统失控造成撞车、短路烧坏保险等，维护难度大，有一定危险，修后不允许重演这些现象。而非破坏性故障可经多次反复试验直至排除，不会对机床造成损害。

(4) 机床运动特性质量故障。这类故障发生后，机床照常运行，也没有任何报警显示，但加工出的工件不合格。针对这些故障，必须在检测仪器配合下，对机械、控制系统、伺服系统等采取综合措施。

(5) 硬件故障和软件故障。从发生故障的部位分为硬件故障和软件故障。硬件故障只要通过更换某些元器件，如电气开关等，即可排除。而软件故障是因程序编制错误造成的，通过修改程序内容或修订机床参数就可排除。

3. 故障原因分析

加工中心出现故障，除少量自诊断显示故障原因外，如存储器报警、动力电源电压过高报警等，大部分故障是因综合故障引起，不能确定其原因，必须做充分的调查。

机床发生故障后，维修人员应仔细观察，充分调查故障现场。

数控机床故障诊断原则如下。

(1) 先外部后内部。维修人员应先由外向内逐一进行排查。尽量避免随意地启封、拆卸，否则会扩大故障，使机床大伤元气，丧失精度，降低性能。

(2) 先机械后电气。一般来说，机械故障较易发觉，而数控系统故障的诊断则难度较大。所以应首先排除机械性的故障。

(3) 先静后动。先在机床断电的静止状态下，通过了解、观察测试、分析确认为非破坏性故障后，方可给机床通电。在运行工况下，进行动态的观察、检验和测试，查找故障。

（4）先简单后复杂。当出现多种故障时，应先解决容易的问题，后解决难度较大的问题。

4. 数控系统的日常维护和故障处理

（1）数控系统的日常维护

每种数控系统的日常维护保养，在该系统的随机说明书上都有具体规定。一般说来，应注意以下几个方面。

① 数控柜、电气柜的散热通风系统维护。
② 直流伺服电动机碳刷的检查和更换。
③ 熔丝的熔断和更换。
④ 系统后备电池的更换。
⑤ 纸带阅读机的定期维修。
⑥ 数控系统长期不用时的保养。

数控系统如长期闲置，要经常给系统通电，在机床锁住不动的情况下让系统空运行。系统通电可利用电器元件本身的发热来驱散数控柜内的潮气，保证电子元件性能的稳定可靠。

另外，如果数控机床闲置不用大半年以上，应将电刷从直流电动机中取出，以免由于化学作用使换向器表面腐蚀，引起换向性能变化，甚至损坏整台电动机。

（2）数控系统故障的处理

① 维修前的准备工作

为了便于维修数控装置，必须准备下列维修用器具：交流电压表、直流电压表、万用表、相序表、示波器、逻辑分析仪等。

② 数控系统故障诊断方法

数控系统发生故障（或称失效），是指数控系统丧失了规定的功能。用户发现故障后，可遵照下述几个方面的判断方法进行综合判断。

- 利用软件报警功能。数控系统都有自诊断功能，只是自诊断功能的强弱不同。在系统工作期间，自诊断程序作为主程序的一部分对系统本身、伺服系统等进行监控，一旦发现异常，立即以报警方式显示在 CRT 或点亮各种报警指示灯，给出报警号。用户可以根据报警内容提示来寻找故障的根源。
- 核对数控系统参数。系统参数变化会直接影响机床的性能，甚至使机床发生故障，不能正常工作。数控系统的有些故障就是由于外界的干扰等因素造成个别参数发生变化所引起的。因此，通过核对、修正参数，将故障排除。
- 测量比较法。数控系统生产厂在设计制造印制线路板时，为了调整维修的方便，在印制线路板上设计了多个检测用端子，用户也可利用这些端子将正常的印制线路板和出故障的印制线路板进行测量比较，分析故障的原因及故障的所在位置。

以上各种方法各有特点，对于较难判断的故障，需要将多种方法同时综合运用，才能产生较好的效果，正确判断出故障的原因及故障的所处位置。

8.4 习　　题

1. 机床选购时应考虑哪些问题？
2. 数控机床安装、调试过程有哪些工作内容？
3. 数控机床的精度检验包括哪些内容？
4. 简述数控系统日常维护要点。
5. 数控机床机械故障诊断中采用什么方法和手段？

参 考 文 献

[1] 任玉田，焦振学，王宏甫. 机床计算机数控技术. 北京：北京理工大学出版社，1996.
[2] 叶蓓华. 数字控制技术. 北京：清华大学出版社，2002.
[3] 严爱珍. 机床数控原理与系统. 北京：机械工业出版社，2002.
[4] 彭晓楠. 数控技术. 北京：机械工业出版社，2001.
[5] 范俊广. 数控机床及应用. 北京：机械工业出版社，1993.
[6] 李佳. 数控机床及应用. 北京：清华大学出版社，2001.
[7] 胡秧利，王筱薇. 数控机床编程与加工. 杭州：浙江大学出版社，2003.
[8] 王睿，郑联语. Mastercam 8.0 基础教程. 北京：人民邮电出版社，2001.
[9] 周永俊. Mastercam 8 实体设计应用指南. 北京：清华大学出版社，2002.
[10] 李启炎. Mastercam 9 基础教程. 上海：同济大学出版社，2005.
[11] 孙江宏，陈秀梅. Mastercam CAD/CAM 实用教程. 北京：科学出版社，2002.